Terence Tao

Analysis II

TAO 해석학 II

4판

지은이 **Terence Tao**

호주와 미국의 수학자로 국제수학올림피아드에서 금, 은, 동메달을 모두 획득한 최연소 수상자이다. 16세에 플린더스대학교에서 학사 및 석사 학위를 받은 뒤 21세에 캘리포니아대학교 로스엔젤레스(UCLA)에서 박사 학위를 받았다. 지도교수는 Elias M. Stein이다. 1999년부터 UCLA의 수학과 교수로 재직 중이다. 2000년 살렘 상, 2002년 보처 기념상, 2006년 필즈 상, 2007년 맥아더 펠로우십, 2008년 앨런 T. 워터맨 상, 2010년 네머스 상, 2012년 크라포르드 상, 2015년 브레이크스루 상 등 다양한 상을 수상하였다. 관심 분야는 조화해석학, 편미분방정식, 조합론, 정수론 등이다.

옮긴이 **한빛수학교재연구소**

한빛수학교재연구소에서는 이공계열 공통 수학 및 수학 관련 학과 전공 교재에 적합한 번역서와 집필서를 기획하여 출간하고 있다.

감수 **권순식**

서울대학교 수학과 및 물리학과를 졸업한 뒤 UCLA에서 박사 학위를 받았다. 프린스턴대학교에서 박사후 연구원을 지낸 뒤 한국과학기술원(KAIST) 수리과학과 교수로 재직 중이다. 주요 연구 분야는 편미분방정식이다.

TAO 해석학 II 4판

초판발행 2023년 10월 16일

지은이 Terence Tao / **옮긴이** 한빛수학교재연구소 / **감수** 권순식 / **펴낸이** 전태호
펴낸곳 한빛아카데미(주) / **주소** 서울시 서대문구 연희로2길 62 한빛아카데미(주) 2층
전화 02-336-7112 / **팩스** 02-336-7199
등록 2013년 1월 14일 제2017-000063호 / **ISBN** 979-11-5664-680-8 93410

총괄 김현용 / **책임편집** 김은정 / **기획·편집** 조우리
디자인 박정우 / **전산편집** 김강수, 이소연 / **제작** 박성우, 김정우
영업 김태진, 김성삼, 이정훈, 임현기, 이성훈, 김주성 / **마케팅** 길진철, 김호철, 심지연

이 책에 대한 의견이나 오탈자 및 잘못된 내용에 대한 수정 정보는 아래 이메일로 알려주십시오.
잘못된 책은 구입하신 서점에서 교환해 드립니다. 책값은 뒤표지에 표시되어 있습니다.

홈페이지 www.hanbit.co.kr / 이메일 question@hanbit.co.kr

Fourth edition published in English under the title Analysis II

By Terence Tao edition:4

Terence Tao
Analysis II

TAO 해석학 II

4판

Terence Tao 지음

한빛수학교재연구소 옮김 권순식 감수

한빛아카데미
Hanbit Academy, Inc.

지은이 머리말

이 책은 2003년에 UCLA에서 학부 우등생을 대상으로 진행한 고급 해석학(honors real analysis) 강의에서 아이디어를 얻어 집필했다. 당시 UCLA 학부생 사이에서 해석학은 학습하기 매우 까다로운 과목 중 하나로 여겨졌다. 위상이나 극한, 측도가능성 등 추상적인 개념이 처음으로 나온 데다 해석학이 요구하는 엄밀한 정도와 증명 수준이 높았기 때문이다. 이러한 어려움 때문에 교수자들은 해석학을 쉽게 가르치기 위해 엄밀한 수준을 대폭 낮추거나, 아니면 엄밀함을 유지해서 똑똑하고 열정적인 학생들마저도 어려워할 수준으로 가르쳐야 하는 상황에 처했다.

일반적으로 해석학 입문 강의에서는 학생들이 실수, 수학적 귀납법, 기초 미분적분학 및 집합론에 익숙하다고 가정하고 극한의 개념 같은 해석학의 핵심 주제로 빠르게 진입한다. 그러나 학생들은 해석학의 선행 개념을 알고는 있지만, 해당 내용을 철저하게 학습하지 않는 편이다. 대부분 실수나 정수를 직관적으로 시각화하고 대수적으로 조작할 수는 있어도, 실수(혹은 심지어 정수)를 제대로 **정의**할 수 있는 학생은 거의 없다. 해석학을 어떻게 가르칠지 고민하던 필자에게는 이러한 문제가 해석학을 제대로 가르칠 좋은 기회로 여겨졌다. 해석학은 선형대수학 및 추상대수학과 함께 수학 전공에서 처음 접하는 과목으로, 진정으로 엄밀한 수학적 증명의 미묘함과 씨름해야 한다. 그러므로 해석학을 학습하면 수학의 기초로 돌아갈 기회, 특히 실수를 정확하고 철저하게 구성할 기회를 잡을 수 있다. 이에 따라 UCLA에서 해석학을 강의할 때 독특한 강의계획을 세웠다.

1주차 강의는 해석학의 표준 법칙을 엄밀히 적용하지 않으면 발생하는 대표적인 '역설'을 다루기로 했다. 극한이나 급수, 적분 순서의 교환에 관한 문제를 소개한 뒤 법칙을 잘못 적용하면 $0 = 1$처럼 잘못된 결론으로 이어질 수 있음을 보여주었다. 이로써 자연수 정의부터 시작하여 수학의 기초를 처음부터 확인해야 할 필요성을 제기했다. 학생들에게는 첫 번째로 페아노 공리만 사용하여 자연수 덧셈에 대해 결합법칙이 성립함(모든 자연수 a, b, c에 대해 $(a+b)+c = a+(b+c)$이다. 『TAO 해석학 I』의 명제 2.2.5 참고)을 보이라는 과제를 내주어 그들은 1주차부터 수학적 귀납법으로 엄밀한 증명을 작성해야만 했다.

자연수의 기본 성질을 유도한 다음, (처음에는 자연수의 형식적 차로 정의한) 정수로 넘어가서 기본 성질을 확인했다. 다음에는 (처음에는 정수의 형식적 몫으로 정의한) 유리수로 넘어간 뒤, 다시 (코시 수열의 형식적 극한을 통해) 실수를 도입한다. 동시에 실수의 비가산성을 증명하는 등 집합론의 기초를 다졌다. 강의를 10회 정도 하고 나서야 해석학의 핵심인 극한, 연속, 미분가능성을 다룰 수 있었다.

학생들은 이 강의에 흥미로운 반응을 보였다. 처음 몇 주 동안은 표준 수체계의 기본 성질만 다루었으므로 강의자료가 개념적으로는 매우 쉽다고 생각했다. 그러나 원칙적으로 수체계를 분석하고 원시적인 수체계에서 발전된 사실을 엄밀하게 도출해야 하므로 지적 수준으로는 어려웠다. 어떤 학생은 다른 해석학 강의를 듣는 친구에게 다음 두 가지를 설명하기 힘들다고 말한 적도 있었다.

(a) 일반 해석학 강의에서는 이미 급수의 절대수렴과 수렴을 구별하는 데까지 진도를 나갔는데, 자신은 왜 여전히 모든 유리수가 양수인지, 음수인지, 0인지 구분하는 법을(『TAO 해석학 I』의 4.2절 연습문제 4 참고) 학습하고 있을까?

(b) 그런데도 왜 다른 친구들보다 과제가 훨씬 더 어렵다고 생각할까?

또 다른 학생은 자연수 n을 양의 정수 q로 나누어 몫 a와 나머지 r(단, $0 \le r < q$)을 얻는 이유를 분명히 **알 수 있지만**(『TAO 해석학 I』의 2.3절 연습문제 5 참고), 아직도 이에 관한 증명을 쓰는 것은 너무 어렵다고 서글프게 말했다(강의 후반부에는 참 또는 거짓이 명확하지 않은 명제도 증명해야 한다며 위로했지만, 그렇다고 위안을 얻은 것 같진 않았다).

각종 어려움이 있었지만, 학생들은 과제를 즐겁게 했다. 인내심을 가지고 직관적인 사실에 관해 엄밀한 증명을 완성하면, 형식적 수학의 추상적 조작과 수학(및 실생활)의 비형식적인 직관 사이의 연결 고리가 굳건해짐을 느끼고 크게 만족했기 때문이다. 해석학에서 악명이 높은 '엡실론-델타' 논법을 증명하는 과제를 받을 때, 학생들은 이미 직관을 형식화하고 ('모든'과 '존재한다'와 같은 한정기호를 구분하는 것처럼) 수리논리학의 미묘한 차이를 식별한 경험이 충분한 상태였다. 그래서 아주 순조롭게 '엡실론-델타' 논법으로 전환할 수 있었으며 강의자료를 빠르면서도 충실하게 다룰 수 있었다.

10주차에는 일반 해석학 강의의 진도를 따라잡았다. 학생들은 리만-스틸체스 적분에서 치환적분을 확인하고, 조각마다 연속인 함수가 리만 적분가능함을 보였다. 20주차까지는 강의와 과제를 통해 테일러 급수와 푸리에 급수의 수렴을 비롯해, 연속 미분가능한 다변수함수의 역함수 정리와 음함수 정리를 다뤘다. 또한 르베그 적분에서 지배수렴정리까지 증명했다. 이렇게 많은 내용을 다루기 위해, 핵심적인 기초 결과 중 상당수를 과제로 증명하도록 했다. 증명하다 보면 학생들이 개념을 진정으로 이해할 수 있으므로 증명 과제는 해석학 강의의 필수 요소가 되었다. 그래서 이 책에도 증명 과제를 수록하였다. 연습문제는 대부분 본문의 보조정리, 명제, 정리를 증명하는 문제로 이루어져 있다. 실제로 이 책으로 해석학을 학습한다면, 가능한 한 많은 연습문제를 풀어보기를 강력히 권한다. 교재를 수동적으로 읽기만 하면 해석학에 나오는 개념 사이의 미묘한 차이를 쉽게 이해할 수 없기 때문이다. '명백한' 명제를 증명하는 문제도 꼭 풀어보길 바란다.

프로 수학자는 이 책의 진도가 느리다고 생각할 수 있다. 특히 앞부분에서는 ('간단하게 이해하기'라고 표기한 부분을 제외하면) 엄밀성을 크게 강조하며, 보통은 자명하다고 생각해서 금방 지나치는 많은 단계를 하나하나 설명하기 때문이다. 처음 몇 개 장에서는 표준 수체계의 '명백한' 여러 성질을 (고통스러울 정도로) 상세히 전개한다. 두 양의 실수의 합은 양수임을 증명(『TAO 해석학 I』의 5.4절 연습문제 1 참고)하거나, 임의의 서로 다른 두 실수 사이에 있는 유리수를 찾을 수 있음(『TAO 해석학 I』의 5.4절 연습

지은이 머리말

문제 5 참고)을 보이기도 한다. 이렇게 수학 기초를 다지는 장에서는 **순환 논리**(circularity)를 피하라고 강조한다. 즉 어떤 근원적인 사실을 증명하기 위해 더 발전된 형태의 사실을 이용하지 않는다. 특히 대수학 규칙은 증명하기 전까지는 사용하지 않으며, 심지어 자연수, 정수, 유리수, 실수 각각에 대해 따로 증명한다. 왜냐하면 수체계라는 친숙하고 직관적인 환경에서 제한된 가정만 이용하여 참된 사실을 도출하면서 추상적인 추론의 아름다움을 깨닫길 바라기 때문이다. 그러면 추후 동일 유형의 추론 기술을 활용해 (르베그 적분과 같은) 고급 개념과 씨름할 때 여기에서 훈련한 성과를 확인할 수 있을 것이다.

교수자를 위한 안내

이 책은 앞서 말했듯이 해석학 강의록을 기반으로 집필했으며, 교육학적 관점을 지향한다. 강의자료의 핵심 내용은 대부분 연습문제에 수록했다. 많은 경우에는 매끄럽고 추상적인 증명을 제공하는 대신에 길고 지루해도 학생에게 유익한 증명을 제공하기로 했다. 고급 수준의 교재는 이러한 내용을 짧고 개념적으로 일관성 있게 다루며 엄밀성보다 직관에 더 중점을 둔다. 그러나 대학원 이후 과정에서 해석학을 다루는 접근 방식, 즉 현대적이고 직관적이며 추상적인 방식을 제대로 이해하고 사용하려면 먼저 해석학을 엄밀하게 '직접' 해보는 경험이 필요하다.

이 책이 엄밀성과 형식주의를 강조한다고 해서 강의에서도 엄밀성과 형식주의를 강조할 필요는 없다. 실제 강의에서는 개념을 간단하게 이해하기 좋게 그림을 그리고 예를 보여주면서 직관을 제시하였고, 본문의 형식적인 설명과 상호 보완할 수 있도록 했다. 과제로 낸 연습문제는 직관과 형식적인 설명을 연결하도록 요구하므로, 학생들은 이를 결합하여 문제에 대한 올바른 증명을 찾아야 한다. 이 과제는 단순히 개념을 외우거나 막연히 집중만 하는 게 아니라 진정으로 이해하고 배워야 해서 학생들에게 가장 어렵게 느껴졌을 것이다. 그런데도 학생들은 과제를 해결하는 것이 매우 보람찼다고 후기를 남겼다. 과제가 매우 까다롭긴 했어도 형식적인 수학의 추상적 조작과 수, 집합, 함수 같은 기본 개념에 관한 직관을 연결할 수 있었기 때문이다. 물론 훌륭한 조교의 도움을 받는다면 이를 더욱 잘 해낼 수 있었을 것이다.

이 책으로 강의를 진행한다면 본문의 연습문제와 유사한 문제로 구성하여 오픈 북 시험을 치르거나(특별한 요령 없이 짧은 시간에 볼 수 있다) 본문보다 더 복잡한 연습문제와 유사한 문제를 포함하는 테이크홈 시험(시험지를 받고 일정 시간 안에 답안지를 제출하는 시험)을 치르기를 추천한다. 해석학은 주제가 너무 방대해서 학생들에게 모든 정의와 정리를 외우라고 강요할 수 없다. 그래서 일반적인 시험 또는 책에서 발췌한 내용을 반복하는 시험을 권장하지 않는다(필자는 실제로 문제와 관련 있는 핵심 정의와 정리를 프린트로 제공했다). 시험문제를 강의에서 과제로 낸 문제와 유사하게 만든다면 학생들은 암기카드 등으로 내용을 외우는 대신 문제를 이해하고 최대한 철저하게 풀 것이다. 그렇다면 시험만이 아니라 수학을 학습할 때 전반적으로 도움이 될 것이다.

이 책의 일부 내용은 해석학의 핵심 주제와 연관성이 약하므로, 강의 시간에 제약이 있다면 생략할 수 있다. 집합론은 수체계만큼이나 해석학의 기본이 되지는 않으므로 『TAO 해석학 I』의 3장이나 8장은 짧게 다루거나 학생들에게 읽기 과제로 제공해도 좋다. 수리논리학과 십진법을 다루는 부록은 선택적으로 다루거나 보충자료로 사용할 수 있도록 구성하였다. 아마도 해석학 강의에서 부록을 직접 다루진 않을 것이다. 그렇지만 『TAO 해석학 I』 [부록 A]의 수리논리학은 처음 몇 개 장과 같이 읽어도 좋다. 또한 푸리에 급수를 다루는 『TAO 해석학 II』의 5장은 본문의 다른 내용과 관련이 크게 없으므로 생략할 수도 있다.

이 책은 분량을 고려하여 두 권으로 나누었다. 『TAO 해석학 I』은 내용이 조금 더 많지만, 몇몇 내용을 생략한다면 30시간 분량의 강의에 적합하다. 『TAO 해석학 II』는 『TAO 해석학 I』을 자주 언급하지만 다른 책으로 학습한 학생들에게도 강의할 수 있다. 이 내용도 역시 30시간 분량의 강의에 적합하다.

2판, 3판, 4판에 관하여

2판 초판이 출간된 뒤, 많은 학생들과 교수들이 여러 오탈자와 기타 수정사항을 알려주었다. 2판에서 레이아웃을 비롯해 쪽번호 등 여러 색인이 바뀌었다. 특히 『Anlalysis I』과 『Analysis II』의 색인 번호를 분리하여 각각 표기하기로 했다. 그러나 책에서 다루는 내용과 연습문제 번호는 초판과 동일하므로 초판과 혼용하여 보아도 좋다.

3판 제보받은 오탈자를 수정하고 몇 가지 연습문제를 포함했지만, 본질적으로는 2판과 동일하다.

4판 제보받은 여러 오탈자를 수정하고 몇 가지 연습문제를 추가했다.

감사의 말

우선 해석학 강의를 진행할 때 강의록의 오류를 수정하고 귀중한 피드백을 전달해준 학생들에게 깊은 감사를 표한다. 덕분에 이 책을 집필할 수 있었다. 또한 이 책의 여러 오류를 바로잡고 개선이 필요한 부분을 제안한 익명의 검토자 및 여러 동료들에게 감사를 전하고 싶다.

마지막으로 뉴멕시코대학교(University of New Mexico)에서 Math 401/501 강의와 Math 402/502 강의를 수강한 학생들이 초판, 2판, 3판의 오탈자를 잡아주었다. 덕분에 4판을 무사히 출간할 수 있었다.

Terence Tao

미리보기

정의
본문에서 기억해야 할 주요 개념을 보여준다.

정리
본문에서 중요한 명제를 뽑아 정리로 소개한다.

증명
정리·보조정리·따름정리가 성립하는 이유를 제시한다.

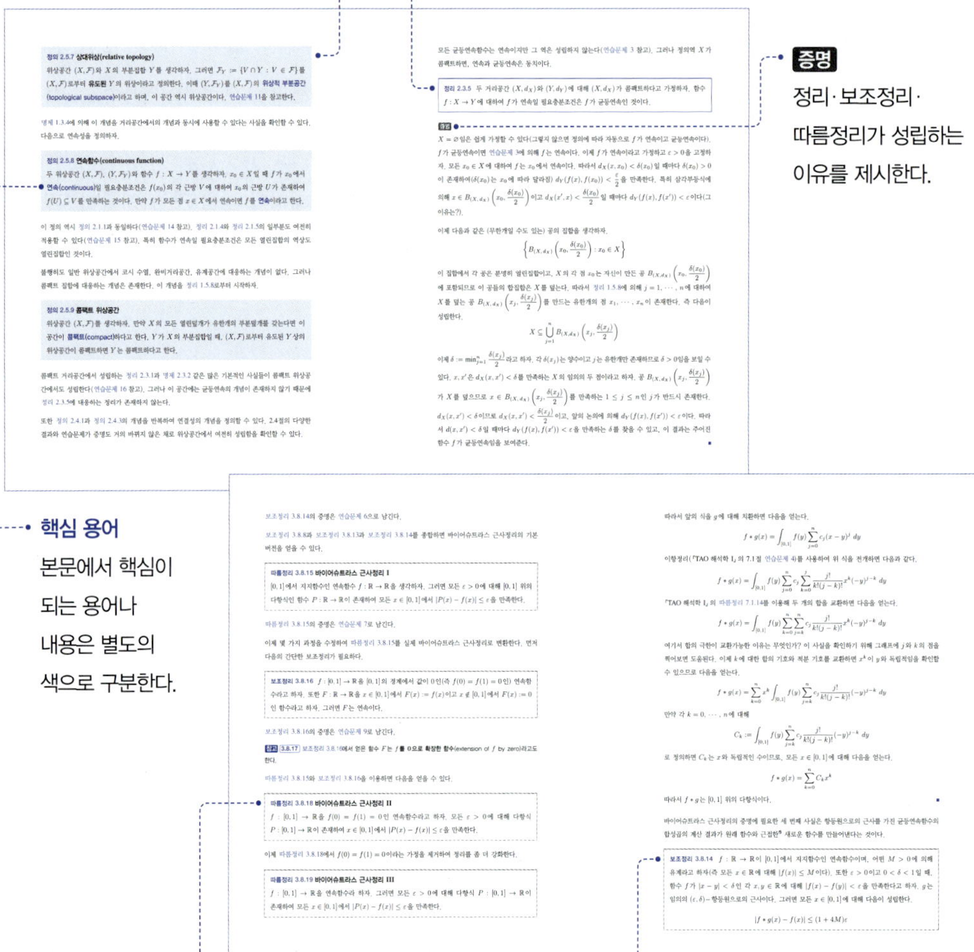

핵심 용어
본문에서 핵심이 되는 용어나 내용은 별도의 색으로 구분한다.

따름정리
앞서 소개한 내용으로부터 바로 유도되는 명제를 소개한다.

보조정리
본문의 주요 내용이나 정리를 뒷받침하는 명제를 소개한다.

명제

본문을 전개하는 데 필요한 명제를 소개한다.

EX

본문에서 다룬 개념을 적용한 예를 소개한다.

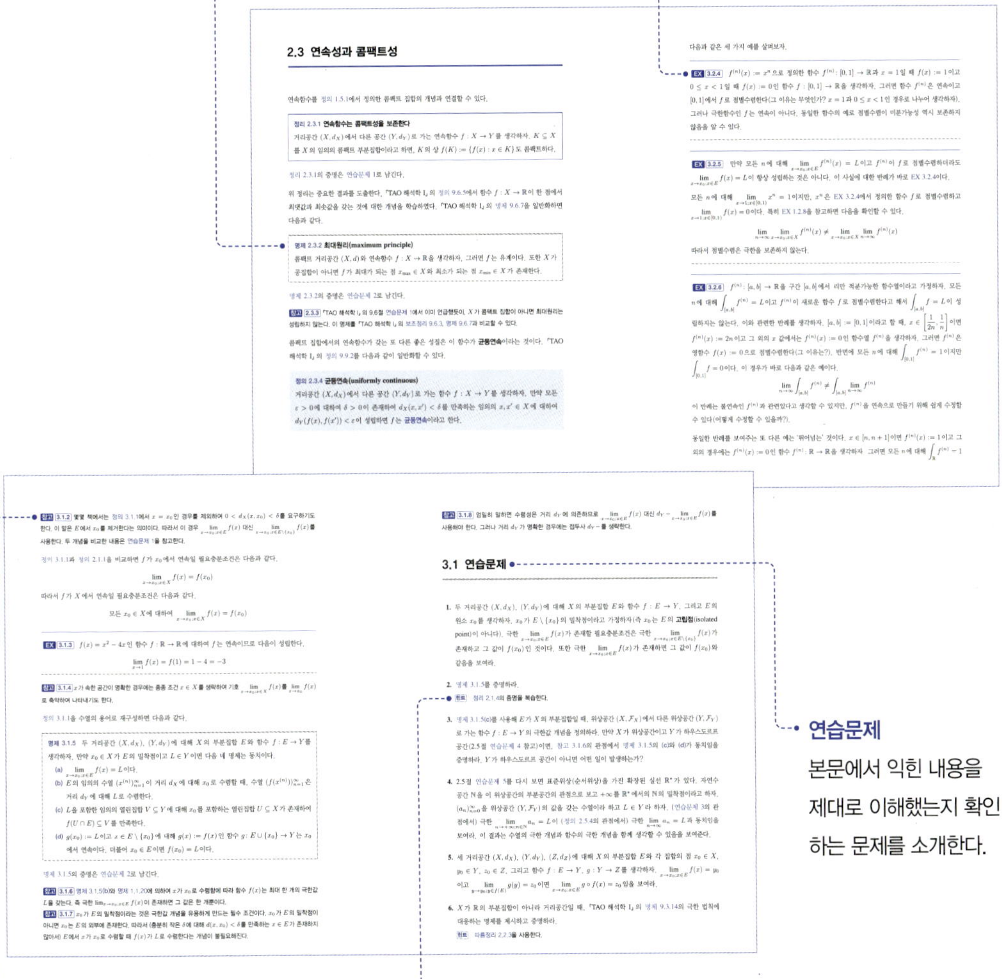

연습문제

본문에서 익힌 내용을 제대로 이해했는지 확인하는 문제를 소개한다.

참고

본문 전개에 참고할 만한 개념을 제공한다.

힌트

문제 풀이에 도움이 되는 아이디어를 제공한다.

- **강의자용 : 강의보조자료 다운로드**
  한빛출판네트워크 접속(http://www.hanbit.co.kr) → [교수전용] 클릭 → [강의자료] 클릭
- **학습자용 :** 학습자의 자학자습을 위해 저작권자의 요청에 따라 별도 자료를 제공하지 않는다.

감수자 머리말

이 책은 학부 수학과 2학년 전공인 '해석학' 교재이다. 해석학은 고등학교와 대학교 1학년 때 배운 미분적분학을 엄밀한 수학 언어로 다시 소개하며, 수학과에 진학하면 처음으로 만나는 전공 과목이기도 하다. 즉 해석학은 배운 개념을 다시 학습한다는 인상이 있어 실망스러울 수도 있다. 하지만 해석학은 선형대수학과 함께 수학과에서 가장 중요하며 기초가 되는 전공 과목이다.

해석학은 크게 두 가지 측면에서 중요하다. 첫 번째는 해석학을 통해 엄밀한 수학 언어를 처음으로 접하고 익힌다는 점이다. 수학적 사실은 논리적으로 엄밀한 문장으로 기술해야 하고, 모든 용어가 정의되어야 한다. 또한 동일한 논리체계 안에서 증명할 수 있어야 의미가 있다. 현대 프로 수학자들이 논문을 쓸 때 이러한 기술을 사용하며, 이를 해석학에서 배울 수 있는 것이다. 게다가 여태까지 애매하게 다룬 극한을 포함하여 연속성, 미분가능성, 실수의 완비성 등의 개념을 해석학에서 엄밀하게 다루므로, 해석학을 학습한 학생들은 그간 완전히 이해하지 못했던 부분을 해소하고 찬사를 보내기도 한다.

두 번째 중요한 점은, 해석학은 이후에 다룰 실해석학, 복소해석학, 미분기하학, 확률론, 미분방정식, 위상수학 등에서 기초가 되는 개념을 다룬다는 점이다. 그러므로 허투루 넘길 부분이 없다. 해석학은 초심자에게 상당히 부담스러운 과목이라 저학년 학생들은 많이 힘들어한다. 보통은 4학년 정도가 되어야 해석학 기술과 아이디어에 익숙해지는데, 여기서 이 책의 장점이 돋보인다. 바로 toolkit을 중심으로 증명을 소개하고 다른 문제를 동일한 toolkit으로 증명하는 방식이다. 이 학습법은 꽤 효율적이다. 왜냐하면 해석학은 개념과 정리, 증명을 읽고 이해하는 데 그치지 않고 사용된 toolkit에 익숙해져야 하는 학문이기 때문이다.

이 책은 특이하게도 집합론이나 논리학에서 다룰 만한 수리논리, 집합, 자연수, 함수 등을 여러 지면에 할애하여 다룬다. 기초부터 정의하고 명제와 증명을 쓰는 법을 친절하게 설명함으로써 해석학의 특징을 강조한다. 엄밀한 수학 언어를 사용하려면 어떤 서술이 참인 명제이고 옳은 증명인지 알 수 있어야 하는데, 이 책의 연습문제까지 진지하게 풀어본다면 이를 자연스럽게 터득할 수 있을 것이다. 이 책으로 해석학의 중요한 특징을 이해하고 수학을 성공적으로 학습하는 첫걸음을 디디길 소망한다.

권순식

목차

목차

3장 균등수렴

4장 멱급수

목차

1

거리공간

Metric spaces

1.1 정의와 예

『TAO 해석학 I』의 정의 6.1.5에서 실수 수열 $(x_n)_{n=m}^{\infty}$이 다른 실수 x로 수렴하는 것에 대한 의미를 정의하였다. 실제로 이 정의는 임의의 $\varepsilon > 0$에 대해 $N(\geq m)$이 존재하여 $n \geq N$이면 $|x - x_n| \leq \varepsilon$이 성립함을 의미하며, 이 결과를 $\lim_{n\to\infty} x_n = x$로 표기하였다.

직관적으로 수열 $(x_n)_{n=m}^{\infty}$이 극한 x로 수렴한다는 것은 해당 수열의 원소 x_n이 언젠가는 원하는 만큼 x에 가까워진다는 의미이다. 이 의미를 조금 더 정확히 표현하기 위해 두 실수 사이의 **거리함수**(distance function) $d(x, y)$를 $d(x, y) := |x - y|$로 소개한다. 예를 들어 $d(3, 5) = 2$, $d(5, 3) = 2$, $d(3, 3) = 0$이다. 이제 다음 보조정리를 살펴보자.

> **보조정리 1.1.1** 실수 수열 $(x_n)_{n=m}^{\infty}$과 실수 x를 생각하자. 그러면 $(x_n)_{n=m}^{\infty}$이 x로 **수렴**(convergence)할 필요충분조건은 $\lim_{n\to\infty} d(x_n, x) = 0$이다.

보조정리 1.1.1의 증명은 연습문제 1로 남긴다.

이제 이러한 수렴의 개념을 일반화하고자 한다. 수렴의 일반화를 통해 수열의 극한 개념을 실수 수열뿐 아니라 복소수 수열, 벡터 수열, 행렬 수열, 함수열, 심지어는 수열로 구성된 수열까지로도 확장할 수 있다. 일반화의 한 가지 방법은 새로운 형태의 수열이 나올 때마다 수렴 개념을 재정의하는 것이다. 그러나 짐작하겠지만 이 과정은 매우 지루할 것이다. 조금 더 효율적으로 일반화하려면 **추상적인** 방법을 도입하면 된다. 매우 일반적인 공간을 정의하고[1] 이 공간에서 한 번에 작동하는 일반적인 수렴의 개념을 정의하면 된다. **공간**(space)이란 특정 형식의 모든 객체를 모아놓은 집합을 말한다. 예를 들어 모든 실수의 공간, 3×3 행렬의 공간 등이 있다. 공간이 집합보다 조금 더 많은 구조를 갖는 경향이 있다는 점을 제외하면 집합과 공간은 수학적으로 큰 차이가 없다. 예를 들어 실수 공간은 덧셈이나 곱셈과 같은 연산을 포함하지만 단순 실수 집합은 이러한 연산을 포함하지 않는다.

공간을 정의하는 유용한 방법이 두 가지 있다. 하나는 이 장에서 배울 **거리공간**(metric space)이고, 나머지 하나는 좀 더 일반적인 공간인 **위상공간**(topological space)으로 매우 중요하다. 위상공간은 2.5절에서 간단히 다룬다.

간단히 말하면 거리공간은 **거리**(distance) $d(x, y)$ 개념을 가진 공간 X이며, 이 거리는 합리적인 성질을 만족한다. 더 정확히는 다음과 같이 정의한다.

1 이 공간에는 실수, 복소수, 벡터 등이 포함될 수 있다.

정의 1.1.2 거리공간(metric space)

거리함수(distance function) 또는 **거리(metric)** $d : X \times X \to [0, +\infty)$[2]를 갖는 객체[3]의 공간 X를 **거리공간** (X, d)라고 한다. 거리는 다음 네 가지 공리를 만족해야 한다.

(a) 임의의 $x \in X$에 대해 $d(x, x) = 0$이다.

(b) **양의 성질**(positivity) : **서로 다른** 임의의 $x, y \in X$에 대해 $d(x, y) > 0$이다.

(c) **대칭성**(symmetry) : 임의의 $x, y \in X$에 대해 $d(x, y) = d(y, x)$이다.

(d) **삼각부등식**(triangle inequality) : 임의의 $x, y, z \in X$에 대해 $d(x, z) \leq d(x, y) + d(y, z)$이다.

대부분 거리 d가 명확하므로 (X, d)를 축약해서 X로 나타내기도 한다.

참고 1.1.3 조건 (a)와 (b)는 '임의의 $x, y \in X$에 대해 $d(x, y) = 0$일 필요충분조건은 $x = y$이다'로 나타낼 수도 있다. 이 결과는 왜 (a), (b)와 동치일까?

EX 1.1.4 실선

실수 집합 $\mathbb{R}$에 대해 $d : \mathbb{R} \times \mathbb{R} \to [0, \infty)$를 $d(x, y) := |x - y|$로 정의한 거리라고 하자. 그러면 $(\mathbb{R}, d)$는 거리공간이다(연습문제 2 참고). 이러한 d를 $\mathbb{R}$의 **표준거리**(standard metric)라고 한다. 만약 $\mathbb{R}$이 거리공간이라고 하면 별도로 언급하지 않는 한 표준거리 d를 거리로 가정한다.

EX 1.1.5 부분거리공간

임의의 거리공간 (X, d)와 X의 부분집합 Y를 생각하자. 그러면 거리함수 $d : X \times X \to [0, +\infty)$를 $X \times X$의 부분집합 $Y \times Y$로 제한하여, Y에서 제한된 거리함수 $d|_{Y \times Y} : Y \times Y \to [0, +\infty)$를 만들 수 있다. 이 함수를 X의 거리 d로부터 **유도된**(induced) Y의 거리라고 한다. 순서쌍 $(Y, d|_{Y \times Y})$는 거리공간이고(연습문제 4 참고), 이를 Y로 유도된 (X, d)의 **부분공간**(subspace)이라고 한다. 따라서 EX 1.1.4에서 다룬 $\mathbb{R}$의 거리에서 임의의 부분집합(예를 들면 $\mathbb{Z}$ 또는 구간 $[a, b]$ 등)으로 유도된 거리공간을 만들 수 있다.

---

2 이 함수는 X의 임의의 x, y에 대해 실수 $d(x, y) \geq 0$의 값을 갖는다.

3 **점**(point)이라고도 한다.

EX 1.1.6 유클리드공간

자연수 $n \geq 1$에 대하여 다음과 같이 정의된 실수의 n중쌍(n–tuple) $\mathbb{R}^n$을 생각하자.

$$\mathbb{R}^n = \{(x_1, x_2, \cdots, x_n) : x_1, \cdots, x_n \in \mathbb{R}\}$$

그러면 **유클리드거리**(Euclidean metric)[4] $d_{l^2} : \mathbb{R}^n \times \mathbb{R}^n \to \mathbb{R}$을 다음과 같이 정의한다.

$$\begin{aligned} d_{l^2}((x_1, \cdots, x_n), (y_1, \cdots, y_n)) &:= \sqrt{(x_1 - y_1)^2 + \cdots + (x_n - y_n)^2} \\ &= \left(\sum_{i=1}^{n} (x_i - y_i)^2 \right)^{1/2} \end{aligned}$$

예를 들어 $n = 2$이면 $d_{l^2}((1,6),(4,2)) = \sqrt{3^2 + 4^2} = 5$이다. 이 거리는 피타고라스 정리로부터 유도되는 두 점 $(x_1, x_2, \cdots, x_n)$, $(y_1, y_2, \cdots, y_n)$ 사이의 기하적 거리와 일치한다. 이처럼 기하학이 거리공간의 중요한 예를 몇 가지 제공하지만, 기하학과 무관한 거리공간이 존재할 수도 있다. 이러한 몇 가지 예를 아래에서 살펴본다. $(\mathbb{R}^n, d)$가 실제로 거리공간이라는 것은 기하적으로도 확인할 수 있고[5] 대수적으로도 증명할 수 있다(연습문제 6 참고). 이때 $(\mathbb{R}^n, d_{l^2})$를 **n차원 유클리드공간** (Euclidean space of dimension n)이라고 한다. EX 1.1.4의 관습을 확장하여, $\mathbb{R}^n$이 거리공간이라면 별도로 언급하지 않는 한 거리를 유클리드거리로 볼 것이다.

EX 1.1.7 택시거리

자연수 $n \geq 1$에 대하여 EX 1.1.6처럼 $\mathbb{R}^n$을 생각하자. 그러나 이번에는 다음과 같이 정의한 **택시거리** (taxicab metric)[6] d_{l^1}을 사용할 것이다.

$$\begin{aligned} d_{l^1}((x_1, x_2, \cdots, x_n), (y_1, y_2, \cdots, y_n)) &:= |x_1 - y_1| + \cdots + |x_n - y_n| \\ &= \sum_{i=1}^{n} |x_i - y_i| \end{aligned}$$

예를 들어 $n = 2$이면 $d_{l^1}((1,6),(4,2)) = 3 + 4 = 7$이다. 이 거리를 택시거리라고 하는 이유는 한 지점에서 다른 지점으로 이동할 때 대각선으로 못 움직이고 동서남북 방향으로만 움직이는 택시의 움직임을 모델링했기 때문이다. 따라서 택시거리는 '일직선으로' 거리를 측정하는 유클리드거리보다 항상 크거나 같다. 공간 $(\mathbb{R}^n, d_{l^1})$ 역시 거리공간이다(연습문제 7 참고). 거리가 항상 같지는 않지만, 모든 x, y에 대하여 다음 부등식을 만족한다(연습문제 8 참고).

$$d_{l^2}(x, y) \leq d_{l^1}(x, y) \leq \sqrt{n} d_{l^2}(x, y) \tag{1.1}$$

---

4 이 거리를 **l^2 거리**(l^2 metric)라고도 한다.

5 예를 들어 삼각부등식은 삼각형의 한 변의 길이가 나머지 두 변의 길이의 합보다 항상 작거나 같음을 이용하여 확인할 수 있다.

참고 1.1.8 택시거리는 오류 제어 코드 이론(theory of error correcting codes)과 같은 몇몇 분야에서 유용하게 사용된다. 예를 들어 이진수 10010을 $\mathbb{R}^5$의 점 $(1,0,0,1,0)$으로 생각할 수 있듯이, n자릿수의 이진수를 $\mathbb{R}^n$의 원소로 생각한다. 그러면 두 이진수 사이의 택시거리는 두 이진수에서 서로 일치하지 않는(즉 오류가 발생한) 문자의 수를 나타낸다. 예를 들어 $d_{l^1}(10010, 10101) = 3$이다. 오류 제어 코드 이론의 목표는 각 정보의 조각(예를 들어 알파벳 문자)을 이진법으로 나타낸 수로 인코딩하는 것이며, 이 작업을 통해 모든 이진법으로 나타낸 수가 택시거리상에서 가능한 한 서로 멀리 떨어져 있게 만들고자 한다. 이렇게 하면 랜덤 노이즈로 인해 발생한 정보의 왜곡이 코딩된 이진법으로 나타낸 수 중 하나를 다른 수로 잘못 변경할 가능성을 최소화할 수 있다. 또한 이러한 왜곡을 감지하고 올바르게 수정할 가능성을 높여준다.

EX 1.1.9 상한노름거리

자연수 $n \geq 1$에 대하여 EX 1.1.6과 EX 1.1.7처럼 $\mathbb{R}^n$을 생각하자. 그러나 이번에는 다음과 같이 정의한 **상한노름거리**(sup norm metric)[7] d_{l^∞}를 사용한다.

$$d_{l^\infty}((x_1, x_2, \cdots, x_n), (y_1, y_2, \cdots, y_n)) := \sup\{|x_i - y_i| : 1 \leq i \leq n\}$$

예를 들어 $n = 2$이면 $d_{l^\infty}((1,6),(4,2)) = \sup\{3,4\} = 4$이다. 공간 $(\mathbb{R}^n, d_{l^\infty})$ 역시 거리공간이다(연습문제 9 참고). 또한 이 거리와 l^2 거리는 모든 x, y에 대해 다음 부등식의 관계를 만족한다(연습문제 10 참고).

$$\frac{1}{\sqrt{n}} d_{l^2}(x,y) \leq d_{l^\infty}(x,y) \leq d_{l^2}(x,y) \tag{1.2}$$

참고 1.1.10 l^1, l^2, l^∞ 거리는 각각 $p \in [1, +\infty]$에 대한 좀 더 일반적인 거리인 $\boldsymbol{l^p}$ **거리**(l^p metric)의 특별한 경우이다. 하지만 l^p 거리는 이 책에서 더 다루지 않는다.

EX 1.1.11 이산거리

X를 (유한이든 무한이든 상관없이) 임의의 집합이라고 하면 **이산거리**(discrete metric) d_{disc}는 다음과 같이 정의한다.

$$d_{\text{disc}}(x,y) = \begin{cases} 0 & (x = y) \\ 1 & (x \neq y) \end{cases}$$

즉 이 거리에서 모든 점은 서로 떨어져 있다. 공간 (X, d_{disc})는 거리공간이다(연습문제 11 참고). 따라서 모든 집합 X는 적어도 하나의 거리를 갖는다.

---

6 이 거리를 $\boldsymbol{l^1}$ **거리**(l^1 metric)라고도 한다.

7 이 거리를 $\boldsymbol{l^\infty}$ **거리**(l^∞ metric)라고도 한다.

EX 1.1.12 **측지선(geodesics)**

간단하게 X를 구 $\{(x,y,z)\in\mathbb{R}^3 : x^2+y^2+z^2=1\}$이라 하고, (x,y,z)에서 시작하여 (x',y',z')에서 끝나는 X 상의 가장 짧은 곡선의 길이를 $d((x,y,z),(x',y',z'))$이라고 하자. 이 곡선을 대원의 호라고 한다.[8] 거리 d는 X를 거리공간으로 만든다. 우리는 (구의 기하학 성질을 사용하지 않고) 거리공간의 정의로부터 삼각부등식이 자동으로 나옴을 확인할 수 있다.

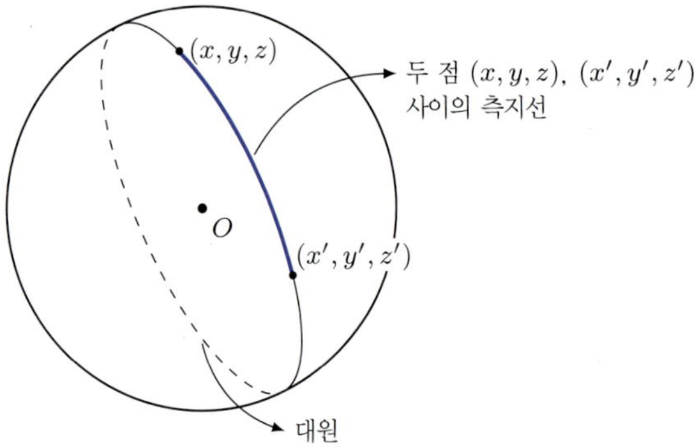

[그림 1.1] 측지선

EX 1.1.13 **최단 경로**

간단히 생각하면 실생활에서 거리공간의 예를 항상 찾을 수 있다. 예를 들어 X는 현재 인터넷에 연결된 모든 컴퓨터가 될 수 있고, $d(x,y)$는 컴퓨터 x에서 컴퓨터 y로 연결되는 가장 짧은 패킷의 수라고 할 수 있다. 또 x와 y가 직접 연결되지는 않았지만 둘 다 z와 동시에 연결되면 $d(x,y)=2$이다. 인터넷에 연결된 모든 컴퓨터가 언젠가는 다른 모든 컴퓨터와 연결될 수 있다고 가정하면 (그러면 $d(x,y)$는 항상 유한임) (X,d)는 항상 거리공간이다(그 이유는?). 케빈 베이컨의 6단계 법칙(six degrees of separation)[9]도 유사한 거리공간을 갖는다(이 경우 거리와 공간은 각각 무엇일까?). 한편 X가 거대한 도시이고 $d(x,y)$가 x에서 y로 운전할 수 있는 최단 시간이라고 해도 (비록 이 공간이 실생활에서 정의 1.1.2(c)를 만족하지 않는 것 같아 보이더라도) 이는 거리와 공간이 된다.

8 대원의 호의 개념을 이해하기 위해서는 **변분법**(calculus of variations)에 대한 이해가 먼저 필요한데, 이는 이 책의 범위를 넘어서므로 여기서는 증명하지 않는다.

9 **(옮긴이)** 이 게임은 모든 사람들이 6개 이하의 단계를 거치면 서로 연결된다는 생각에서 기인한다. 즉 친구의 친구를 통해 최대 6단계를 거쳐 두 사람을 연결하는 게임이다.

이제는 거리공간의 개념을 알았으니 거리공간 위에서 수렴 개념을 정의할 수 있다.

정의 1.1.14 거리공간에서의 수열의 수렴

m은 정수, (X,d)는 거리공간, $(x^{(n)})_{n=m}^{\infty}$은 X의 점들로 구성된 수열(즉 모든 자연수 $n(\geq m)$에 대해 $x^{(n)}$은 X의 원소)이라고 가정하자. x는 X의 점이라 하자. 이때 $(x^{(n)})_{n=m}^{\infty}$이 **거리 d에 대해 x로 수렴(converges to x with respect to the metric d)**할 필요충분조건은 극한 $\lim_{n\to\infty} d(x^{(n)},x)$가 존재하고 그 값이 0인 것이다. 다시 말해 $(x^{(n)})_{n=m}^{\infty}$이 거리 d에 대해 x로 수렴할 필요충분조건은 모든 $\varepsilon > 0$에 대해 $N(\geq m)$이 존재하여 $n \geq N$이면 $d(x^{(n)},x) \leq \varepsilon$을 만족하는 것이다(이 두 정의가 왜 동치일까?).

참고 1.1.15 보조정리 1.1.1의 관점에서 정의 1.1.14는 실수 수열의 수렴성 개념을 일반화한 것처럼 볼 수 있다. 거리 d가 명백하여 혼란의 여지가 없다면 대부분 '$(x^{(n)})_{n=m}^{\infty}$이 거리 d에 대해 x로 수렴한다' 대신 '$(x^{(n)})_{n=m}^{\infty}$이 x로 수렴한다'라고 한다. 혹은 '$n\to\infty$일 때 $x^{(n)}\to x$'로 표기하기도 한다.

참고 1.1.16 정의 1.1.14에 있는 첨자 n은 특별한 것이 없는 임시변수(dummy variable)이다. 예를 들어 $(x^{(n)})_{n=m}^{\infty}$이 x로 수렴한다는 것과 $(x^{(k)})_{k=m}^{\infty}$가 x로 수렴한다는 것은 정확히 똑같은 명제이다. 따라서 이미 다른 목적으로 n이라는 변수를 사용했다면 편의를 위해 첨자를 바꿀 수 있다. 마찬가지로 수열 $x^{(n)}$에서 반드시 위첨자를 사용할 필요는 없다. 이러한 정의는 수열 x_n과 함수 $f(n)$에서도 여전히 유효하며, 실제로 거리공간 X의 값을 가지며 n에 의존하는 어떠한 표현에 대해서도 적용가능하다. 끝으로 『TAO 해석학 I』의 6.1절 연습문제 3과 연습문제 4에서 극한을 얻는 데 있어 수열의 첫 번째 항 m은 아무런 영향을 주지 않음을 살펴보았다. 즉 $(x^{(n)})_{n=m}^{\infty}$이 x로 수렴하면 임의의 $m'(\geq m)$에 대해 $(x^{(n)})_{n=m'}^{\infty}$도 x로 수렴한다.

EX 1.1.17 유클리드거리 d_{l^2}를 가진 유클리드공간 $\mathbb{R}^2$을 생각하자. $(x^{(n)})_{n=1}^{\infty}$을 $\mathbb{R}^2$에서의 수열 $x^{(n)} := \left(\frac{1}{n},\frac{1}{n}\right)$이라 하자. 즉 수열 $(1,1)$, $\left(\frac{1}{2},\frac{1}{2}\right)$, $\left(\frac{1}{3},\frac{1}{3}\right)$, $\cdots$을 고려한다. 그러면 다음이 성립한다.

$$\lim_{n\to\infty} d_{l^2}(x^{(n)},(0,0)) = \lim_{n\to\infty}\sqrt{\frac{1}{n^2}+\frac{1}{n^2}} = \lim_{n\to\infty}\frac{\sqrt{2}}{n} = 0$$

따라서 이 수열은 유클리드거리 d_{l^2}에서 $(0,0)$으로 수렴한다. 또한 다음이 성립한다.

$$\lim_{n\to\infty} d_{l^1}(x^{(n)},(0,0)) = \lim_{n\to\infty}\left(\frac{1}{n}+\frac{1}{n}\right) = \lim_{n\to\infty}\frac{2}{n} = 0$$

따라서 택시거리 d_{l^1}에서도 수열 $(x^{(n)})_{n=1}^{\infty}$은 $(0,0)$으로 수렴한다.

유사하게 상한노름거리 d_{l^∞}에서도 이 수열은 $(0,0)$으로 수렴한다(그 이유는?). 그러나 다음이 성립하므로 이산거리 d_{disc}에서 수열 $(x^{(n)})_{n=1}^{\infty}$은 $(0,0)$으로 수렴하지 **않는다**.

$$\lim_{n\to\infty} d_{\text{disc}}(x^{(n)},(0,0)) = \lim_{n\to\infty} 1 = 1 \neq 0$$

그러므로 수열의 수렴 여부는 사용하는 거리에 따라 달라진다.[10]

앞의 유클리드거리, 택시거리, 상한노름거리, 이산거리는 수렴성을 판정하기 비교적 쉬운 거리이다. 다음 명제를 통해 알아보자.

> **명제 1.1.18 l^1, l^2, l^∞ 의 상등**
>
> 유클리드공간 $\mathbb{R}^n$ 에 대하여 $\mathbb{R}^n$ 의 점으로 구성된 수열 $(x^{(k)})_{k=m}^\infty$ 를 생각하자. 또한 $x^{(k)} = (x_1^{(k)}, x_2^{(k)}, \cdots, x_n^{(k)})$ 로 표기하자. 즉 $j = 1, 2, \cdots, n$ 에 대해 $x_j^{(k)} \in \mathbb{R}$ 은 $x^{(k)} \in \mathbb{R}^n$ 의 j 번째 좌표이다. $x = (x_1, x_2, \cdots, x_n)$ 을 $\mathbb{R}^n$ 의 점이라고 하면 다음 네 명제는 서로 동치이다.
>
> (a) $(x^{(k)})_{k=m}^\infty$ 는 유클리드거리 d_{l^2} 에 대해 x 로 수렴한다.
>
> (b) $(x^{(k)})_{k=m}^\infty$ 는 택시거리 d_{l^1} 에 대해 x 로 수렴한다.
>
> (c) $(x^{(k)})_{k=m}^\infty$ 는 상한노름거리 d_{l^∞} 에 대해 x 로 수렴한다.
>
> (d) $1 \le j \le n$ 을 만족하는 모든 j 에 대해 수열의 각 성분 수열 $(x_j^{(k)})_{k=m}^\infty$ 는 x_j 로 수렴한다 (이 수열은 $\mathbb{R}^n$ 의 수열이 아니라 실수 수열임에 주의한다).

명제 1.1.18의 증명은 연습문제 12로 남긴다.

다시 말해 유클리드거리, 택시거리, 상한노름거리에서의 수열의 수렴성은 각 성분의 수렴성과 동치 관계이다. (a), (b), (c)의 동치관계에 따라 $\mathbb{R}^n$ 에서 유클리드거리, 택시거리, 상한노름거리는 **상등**(equivalent)이라고 한다(무한 차원에서 유클리드거리, 택시거리, 상한노름거리는 상등이 **아니다**. 이와 관련한 반례는 연습문제 15를 참고한다).

이산거리에서 수렴하려면 결국 상수여야 하므로 이산거리에서의 수렴은 훨씬 더 드물게 나타난다.

> **명제 1.1.19 이산거리에서의 수렴**
>
> 임의의 집합 X 와 X 의 이산거리 d_{disc} 를 생각하자. 또한 X 의 점으로 구성된 수열 $(x^{(n)})_{n=m}^\infty$ 과 X 위의 한 점 x 를 생각하자. 그러면 $(x^{(n)})_{n=m}^\infty$ 이 이산거리 d_{disc} 에 대해 x 로 수렴할 필요충분조건은 수 $N(\ge m)$ 이 존재하여 모든 $n \ge N$ 에 대해 $x^{(n)} = x$ 를 만족하는 것이다.

명제 1.1.19의 증명은 연습문제 13으로 남긴다.

---

10 조금 기발한 실생활의 예를 들어보자. $d(x, y)$ 를 자동차로 x 에서 y 까지 운전하는 데 걸리는 시간인 '자동차거리'로 정의하거나, $d(x, y)$ 를 보행자가 x 에서 y 까지 걸어가는 데 걸리는 시간인 '보행자거리'로 정의하여 도시라는 공간에 대한 거리를 줄 수 있다(실생활에서 항상 성립하지는 않겠지만 논의를 위해 두 거리가 대칭성을 만족한다고 가정한다). 이때 하나의 거리에선 비슷하지만 다른 거리에선 서로 다른 두 점이 존재하는 예를 쉽게 생각할 수 있다.

이제 수열의 수렴성에 대한 기본 사실을 증명할 것이다. 극한은 최대 한 개만 존재할 수 있다.

명제 1.1.20 극한의 유일성

거리공간 (X, d)와 X의 수열 $(x^{(n)})_{n=m}^{\infty}$을 생각하자. $(x^{(n)})_{n=m}^{\infty}$이 거리 d에 대해 x로 수렴하고, $(x^{(n)})_{n=m}^{\infty}$이 거리 d에 대해 x'으로 수렴하는 X의 두 점 x와 x'이 존재한다고 가정하자. 그러면 $x = x'$이다.

명제 1.1.20의 증명은 연습문제 14로 남긴다.

앞의 명제에 따라 다음 기호를 안전하게 사용할 수 있다.

만약 $(x^{(n)})_{n=m}^{\infty}$이 거리 d에 대해 x로 수렴한다면 $d-\lim_{n\to\infty} x^{(n)} = x$로 나타낼 수 있고, 거리 d에 혼동이 없다면 간단하게 $\lim_{n\to\infty} x^{(n)} = x$로 나타낼 수 있다.

예를 들어 $\left(\frac{1}{n}, \frac{1}{n}\right)$에 대하여 다음과 같다.

$$d_{l^2} - \lim_{n\to\infty}\left(\frac{1}{n}, \frac{1}{n}\right) = d_{l^1} - \lim_{n\to\infty}\left(\frac{1}{n}, \frac{1}{n}\right) = (0, 0)$$

그러나 $d_{\text{disc}} - \lim_{n\to\infty}\left(\frac{1}{n}, \frac{1}{n}\right)$은 정의되지 않는다. 따라서 $d-\lim_{n\to\infty} x^{(n)}$의 의미는 d가 무엇인가에 따라 달라진다. 그러나 명제 1.1.20은 d가 고정되어 있다면 $d-\lim_{n\to\infty} x^{(n)}$ 값이 최대 한 개임을 의미한다(당연히 극한이 존재하지 않아 수열이 수렴하지 않는 경우도 존재한다). 이 결과는 보조정리 1.1.1과 『TAO 해석학 I』의 정의 6.1.8에서 정의한 극한을 일반화한 버전이다.

참고 1.1.21 예시가 다소 인위적으로 보일 수 있지만, 수열이 수렴하는 점은 거리마다 서로 다를 수 있다. 예를 들어 0에서 1까지의 닫힌구간을 $X := [0, 1]$이라 하자. 표준거리 d를 사용하면 $d-\lim_{n\to\infty}\frac{1}{n} = 0$이다. 그러나 0과 1을 다음 방법을 사용해 '바꾸어' 보자. $f : [0, 1] \to [0, 1]$을 $f(0) := 1$, $f(1) := 0$이고 모든 $x \in (0, 1)$에 대해 $f(x) := x$인 함수라 하고, $d'(x, y) := d(f(x), f(y))$로 정의하자. 그러면 (X, d')은 여전히 거리공간이다(그 이유는?). 그러나 $d'-\lim_{n\to\infty}\frac{1}{n} = 1$이다. 따라서 공간에서 거리를 바꾸는 것은 공간의 수렴성(혹은 **위상**(topology))에 큰 영향을 끼친다. 이러한 위상에 대해서는 2.5절에서 자세히 다룰 것이다.

1.1 연습문제

1. 보조정리 1.1.1을 증명하라.

2. 거리 $d(x,y) := |x-y|$를 가진 실선이 실제로 거리공간임을 보여라.

힌트 『TAO 해석학 I』의 명제 4.3.3의 증명을 다시 살펴본다.

3. 집합 X와 함수 $d : X \times X \to [0,\infty)$에 대해 다음 조건을 만족하는 예를 제시하라.

(a) 정의 1.1.2의 공리 (b), (c), (d)는 만족하지만 (a)는 만족하지 않는 순서쌍 (X,d)

힌트 이산거리를 수정한다.

(b) 정의 1.1.2의 공리 (a), (c), (d)는 만족하지만 (b)는 만족하지 않는 순서쌍 (X,d)

(c) 정의 1.1.2의 공리 (a), (b), (d)는 만족하지만 (c)는 만족하지 않는 순서쌍 (X,d)

(d) 정의 1.1.2의 공리 (a), (b), (c)는 만족하지만 (d)는 만족하지 않는 순서쌍 (X,d)

힌트 X가 유한집합일 때의 예를 찾는다.

4. EX 1.1.5에서 정의한 순서쌍 $(Y, d|_{Y\times Y})$가 실제로 거리공간임을 보여라.

5. $n \geq 1$일 때 실수 $a_1, a_2, \cdots, a_n$과 $b_1, b_2, \cdots, b_n$을 생각하자. 이때 다음 항등식이 성립함을 보여라.

$$\left(\sum_{i=1}^{n} a_i b_i\right)^2 + \frac{1}{2}\sum_{i=1}^{n}\sum_{j=1}^{n}(a_i b_j - a_j b_i)^2 = \left(\sum_{i=1}^{n} a_i^2\right)\left(\sum_{j=1}^{n} b_j^2\right)$$

그리고 다음 **코시-슈바르츠 부등식**(Cauchy–Schwarz inequality)이 참임을 보여라.

$$\left|\sum_{i=1}^{n} a_i b_i\right| \leq \left(\sum_{i=1}^{n} a_i^2\right)^{1/2}\left(\sum_{j=1}^{n} b_j^2\right)^{1/2} \tag{1.3}$$

마지막으로 코시-슈바르츠 부등식을 이용해 다음 **삼각부등식**(triangle inequality)이 성립함을 증명하라.

$$\left(\sum_{i=1}^{n}(a_i+b_i)^2\right)^{1/2} \leq \left(\sum_{i=1}^{n} a_i^2\right)^{1/2} + \left(\sum_{j=1}^{n} b_j^2\right)^{1/2}$$

6. EX 1.1.6에서 살펴본 $(\mathbb{R}^n, d_{l^2})$가 실제로 거리공간임을 보여라.

힌트 연습문제 5를 사용한다.

7. EX 1.1.7에서 살펴본 $(\mathbb{R}^n, d_{l^1})$이 실제로 거리공간임을 보여라.

8. 식 (1.1)의 두 부등식을 증명하라.

힌트 첫 번째 부등식을 증명하기 위해 양변을 제곱하고, 두 번째 부등식을 증명하기 위해 연습문제 5를 사용한다.

9. EX 1.1.9에서 살펴본 $(\mathbb{R}^n, d_{l^\infty})$가 실제로 거리공간임을 보여라.

10. 식 (1.2)의 두 부등식을 증명하라.

11. EX 1.1.11에서 살펴본 (X, d_{disc})가 실제로 거리공간임을 보여라.

12. 명제 1.1.18을 증명하라.

13. 명제 1.1.19를 증명하라.

14. 명제 1.1.20을 증명하라.

힌트 『TAO 해석학 I』의 명제 6.1.7의 증명을 수정한다.

15. 다음과 같이 X가 절대수렴하는 수열의 공간이라고 하자.

$$X := \left\{ (a_n)_{n=0}^{\infty} : \sum_{n=0}^{\infty} |a_n| < \infty \right\}$$

이 공간에서 l^1 거리와 l^∞ 거리를 다음과 같이 정의하자.

$$d_{l^1}((a_n)_{n=0}^{\infty}, (b_n)_{n=0}^{\infty}) := \sum_{n=0}^{\infty} |a_n - b_n|$$

$$d_{l^\infty}((a_n)_{n=0}^{\infty}, (b_n)_{n=0}^{\infty}) := \sup_{n \in \mathbb{N}} |a_n - b_n|$$

두 거리가 X의 거리임을 보여라. 또한 X의 원소로 구성된 수열 $x^{(1)}, x^{(2)}, \cdots$ (즉 수열들의 수열) 중 거리 d_{l^∞}에 대해서는 수렴하지만, 거리 d_{l^1}에 대해 수렴하지 않는 경우가 존재함을 보여라. 마지막으로 거리 d_{l^1}에 대해 수렴하는 모든 수열이 거리 d_{l^∞}에 대해서도 자동으로 수렴함을 보여라.

16. 거리공간 (X, d)의 두 수열 $(x_n)_{n=1}^{\infty}$과 $(y_n)_{n=1}^{\infty}$을 생각하자. $(x_n)_{n=1}^{\infty}$이 $x \in X$로 수렴하고 $(y_n)_{n=1}^{\infty}$이 $y \in X$로 수렴한다고 가정할 때, $\lim_{n\to\infty} d(x_n, y_n) = d(x, y)$임을 보여라.

힌트 삼각부등식을 여러 번 사용한다.

1.2 거리공간에서의 일반 위상수학

거리공간에서의 수렴성에 대한 사실을 바탕으로, 이와 관련한 개념인 열린집합, 닫힌집합, 내부, 외부, 경계, 밀착점을 정의해보자. 이러한 개념을 다루는 학문을 **일반 위상수학**(point–set topology)이라고 하며 2.5절에서 자세히 살펴볼 것이다.

먼저 **거리공간에서의 공**(metric ball), 간단하게는 **공**이라는 개념이 필요하다.

정의 1.2.1 공(ball)

거리공간 (X, d)에 대하여 X의 점 x_0와 $r > 0$을 생각하자. 거리 d에서 중심이 x_0이고 반지름의 길이가 r인 X의 **공** $B_{(X,d)}(x_0, r)$을 다음과 같이 정의한다.

$$B_{(X,d)}(x_0, r) := \{x \in X : d(x, x_0) < r\}$$

거리공간 (X, d)가 명확할 때는 $B_{(X,d)}(x_0, r)$을 간단하게 $B(x_0, r)$로 표현하기도 한다.

EX 1.2.2 유클리드거리 d_{l^2}를 갖는 $\mathbb{R}^2$에서의 공 $B_{(\mathbb{R}^2, d_{l^2})}((0,0), 1)$은 다음과 같은 열린원이다.

$$B_{(\mathbb{R}^2, d_{l^2})}((0,0), 1) = \{(x, y) \in \mathbb{R}^2 : x^2 + y^2 < 1\}$$

그러나 택시거리 d_{l^1}을 사용하면 열린원 대신 다음과 같은 다이아몬드 모양을 얻을 수 있다.

$$B_{(\mathbb{R}^2, d_{l^1})}((0,0), 1) = \{(x, y) \in \mathbb{R}^2 : |x| + |y| < 1\}$$

이산거리를 사용한다면, 공은 다음과 같은 한원소집합이다.

$$B_{(\mathbb{R}^2, d_{\text{disc}})}((0,0), 1) = \{(0,0)\}$$

여기서 반지름을 1보다 크게 설정한다면, 공은 $\mathbb{R}^2$의 모든 점을 포함할 것이다(그 이유는?).

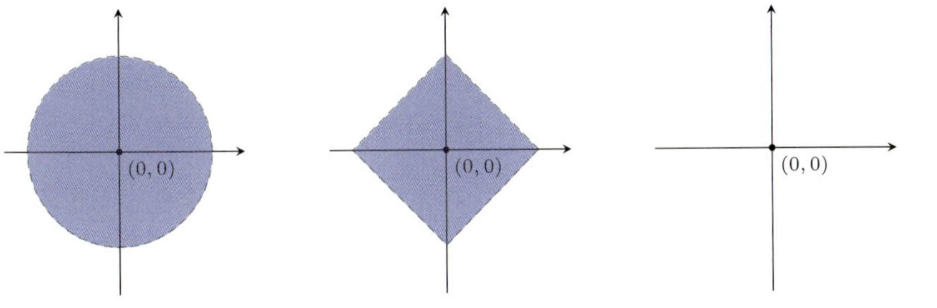

(a) $B_{(\mathbb{R}^2, d_{l^2})}((0,0),1)$ (b) $B_{(\mathbb{R}^2, d_{l^1})}((0,0),1)$ (c) $B_{(\mathbb{R}^2, d_{\text{disc}})}((0,0),1) = \{(0,0)\}$

[그림 1.2] (a) 유클리드거리, (b) 택시거리, (c) 이산거리

EX 1.2.3 표준거리 d를 갖는 $\mathbb{R}$에서 열린구간 $(3,7)$은 공 $B_{(\mathbb{R},d)}(5,2)$와 같다.

참고 1.2.4 반지름 r이 작아질수록, 공 $B(x_0, r)$도 작아진다. 하지만 정의 1.1.2**(a)** 때문에 r이 양수인 경우 $B(x_0, r)$은 항상 적어도 하나의 점(중심 x_0를 의미)을 포함한다. 반지름이 0이거나 음수인 경우의 공은 명백하게 공집합이므로 수학적으로 관심 대상이 아니며, 여기서는 다루지 않는다.

공의 개념을 사용하면 거리공간 X 안에 있는 집합 E에 대하여 E의 내부, 외부, 경계를 이용해 X의 모든 점을 다음과 같이 세 가지로 분류할 수 있다.

정의 1.2.5 내부점(interior point), 외부점(exterior point), 경계점(boundary point)

거리공간 (X, d)에 대하여 X의 부분집합 E와 X의 점 x_0를 생각하자.

- $B(x_0, r) \subseteq E$를 만족하는 반지름 $r > 0$이 존재하면 x_0를 E의 **내부점**이라고 한다.
- $B(x_0, r) \cap E = \varnothing$인 반지름 $r > 0$이 존재하면 x_0를 E의 **외부점**이라고 한다.
- x_0가 E의 내부점도 아니고 외부점도 아니면 **경계점**이라고 한다.

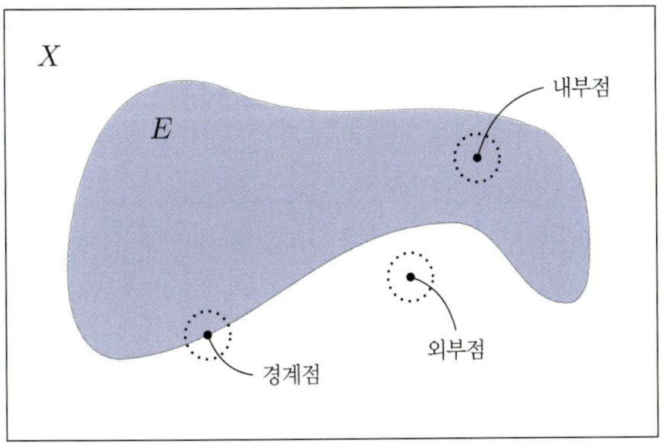

[그림 1.3] 내부점, 외부점, 경계점

E의 모든 내부점의 집합을 E의 **내부(interior)**라 하고 $\text{int}(E)$로 표기한다. 그리고 E의 모든 외부점의 집합을 E의 **외부(exterior)**라 하고 $\text{ext}(E)$로 표기한다. E의 모든 경계점의 집합은 E의 **경계(boundary)**라 하고 ∂E로 표기한다.

참고 1.2.6 공 $B(x_0, r)$이 중심 x_0를 항상 포함하므로 x_0가 E의 내부점이면 x_0는 자동으로 E의 원소이다. 역으로 x_0가 E의 외부점이면 x_0는 E의 원소가 아니다. 특히 x_0가 E의 내부점이면서 동시에 외부점일 수는 없다. 만약 x_0가 E의 경계점이면 E의 원소일 수도 아닐 수도 있다. 다음 EX 1.2.7을 살펴보자.

EX 1.2.7 표준거리 d를 갖는 실수 공간 $\mathbb{R}$을 생각하자. E를 반열린구간 $E = [1, 2)$라고 하자. 중심이 1.5이며 E 안에 있는 공(예를 들어 $B(1.5, 0.1)$)을 찾을 수 있으므로 1.5는 E의 내부점이다. 한편 중심이 3이고 E와 서로소인 공(예를 들어 $B(3, 0.1)$)을 찾을 수 있으므로 3은 E의 외부점이다. 그러나 1과 2는 E의 외부점도 내부점도 아니므로 E의 경계점이다. 따라서 $\text{int}(E) = (1, 2)$, $\text{ext}(E) = (-\infty, 1) \cup (2, \infty)$, $\partial E = \{1, 2\}$이다. 이때 E의 경계점 중 하나는 E의 원소이지만 다른 하나는 E의 원소가 아님을 확인할 수 있다.

EX 1.2.8 이산거리 d_{disc}를 가진 집합 X와 X의 임의의 부분집합 E를 생각하자. 그러면 E의 모든 원소는 E의 내부점이고, E에 포함되지 않은 모든 원소는 E의 외부점이며, E의 경계점은 존재하지 않는다. 연습문제 1을 참고한다.

정의 1.2.9 폐포(closure)

거리공간 (X, d)에 대하여 X의 부분집합 E와 X의 점 x_0를 생각하자. 모든 반지름 $r > 0$에 대하여 공 $B(x_0, r)$이 E와 만난다면(즉 구와 E의 교집합이 공집합이 아니면), x_0는 E의 **밀착점(adherent point)**이라고 한다. E의 모든 밀착점의 집합은 E의 **폐포**라 하고 $\overline{E}$로 표기한다.

이 개념은 『TAO 해석학 I』에서 살펴본 실수에서의 정의 9.1.8, 정의 9.1.10과 일치한다(그 이유는?).

다음 명제는 내부점과 경계점, 그리고 수렴성과 밀착점의 개념을 연결한다.

명제 1.2.10 (X, d)를 거리공간, E를 X의 부분집합, x_0를 X의 점이라고 하면, 다음 명제는 서로 동치이다.

(a) x_0는 E의 밀착점이다.

(b) x_0는 E의 내부점이거나 경계점이다.

(c) 거리 d에 대해 x_0로 수렴하는 E의 수열 $(x_n)_{n=1}^{\infty}$이 존재한다.

명제 1.2.10의 증명은 연습문제 2로 남긴다.

명제 1.2.10의 (a)와 (b)의 동치관계에 의해 다음 따름정리를 얻는다.

> **따름정리 1.2.11** (X, d)를 거리공간, E를 X의 부분집합이라고 하면, $\overline{E} = \mathrm{int}(E) \cup \partial E = X \backslash \mathrm{ext}(E)$이다.

앞서 언급했듯이 E의 경계는 E의 원소일 수도 있고 아닐 수도 있다. 경계가 어떻게 구성되는지에 따라 집합을 열린집합, 닫힌집합, 혹은 둘 다 아닌 집합으로 나눈다.

정의 1.2.12 닫힌집합(closed set)과 열린집합(open set)

거리공간 (X, d)와 X의 부분집합 E를 생각하자.

- E의 모든 경계점이 E의 원소이면(즉 $\partial E \subseteq E$이면) E를 **닫힌집합**이라고 한다.
- E가 어떤 경계점도 포함하지 않으면(즉 $\partial E \cap E = \varnothing$이면) E를 **열린집합**이라고 한다.

만약 E가 어떤 경계점은 원소로 갖고 어떤 경계점은 원소로 갖지 않으면, E는 열린집합도 닫힌집합도 아니다.

EX 1.2.13 표준거리 d를 갖는 실선 $\mathbb{R}$을 생각하자. 집합 $(1, 2)$는 경계점 1, 2를 원소로 갖지 않으므로 열린집합이다. 한편 집합 $[1, 2]$는 경계점 1, 2를 원소로 가지므로 닫힌집합이다. 집합 $[1, 2)$는 경계점 1은 원소로 갖고 경계점 2는 원소로 갖지 않으므로 열린집합도 닫힌집합도 아니다.

참고 1.2.14 만약 경계가 없다면 그 집합은 열린집합과 닫힌집합을 동시에 만족할 수 있다. 예를 들어 거리공간 (X, d)에서 X의 모든 점이 내부점이므로(그 이유는?) 전체 공간 X의 경계는 존재하지 않는다. 또한 X의 모든 점이 외부점이므로(그 이유는?) 공집합 $\varnothing$의 경계도 존재하지 않는다. 따라서 X와 $\varnothing$은 열린집합인 동시에 닫힌집합이다. 대부분 이 두 집합이 열린집합인 동시에 닫힌집합인 유일한 경우인데 예외가 존재한다. 예를 들어 이산거리 d_{disc}에서는 **모든** 집합이 열린집합인 동시에 닫힌집합이다(그 이유는?).

참고 1.2.14에 따르면 열린집합과 닫힌집합의 개념은 서로 부정인 관계가 **아니다**. 열린집합인 동시에 닫힌집합일 수도 있고, 열린집합도 닫힌집합도 아닌 집합도 존재하기 때문이다. 따라서 만약 E가 열린집합이 아니라고 해서 E가 닫힌집합이라고 결론을 내린다면 오류를 일으킬 수 있어 적절하지 않다. 열린집합과 닫힌집합의 역할을 서로 바꾼다고 해도 마찬가지이다. 열린집합과 닫힌집합 사이의 올바른 관계는 다음의 명제 1.2.15(e)에서 확인할 수 있다.

이제 열린집합과 닫힌집합의 몇 가지 성질을 살펴보자.

명제 1.2.15 열린집합과 닫힌집합의 기본 성질

(X, d)가 거리공간이면 다음이 성립한다.

(a) E가 X의 부분집합일 때, E가 열린집합일 필요충분조건은 $E = \mathrm{int}(E)$이다. 즉 E가 열린집합일 필요충분조건은 모든 $x \in E$에 대해 $r > 0$이 존재하여 $B(x, r) \subseteq E$를 만족하는 것이다.

(b) E가 X의 부분집합일 때, E가 닫힌집합일 필요충분조건은 E가 모든 밀착점을 포함하는 것이다. 즉 E가 닫힌집합일 필요충분조건은 E의 모든 수렴하는 수열 $(x_n)_{n=m}^{\infty}$에 대해 수열의 **극한** $\lim_{n\to\infty} x_n$이 E의 원소인 것이다.

(c) 모든 $x_0 \in X$와 $r > 0$에 대해 공 $B(x_0, r)$은 열린집합이다. 집합 $\{x \in X : d(x, x_0) \leq r\}$은 닫힌집합이다(이 집합은 중심이 x_0이고 반지름이 r인 **닫힌공**(closed ball)이라고도 한다).

(d) 임의의 한원소집합 $\{x_0\}$(단, $x_0 \in X$)는 자동으로 닫힌집합이다.

(e) E가 X의 부분집합이라고 할 때, E가 열린집합일 필요충분조건은 E의 여집합 $X \setminus E := \{x \in X : x \notin E\}$가 닫힌집합인 것이다.

(f) $E_1, \cdots, E_n$이 X의 유한한 열린집합의 모임이면 $E_1 \cap E_2 \cap \cdots \cap E_n$도 열린집합이다. $F_1, \cdots, F_n$이 X의 유한한 닫힌집합의 모임이면 $F_1 \cup F_2 \cup \cdots \cup F_n$도 닫힌집합이다.

(g) $\{E_\alpha\}_{\alpha \in I}$가 X의 열린집합의 모임이면[11] 합집합 $\bigcup_{\alpha \in I} E_\alpha := \{x \in X : \text{어떤 } \alpha \in I\text{에 대해 } x \in E_\alpha\}$도 열린집합이다. 또한 $\{F_\alpha\}_{\alpha \in I}$가 X의 닫힌집합의 모임이면 교집합 $\bigcap_{\alpha \in I} F_\alpha := \{x \in X : \text{모든 } \alpha \in I\text{에 대해 } x \in F_\alpha\}$도 닫힌집합이다.

(h) E가 X의 임의의 부분집합이면 $\mathrm{int}(E)$는 E에 포함되는 **가장 큰** 열린집합이다. 즉 $\mathrm{int}(E)$는 열린집합이고, $V \subseteq E$를 만족하는 다른 열린집합 V가 존재하면 $V \subseteq \mathrm{int}(E)$이다. 유사하게 $\overline{E}$는 E를 포함하는 **가장 작은** 닫힌집합이다. 즉 $\overline{E}$는 닫힌집합이고, $K \supset E$를 만족하는 다른 닫힌집합 K에 대해 $K \supseteq \overline{E}$이다.

명제 1.2.15의 증명은 연습문제 3으로 남긴다.

11 이 경우 첨자 I가 유한집합이든 가산집합이든 비가산집합이든 상관없다.

1.2 연습문제

1. EX 1.2.8의 명제를 증명하라.

2. 명제 1.2.10을 증명하라.

힌트 몇 가지 함의를 증명하기 위해 『TAO 해석학 I』의 보조정리 8.4.5에서 다룬 선택공리가 필요하다.

3. 명제 1.2.15를 증명하라.

힌트 명제의 뒷부분을 증명하기 위해 명제의 앞부분을 사용해야 한다.

4. 거리공간 (X, d)에 대하여 X의 점 x_0와 $r > 0$을 생각하자. B는 열린공 $B := B(x_0, r) = \{x \in X : d(x, x_0) < r\}$이고, C는 닫힌공 $C := \{x \in X : d(x, x_0) \leq r\}$일 때, 다음 물음에 답하라.

(a) $\overline{B} \subseteq C$임을 보여라.

(b) $\overline{B}$가 C와 동일하지 **않은** 거리공간 (X, d)와 점 x_0, 반지름 $r > 0$의 예를 제시하라.

1.3 상대위상

열린집합, 닫힌집합과 같은 개념은 사용하는 거리에 영향을 받는다는 사실을 언급하며 정의하였다. 예를 들어 실수 $\mathbb{R}$에서 표준거리 $d(x, y) = |x - y|$를 사용한다면 집합 $\{1\}$은 닫힌집합이지만, 이산거리 d_{disc}를 사용한다면 $\{1\}$은 열린집합이다(그 이유는?).

그러나 어떤 집합이 열린집합인지 아닌지를 결정하려면 거리 외에도 다른 요소를 고려해야 한다. 예를 들면 **주변 공간**(ambient space)인 X의 선택에 영향을 받기도 한다. 몇 가지 사례를 살펴보자.

EX 1.3.1 유클리드거리 d_{l^2}를 갖는 평면 $\mathbb{R}^2$을 생각하자. 평면에서 x축인 $X := \{(x, 0) : x \in \mathbb{R}\}$을 찾을 수 있다. 이때 거리 d_{l^2}를 X로 제한하면 $(\mathbb{R}^2, d_{l^2})$의 부분공간 $(X, d_{l^2}|_{X \times X})$를 만들 수 있다. 이 부분공간은 사실 표준거리 d를 갖는 실선 $(\mathbb{R}, d)$와 같다. 이를 정확하게는 $(X, d_{l^2}|_{X \times X})$를

등거리 변환(isometric)하면 $(\mathbb{R}, d)$가 된다고 표현한다. 그러나 이 책에서는 이 개념을 깊게 살펴보지는 않을 것이다. X와 $\mathbb{R}^2$에 동시에 포함되는 다음 집합을 생각하자.

$$E := \{(x, 0) : -1 < x < 1\}$$

$\mathbb{R}^2$의 부분집합의 관점에서 $(0,0)$은 E의 원소이지만 (임의의 공 $B_{\mathbb{R}^2, d_{l^2}}(0, r)$은 x축 위의 점이 아닌 점을 적어도 하나 가지므로 E에 포함될 수 없어서) E의 내부점이 아니므로 E는 열린집합이 아니다. 반면에 X의 부분집합의 관점에서 E의 모든 점은 **거리공간 $(X, d_{l^2}|_{X \times X})$에 대해** E의 내부점이므로 E는 열린집합이다. 예를 들어 점 $(0,0)$은 공 $B_{X, d_{l^2}|_{X\times X}}(0, 1)$이 E에 포함되므로 (사실 이 공은 E이다) E의 내부점이다.

EX 1.3.2 표준거리 d에서 실선 $\mathbb{R}$을 생각하자. X를 $\mathbb{R}$ 안에 포함된 구간 $X := (-1, 1)$이라 하자. 거리 d를 X로 제한해서 $(\mathbb{R}, d)$의 부분공간 $(X, d|_{X \times X})$를 만든다. 집합 $[0, 1)$을 생각하자. 1이 $[0, 1)$의 밀착점이지만 $[0, 1)$의 원소가 아니므로, 이 집합은 $\mathbb{R}$에서 닫힌집합이 아니다. 그러나 이 집합을 X의 부분집합으로 생각할 때 1은 X의 원소가 아니므로 더 이상 $[0, 1)$의 밀착점으로 여기지 않는다. 따라서 $[0, 1)$은 자신의 밀착점을 모두 포함한다. 그러므로 $[0, 1)$은 닫힌집합이다.

위와 같은 구분을 명확히 하기 위해 다음 정의를 사용한다.

정의 1.3.3 상대위상(relative topology)

거리공간 (X, d)에 대하여 X의 부분집합 Y와 Y의 부분집합 E를 생각하자. 만약 E가 부분거리공간 $(Y, d|_{Y \times Y})$에서 열린집합이면, E는 Y에 대해 **상대적으로 열린집합(relatively open set)**이라고 한다. 유사하게 E가 부분거리공간 $(Y, d|_{Y \times Y})$에서 닫힌집합이면, E는 Y에 대해 **상대적으로 닫힌집합(relatively closed set)**이라고 한다.

X에서의 열린[닫힌]집합과 Y에서의 상대적으로 열린[닫힌]집합 사이에는 다음 관계가 성립한다.

명제 1.3.4 거리공간 (X, d)에 대하여 X의 부분집합 Y와 Y의 부분집합 E를 생각하자.

(a) E가 Y에 대해 상대적으로 열린집합일 필요충분조건은 $E = V \cap Y$를 만족하는 X에서의 열린 부분집합 $V \subseteq X$가 존재하는 것이다.

(b) E가 Y에 대해 상대적으로 닫힌집합일 필요충분조건은 $E = K \cap Y$를 만족하는 X에서의 닫힌 부분집합 $K \subseteq X$가 존재하는 것이다.

증명

여기서는 (a)만 증명하고 (b)의 증명은 연습문제 1로 남긴다. 먼저 E가 Y에 대해 상대적으로 열린집합이라고 가정하자. 그러면 E는 거리공간 $(Y, d|_{Y\times Y})$에서 열린집합이다. 따라서 모든 $x \in E$에 대해 반지름 $r > 0$이 존재하여 공 $B_{(Y,\, d|_{Y\times Y})}(x, r)$이 E에 포함된다. 반지름 r은 x에 따라 변하므로 이를 강조하기 위해 r 대신 r_x로 쓰기로 한다. 그러면 모든 $x \in E$에 대해 공 $B_{(Y,\, d|_{Y\times Y})}(x, r_x)$는 E에 포함된다.[12]

이제 다음 집합을 생각하자.

$$V := \bigcup_{x\in E} B_{(X,d)}(x, r_x)$$

이 집합은 X의 부분집합이고, 명제 1.2.15의 (c)와 (g)에 의해 V는 열린집합이다. 이제 $E = V \cap Y$임을 증명하자. E의 임의의 점 x는 Y의 원소이고 이 점은 $B_{(X,\, d)}(x, r_x)$에도 놓여 있으므로 V에 속한다. 따라서 E의 임의의 점 x는 $V \cap Y$에 속한다. 다음으로 y가 $V \cap Y$의 한 점이라고 가정하자. 그러면 $y \in V$이며, 이는 어떤 $x \in E$가 존재하여 $y \in B_{(X,\, d)}(x, r_x)$를 만족함을 의미한다. 그러나 y는 Y에도 포함되므로 $y \in B_{(Y,\, d|_{Y\times Y})}(x, r_x)$이다. 한편 r_x의 정의에 의해 $y \in E$이므로, $E = V \cap Y$를 만족하는 열린집합 V를 찾을 수 있다.

역으로 어떤 열린집합 V에 대해 $E = V \cap Y$라고 가정하자. E가 Y에 대해 상대적으로 열린집합임을 보여야 한다. x를 E의 임의의 점이라 하자. 그러면 거리공간 $(Y, d|_{Y\times Y})$에서 x가 E의 내부점임을 보여야 한다. $x \in E$이므로 $x \in V$이다. V가 X에서 열린집합이므로, V에 포함되는 구 $B_{(X,\, d)}(x, r)$을 만드는 반지름 $r > 0$이 존재한다. 엄격히 말하면 r은 x에 의존하므로 r 대신 r_x로 표기할 수 있다. 그러나 이번 논증에서는 단 하나의 x만 사용하므로[13] r에 첨자를 넣지 않을 것이다. $E = V \cap Y$이므로 $B_{(X,\, d)}(x, r) \cap Y$는 E에 포함된다. 그러나 $B_{(X,\, d)}(x, r) \cap Y$는 $B_{(Y,\, d|_{Y\times Y})}(x, r)$과 정확히 같으므로(그 이유는?), $B_{(Y,\, d|_{Y\times Y})}(x, r)$은 E에 포함된다. 따라서 x는 거리공간 $(Y, d|_{Y\times Y})$에 대해 E의 내부점이다. ■

1.3 연습문제

1. 명제 1.3.4(b)를 증명하라.

12 이를 이용하기 위해 『TAO 해석학 I』의 명제 8.4.7인 선택공리가 필요하다.

13 이 점이 바로 앞 문단과의 가장 큰 차이점이다.

1.4 코시 수열과 완비거리공간

『TAO 해석학 I』의 6장에서 학습한 수열의 극한에 대한 이론들을 거리공간으로 일반화하려고 한다. 『TAO 해석학 I』의 정의 6.6.1의 **부분수열** 개념을 일반화하며 시작하자.

정의 1.4.1 부분수열(subsequence)
$(x^{(n)})_{n=m}^{\infty}$이 거리공간 (X,d)의 점으로 구성된 수열이고 $n_1, n_2, n_3, \cdots$가 m보다 크거나 같은 정수로 구성된 순증가수열이라고 가정하자. 즉 다음을 만족한다고 가정한다.

$$m \le n_1 < n_2 < n_3 < \cdots$$

이때 수열 $(x^{(n_j)})_{j=1}^{\infty}$를 원래 수열 $(x^{(n)})_{n=m}^{\infty}$의 **부분수열**이라고 한다.

EX 1.4.2 $\mathbb{R}^2$의 수열 $\left(\left(\frac{1}{j^2}, \frac{1}{j^2}\right)\right)_{j=1}^{\infty}$은 수열 $\left(\left(\frac{1}{n}, \frac{1}{n}\right)\right)_{n=1}^{\infty}$의 부분수열이다(이때 $n_j := j^2$이다). 또한 수열 $1,1,1,1,\cdots$은 $1,0,1,0,1,\cdots$의 부분수열이다.

만약 어떤 수열이 수렴한다면 그 수열의 모든 부분수열도 수렴한다.

보조정리 1.4.3 $(x^{(n)})_{n=m}^{\infty}$이 극한값 x_0를 갖는 (X,d)의 수열이라고 하자. 그러면 이 수열의 모든 부분수열 $(x^{(n_j)})_{j=1}^{\infty}$도 x_0로 수렴한다.

보조정리 1.4.3의 증명은 연습문제 1로 남긴다.

반면에 부분수열은 수렴하지만 원래 수열이 수렴하지 않는 경우도 존재한다. 예를 들어 수열 $1,0,1,0,1,\cdots$은 수렴하지 않지만, $1,1,1,\cdots$과 같은 특정한 부분수열이 수렴하기도 한다. 이 현상을 해석하기 위해 『TAO 해석학 I』의 정의 6.4.1을 다음과 같이 일반화하자.

정의 1.4.4 집적점(limit point)
$(x^{(n)})_{n=m}^{\infty}$이 거리공간 (X,d)의 점으로 구성된 수열이라 가정하고 $L \in X$라 하자. L이 $(x^{(n)})_{n=m}^{\infty}$의 **집적점**일 필요충분조건은 임의의 $\varepsilon > 0$과 $N(\ge m)$에 대해 $n(\ge N)$이 존재하여 $d(x^{(n)}, L) \le \varepsilon$을 만족하는 것이다.

명제 1.4.5 $(x^{(n)})_{n=m}^{\infty}$ 이 거리공간 (X, d) 의 점으로 구성된 수열이라 가정하고 $L \in X$ 라 하면, 다음 두 명제는 동치이다.

- L 은 $(x^{(n)})_{n=m}^{\infty}$ 의 집적점이다.
- L 로 수렴하는 원래 수열 $(x^{(n)})_{n=m}^{\infty}$ 의 부분수열 $(x^{(n_j)})_{j=1}^{\infty}$ 가 존재한다.

명제 1.4.5의 증명은 연습문제 2로 남긴다.

다음으로 『TAO 해석학 I』의 정의 6.1.3(과 정의 5.1.8)에서 살펴본 코시 수열 개념을 복습하자.

정의 1.4.6 코시 수열(Cauchy sequence)

거리공간 (X, d) 의 점으로 구성된 수열 $(x^{(n)})_{n=m}^{\infty}$ 을 생각하자. 이 수열이 **코시 수열**일 필요충분조건은 임의의 $\varepsilon > 0$에 대해 $N(\geq m)$이 존재하여 $j, k \geq N$인 모든 j와 k에 대하여 $d(x^{(j)}, x^{(k)}) < \varepsilon$을 만족하는 것이다.

보조정리 1.4.7 수렴하는 수열은 코시 수열이다

$(x^{(n)})_{n=m}^{\infty}$ 이 x_0 를 극한값으로 갖는 (X, d) 의 수열이라고 하면, $(x^{(n)})_{n=m}^{\infty}$ 은 코시 수열이다.

보조정리 1.4.7의 증명은 연습문제 3으로 남긴다.

코시 수열의 부분수열도 코시 수열임을 확인하는 것은 어렵지 않다(그 이유는?). 그러나 모든 코시 수열이 수렴하는 것은 아니다.

EX 1.4.8 간단하게 이해하기

거리공간 $(\mathbb{Q}, d)$[14] 에서의 다음 수열을 생각하자.

$$3, 3.1, 3.14, 3.141, 3.1415, \cdots$$

이 수열이 $\mathbb{R}$ 에서는 (π 로) 수렴하지만, $\mathbb{Q}$ 에서는 수렴하지 않는다($\pi \notin \mathbb{Q}$이고 수열은 두 개의 극한값을 갖지 못하기 때문이다).

특정한 거리공간에서 코시 수열이 수렴하지 않을 수도 있다. 그러나 코시 수열의 일부만이라도 수렴하면 전체 코시 수열은 반드시 수렴하며 동일한 극한을 갖는다.

14 표준거리 $d(x, y) := |x - y|$ 를 갖는 유리수 공간 $\mathbb{Q}$ 이다.

보조정리 1.4.9 $(x^{(n)})_{n=m}^{\infty}$이 (X,d)의 코시 수열이고, 이 수열의 어떤 부분수열 $(x^{(n_j)})_{j=1}^{\infty}$가 X의 점 x_0로 수렴한다고 가정하자. 그러면 원래 수열 $(x^{(n)})_{n=m}^{\infty}$도 x_0로 수렴한다.

보조정리 1.4.9의 증명은 연습문제 4로 남긴다.

EX 1.4.8에서 수렴하지 않는 코시 수열을 포함한 거리공간의 예를 살펴보았다. 그러나 『TAO 해석학 I』의 정리 6.4.18에서는 거리공간 $(\mathbb{R},d)$에서 모든 코시 수열이 수렴함을 증명하였다. 이 사실에 따라 다음 정의를 얻는다.

정의 1.4.10 완비거리공간

거리공간 (X,d)가 **완비(complete)**일 필요충분조건은 (X,d)의 임의의 코시 수열이 (X,d)에서 수렴하는 것이다.

EX 1.4.11 『TAO 해석학 I』의 정리 6.4.18에 의해 실수 공간 $(\mathbb{R},d)$는 완비거리공간이다. 반면에 EX 1.4.8에 의해 유리수 공간 $(\mathbb{Q},d)$는 완비거리공간이 아니다.

완비거리공간은 몇 가지 좋은 성질을 갖는다. 예를 들어 완비거리공간은 **본질적으로 닫힌**공간이다. 이 공간 안에 어떤 공간이 있든지 항상 닫혀있다. 정확히 표현하면 다음과 같다.

명제 1.4.12

(a) (X,d)가 거리공간이고 $(Y,d|_{Y\times Y})$를 (X,d)의 부분공간이라고 하자. 만약 $(Y,d|_{Y\times Y})$가 완비거리공간이면 Y는 X에서 닫힌공간이다.

(b) 역으로 (X,d)가 완비거리공간이고 Y가 X의 닫힌 부분집합이면 부분공간 $(Y,d|_{Y\times Y})$도 완비거리공간이다.

명제 1.4.12의 증명은 연습문제 7로 남긴다.

이와 대조적으로 $(\mathbb{Q},d)$처럼 완비거리공간이 아닌 경우, 어떤 공간에 대해서는 닫혀있지만(예를 들어 $\mathbb{Q}$는 $\mathbb{Q}$에서 닫혀있다), 다른 공간에 대해서는 닫혀있지 않을 수 있다(예를 들어 $\mathbb{Q}$는 $\mathbb{R}$에서 닫혀있지 않다). 실제로 완비거리공간이 아닌 임의의 거리공간 (X,d)에 대해 (X,d)를 포함하며 완비성을 지닌 **완비화**(completion) $(\overline{X},\overline{d})$가 존재한다. 그리고 이러한 X는 $\overline{X}$에서 닫혀있지 않다(실제로 $(\overline{X},\overline{d})$에서 X의 폐포는 $\overline{X}$ 전체이다). 연습문제 8을 참고한다. 예를 들어 $\mathbb{Q}$의 완비화는 $\mathbb{R}$이다.

1.4 연습문제

1. 보조정리 1.4.3을 증명하라.

힌트 『TAO 해석학 I』의 명제 6.6.5의 증명을 참고한다.

2. 명제 1.4.5를 증명하라.

힌트 『TAO 해석학 I』의 명제 6.6.6의 증명을 참고한다.

3. 보조정리 1.4.7을 증명하라.

힌트 『TAO 해석학 I』의 명제 6.1.12의 증명을 참고한다.

4. 보조정리 1.4.9를 증명하라.

5. $(x^{(n)})_{n=m}^{\infty}$이 거리공간 (X, d)의 점으로 구성된 수열이고 $L \in X$라고 하자. 만약 L이 수열 $(x^{(n)})_{n=m}^{\infty}$의 집적점이면, L은 집합 $\{x^{(n)} : n \geq m\}$의 밀착점임을 보여라. 또 그 역은 참인가?

6. 모든 코시 수열은 최대 하나의 집적점을 가짐을 보여라.

7. 명제 1.4.12를 증명하라.

8. 다음 과정은 『TAO 해석학 I』의 5장에서 진행한 유리수에서 실수로의 구성을 일반화하여 임의의 거리공간을 완비거리공간의 부분공간으로 볼 수 있게 한다. (X, d)가 거리공간이라고 할 때 다음 물음에 답하라.

(a) X에 주어진 임의의 코시 수열 $(x_n)_{n=1}^{\infty}$에 대해 **형식적 극한** $\underset{n\to\infty}{\mathrm{LIM}}\, x_n$을 소개한다. 만약 $\lim_{n\to\infty} d(x_n, y_n)$이 0이면 두 형식적 극한 $\underset{n\to\infty}{\mathrm{LIM}}\, x_n$과 $\underset{n\to\infty}{\mathrm{LIM}}\, y_n$이 같다고 한다(이를 상등관계라고 한다). 이러한 상등관계가 반사성, 대칭성, 추이성을 모두 만족함을 보여라.

(b) 앞에서 살펴본 상등관계를 갖는 X의 코시 수열의 형식적 극한들의 공간을 $\overline{X}$라고 하자. 그리고 거리 $d_{\overline{X}}: \overline{X} \times \overline{X} \to [0, +\infty)$를 다음과 같이 정의하자.

$$d_{\overline{X}}(\underset{n\to\infty}{\mathrm{LIM}}\, x_n, \underset{n\to\infty}{\mathrm{LIM}}\, y_n) := \lim_{n\to\infty} d(x_n, y_n)$$

이 함수가 잘 정의된 함수이고[15] $\overline{X}$가 거리공간임을 보여라.

15 이는 극한 $\lim_{n\to\infty} d(x_n, y_n)$이 존재할 뿐만 아니라 치환공리도 성립함을 의미한다. 『TAO 해석학 I』의 보조정리 5.3.7을 참고한다.

(c) 거리공간 $(\overline{X}, d_{\overline{X}})$가 완비임을 보여라.

(d) $\overline{X}$에서 형식적 극한 $\mathrm{LIM}_{n\to\infty} x_n$에 대응하는 원소 $x \in X$가 있다고 하자. 다음이 성립함을 확인하여 위 주장이 타당함을 보여라.

$$x = y \iff \mathrm{LIM}_{n\to\infty} x = \mathrm{LIM}_{n\to\infty} y$$

그리고 이 항등식을 이용해 $d(x, y) = d_{\overline{X}}(x, y)$임을 보이고, (X, d)를 $(\overline{X}, d_{\overline{X}})$의 부분공간으로 생각할 수 있음을 보여라.

(e) $\overline{X}$에서 X의 폐포는 $\overline{X}$임을 보여라. 이러한 이유로 $\overline{X}$라는 기호를 사용한다.

(f) 형식적 극한이 실제 극한과 같음을 보여라. 즉 만약 $(x_n)_{n=1}^{\infty}$이 X의 임의의 코시 수열이면, $\overline{X}$에서 $\lim_{n\to\infty} x_n = \mathrm{LIM}_{n\to\infty} x_n$이 성립함을 보여라.

1.5 콤팩트 거리공간

이번 절에서는 일반 위상수학의 유용한 개념 중 하나인 **콤팩트**[16]를 다룬다. 실선 $\mathbb{R}$의 유계인 닫힌 부분집합 X의 임의의 수열이 X 안의 어떤 수로 수렴하는 부분수열을 갖는다는 하이네–보렐 정리(『TAO 해석학 I』의 정리 9.1.24)를 다시 생각하자. 유계인 닫힌집합만이 이 성질을 갖는다. 이 성질은 유용하므로 다음과 같이 별도로 용어를 정의한다.

정의 1.5.1 콤팩트(compact)

거리공간 (X, d)가 **콤팩트**할 필요충분조건은 (X, d)의 모든 수열이 적어도 하나의 수렴하는 부분수열을 갖는 것이다. 부분공간 $(Y, d|_{Y\times Y})$가 콤팩트하면 거리공간 X의 부분집합 Y는 **콤팩트**하다고 한다.

참고 1.5.2 주변 공간 X의 선택이 아닌, Y로 제한된 거리함수 $d|_{Y\times Y}$에만 의존한다는 점에서 집합 Y가 콤팩트하다는 개념은 **내재적**이다. 정의 1.4.10의 완비성 개념과 다음 정의 1.5.3의 유계성 개념 역시 내재적이다. 그러나 열린공간과 닫힌공간의 개념은 내재적이지 않다(자세한 내용은 1.3절의 논의를 참고한다).

따라서 『TAO 해석학 I』의 정리 9.1.24는 표준거리를 갖는 실선 $\mathbb{R}$에서 모든 유계인 닫힌집합이 콤팩트하고, 모든 콤팩트 집합은 유계인 닫힌집합임을 보여준다.

16 (옮긴이) 콤팩트는 '긴밀성', '옹골성' 등으로 표현할 때도 있으나, 이 책에서는 '콤팩트'로 표현한다.

이 결과를 통해 다른 거리공간에서의 하이네–보렐 정리에 대한 아이디어를 얻는다.

정의 1.5.3 유계집합(bounded set)

거리공간 (X, d)와 X의 부분집합 Y를 생각하자. Y가 **유계집합**일 필요충분조건은 모든 $x \in X$에 대해 Y를 포함하며 어떤 유한 반지름 r을 갖는 X 안의 공 $B(x, r)$이 존재하는 것이다. 만약 X가 유계집합이면 거리공간 (X, d)는 **유계(bounded)**라고 한다.

참고 1.5.4 정의 1.5.3은 『TAO 해석학 I』의 정의 9.1.22의 유계집합의 정의와 동일하다(연습문제 1 참고).

명제 1.5.5 (X, d)가 콤팩트 거리공간이면 (X, d)는 유계인 완비거리공간이다.

명제 1.5.5의 증명은 연습문제 2로 남긴다.

이 명제와 명제 1.4.12(a)에서 일반 거리공간에 대한 하이네–보렐 정리의 절반을 얻을 수 있다.

따름정리 1.5.6 콤팩트 집합은 유계인 닫힌집합이다

(X, d)가 거리공간이고 Y가 X의 콤팩트 부분집합이면, Y는 유계인 닫힌집합이다.

하이네–보렐 정리의 나머지 절반은 유클리드공간에서 참이다.

정리 1.5.7 하이네–보렐 정리(Heine–Borel theorem)

$(\mathbb{R}^n, d)$는 유클리드거리, 택시거리 또는 상한노름거리를 갖는 유클리드공간이고, E는 $\mathbb{R}^n$의 부분집합이라 하자. 그러면 E가 콤팩트할 필요충분조건은 E가 유계인 닫힌집합인 것이다.

정리 1.5.7의 증명은 연습문제 3으로 남긴다.

하지만 하이네–보렐 정리는 더 일반적인 거리에 대해서는 참이 아니다. 예를 들어 이산거리를 갖는 정수 $\mathbb{Z}$는 닫혀있고(실제로 $\mathbb{Z}$는 완비공간) 유계이지만 콤팩트하지 않다. 왜냐하면 $\mathbb{Z}$에서 수열 $1, 2, 3, 4, \cdots$가 수렴하는 부분수열을 갖지 않기 때문이다(그 이유는?). 또 다른 예는 연습문제 8에서 살펴본다. 그러나 하이네–보렐 정리의 닫힘과 관련한 성질을 더 강한 완비성의 개념으로 바꾸고 유계의 개념을 더 강한 완전유계의 개념으로 확장한다면 더 일반화할 수 있다. 연습문제 10에서 확인한다.

다소 이상하게 들릴 수 있지만 모든 콤팩트 집합의 열린덮개(open cover)가 유한 부분덮개(finite subcover)를 갖는다는 명제를 이용하여 콤팩트성을 위상적으로 설명할 수 있다.

정리 1.5.8 거리공간 (X, d)에 대하여 X의 콤팩트 부분공간 Y와 X의 열린집합의 모임 $(V_\alpha)_{\alpha \in A}$를 생각하자. 또한 다음이 성립한다고 가정하자(즉 모임 $(V_\alpha)_{\alpha \in A}$가 Y를 덮는다).

$$Y \subseteq \bigcup_{\alpha \in A} V_\alpha$$

그러면 다음을 만족하는 A의 유한 **부분집합** F가 **존재**한다.

$$Y \subseteq \bigcup_{\alpha \in F} V_\alpha$$

증명

귀류법을 사용하여 $Y \subseteq \bigcup_{\alpha \in F} V_\alpha$를 만족하는 A의 유한 부분집합 F가 존재하지 않는다고 가정하자.

y를 Y의 임의의 원소라고 하면, y는 집합 V_α 중 적어도 하나에 속한다. 각 V_α가 열린집합이므로 어떤 $r > 0$이 존재하여 $B_{(X,d)}(y, r) \subseteq V_\alpha$를 만족한다. $r(y)$를 다음과 같이 정의하자.

$$r(y) := \sup\{r \in (0, \infty) : \text{어떤 } \alpha \in A \text{ 에 대하여 } B_{(X,d)}(y, r) \subseteq V_\alpha\}$$

앞의 논의에 의해 모든 $y \in Y$에 대하여 $r(y) > 0$이 성립한다. 이제 r_0를 다음과 같이 설정하자.

$$r_0 := \inf\{r(y) : y \in Y\}$$

모든 $y \in Y$에 대해 $r(y) > 0$이므로 $r_0 \geq 0$이다. 그러면 $r_0 = 0$, $0 < r_0 < \infty$, $r_0 = \infty$인 세 가지 경우가 존재한다.

- **경우 1 ($r_0 = 0$인 경우)**

  모든 정수 $n(\geq 1)$에 대해 $r(y) < \frac{1}{n}$을 만족하는 Y 위의 점 y가 적어도 하나 존재한다(그 이유는?). 이러한 점을 선택해서 각 $n \geq 1$에 대해 $r(y^{(n)}) < \frac{1}{n}$을 만족하는 Y 위의 점 $y^{(n)}$을 선택할 수 있다(이러한 과정은 『TAO 해석학 I』의 명제 8.4.7에서 살펴본 선택공리에 의해 가능하다). 조임정리에 의해 $\lim_{n \to \infty} r(y^{(n)}) = 0$이다. 수열 $(y^{(n)})_{n=1}^{\infty}$은 Y의 수열이고 Y가 콤팩트하므로 $y_0 \in Y$로 수렴하는 부분수열 $(y^{(n_j)})_{j=1}^{\infty}$를 찾을 수 있다.

  증명의 앞부분 내용에 따라 $y_0 \in V_\alpha$를 만족하는 $\alpha \in A$가 존재함은 이미 알고 있다. 따라서 (V_α가 열린집합이므로) 어떤 $\varepsilon > 0$이 존재하여 $B(y_0, \varepsilon) \subseteq V_\alpha$를 만족한다. 한편, $y^{(n_j)}$가 y_0로 수렴하므로 모든 $n \geq N$에 대해 $y^{(n_j)} \in B\left(y_0, \frac{\varepsilon}{2}\right)$를 만족하는 $N \geq 1$이 반드시 존재해야 한다. 특히 삼각부등식에 의해 $B\left(y^{(n_j)}, \frac{\varepsilon}{2}\right) \subseteq B(y_0, \varepsilon)$이 성립하고 $B\left(y^{(n_j)}, \frac{\varepsilon}{2}\right) \subseteq V_\alpha$이다. 따라서 $r(y^{(n_j)})$의 정의에 의해 모든 $n \geq N$에 대해 $r(y^{(n_j)}) \geq \frac{\varepsilon}{2}$이 성립한다. 하지만 이 결과는 $\lim_{n \to \infty} r(y^{(n)}) = 0$이라는 사실에 모순이다.

- **경우 2 ($0 < r_0 < \infty$ 인 경우)**

  이 경우 모든 $y \in Y$에 대해 $r(y) > \frac{r_0}{2}$가 성립한다. 따라서 모든 $y \in Y$에 대해 어떤 $\alpha \in A$가 존재하여 $B\left(y, \frac{r_0}{2}\right) \subseteq V_\alpha$를 만족한다(그 이유는?).

  다음과 같은 재귀적 방법을 활용해 수열 $y^{(1)}, y^{(2)}, \cdots$를 만들자. $y^{(1)}$을 Y의 임의의 점이라 하면, 공 $B\left(y^{(1)}, \frac{r_0}{2}\right)$는 V_α 중 하나에 포함되고 따라서 모든 Y를 덮지 못한다. 만약 이 공이 Y를 덮는다면 유한개의 덮개가 존재하므로 모순이 발생하기 때문이다. 따라서 $B\left(y^{(1)}, \frac{r_0}{2}\right)$에 포함되지 않는 $y^{(2)}$가 존재하고 $d(y^{(2)}, y^{(1)}) \geq \frac{r_0}{2}$를 만족한다. 이러한 점 $y^{(2)}$를 선택하자. 여전히 Y를 덮는 두 집합 V_{α_1}과 V_{α_2}가 존재한다면 모순이 발생하므로, 집합 $B\left(y^{(1)}, \frac{r_0}{2}\right) \cup B\left(y^{(2)}, \frac{r_0}{2}\right)$ 역시 Y를 덮지 못한다. 따라서 $B\left(y^{(1)}, \frac{r_0}{2}\right) \cup B\left(y^{(2)}, \frac{r_0}{2}\right)$에 포함되지 않는 $y^{(3)}$가 존재하고, $d(y^{(3)}, y^{(1)}) \geq \frac{r_0}{2}$와 $d(y^{(3)}, y^{(2)}) \geq \frac{r_0}{2}$를 만족한다. 이 과정을 계속 반복하면 k와 j(단, $k > j$)에 대해 $d(y^{(k)}, y^{(j)}) \geq \frac{r_0}{2}$를 만족하는 Y의 수열 $(y^{(n)})_{n=1}^{\infty}$을 얻을 수 있다. 특히 수열 $(y^{(n)})_{n=1}^{\infty}$은 코시 수열이 아니므로 $(y^{(n)})_{n=1}^{\infty}$의 부분수열은 모두 코시 수열이 아니다. 하지만 이 결과는 Y가 콤팩트하다는 가정과 보조정리 1.4.7에 모순이다.

- **경우 3 ($r_0 = \infty$ 인 경우)**

  이 경우는 경우 2와 같이 주장할 수 있으며, $\frac{r_0}{2}$의 역할을 1로 교체하면 된다. ■

정리 1.5.8의 역도 참임이 알려져 있다. 정리 1.5.8의 역은 만약 Y의 모든 열린덮개가 유한개의 부분덮개를 갖는다면 Y가 콤팩트하다는 것이다(연습문제 11 참고). 사실 이 성질은 수열을 기반으로 한 정의(sequential compactness)보다 더 일반적인 콤팩트의 정의로 본다. 거리공간에서는 정의 1.5.1과 콤팩트성(정리 1.5.8)이 동치인 개념이다. 그러나 더 일반적인 **위상공간**에서 두 개념은 다소 다른데, 여기서 이 내용을 다루지는 않는다.

정리 1.5.8에 대한 중요한 따름정리가 있다. 모든 공집합이 아닌 콤팩트 집합의 중첩된 수열은 여전히 공집합이 아니라는 것이다.

따름정리 1.5.9 거리공간 (X, d)와 다음을 만족하는 X의 공집합이 아닌 콤팩트 부분집합의 수열 $K_1, K_2, K_3, \cdots$를 생각하자.

$$K_1 \supseteq K_2 \supseteq K_3 \supseteq \cdots$$

그러면 교집합 $\bigcap_{n=1}^{\infty} K_n$은 공집합이 아니다.

따름정리 1.5.9의 증명은 연습문제 6으로 남긴다.

이번 절은 콤팩트 집합의 몇 가지 성질을 나열하고 마무리한다.

정리 1.5.10 (X, d)를 거리공간이라고 하자.

(a) Y가 X의 콤팩트 부분집합이고 $Z \subseteq Y$일 때, Z가 콤팩트할 필요충분조건은 Z가 닫힌 집합인 것이다.

(b) $Y_1, \cdots, Y_n$을 X의 콤팩트 부분집합의 유한개 모임이라고 하면, 이들의 합집합 $Y_1 \cup \cdots \cup Y_n$도 콤팩트 집합이다.

(c) X의 모든 유한 부분집합(공집합 포함)은 콤팩트 집합이다.

정리 1.5.10의 증명은 연습문제 7로 남긴다.

1.5 연습문제

1. 표준거리를 갖는 실선의 부분집합에 대하여, 정의 1.5.3과 『TAO 해석학 I』의 정의 9.1.22가 같음을 보여라.

2. 명제 1.5.5를 증명하라.

힌트 완비성과 유계성을 별도로 증명하고, 두 가지 성질 모두 귀류법을 적용한다. 『TAO 해석학 I』의 보조정리 8.4.5에서 살펴본 선택공리가 필요할 수 있다.

3. 정리 1.5.7을 증명하라.

힌트 명제 1.1.18과 『TAO 해석학 I』의 정리 9.1.24를 사용한다.

4. 표준거리를 갖는 실선 $(\mathbb{R}, d)$를 생각하자. V의 상 $f(V) := \{f(x) : x \in V\}$가 열린집합이 **아닌** 연속함수 $f : \mathbb{R} \to \mathbb{R}$과 열린집합 $V \subseteq \mathbb{R}$의 예를 제시하라.

5. 표준거리를 갖는 실선 $(\mathbb{R}, d)$를 생각하자. $f(F)$가 닫힌집합이 **아닌** 연속함수 $f : \mathbb{R} \to \mathbb{R}$과 닫힌집합 $F \subseteq \mathbb{R}$의 예를 제시하라.

6. 따름정리 1.5.9를 증명하라.

힌트 콤팩트 거리공간 $(K_1, d|_{K_1 \times K_1})$에서 작업하고, K_1이 열린집합일 때 집합 $V_n := K_1 \backslash K_n$을 생각한다. $\bigcap_{n=1}^{\infty} K_n = \varnothing$이라고 가정해 귀류법을 사용하고 정리 1.5.8을 적용한다.

7. 정리 1.5.10을 증명하라.

힌트 정리 1.5.10(c)를 증명하기 위해 (b)를 사용한다. 그리고 첫 번째로 모든 한원소집합이 콤팩트함을 증명한다.

8. 1.1절 연습문제 15에서 살펴본 거리공간 (X, d_{l^1})을 생각하자. 각 자연수 n에 대해 $e^{(n)} = (e_j^{(n)})_{j=0}^{\infty}$은 다음과 같이 정의한 X의 수열이라고 하자.

$$e_j^{(n)} = \begin{cases} 1 & (n = j) \\ 0 & (n \neq j) \end{cases}$$

집합 $\{e^{(n)} : n \in \mathbb{N}\}$은 X의 유계인 닫힌집합이지만 콤팩트하지 않음을 증명하라. 참고로 이 사실은 (X, d_{l^1})이 완비거리공간이 아니어도 성립한다. 여기서 이 사실을 증명하지는 않는다. 콤팩트하지 않은 것은 X가 완비거리공간이냐 아니냐에 대한 문제 때문이 아니라, 여기서 논의하지 않은 '무한 차원'이기 때문이다.

9. 거리공간 (X, d)가 콤팩트할 필요충분조건은 X의 모든 수열이 적어도 하나의 집적점을 갖는 것이다.

10. 거리공간 (X, d)와 모든 $\varepsilon > 0$에 대하여, X를 덮는 유한개의 공 $B(x^{(1)}, \varepsilon), \cdots, B(x^{(n)}, \varepsilon)$이 존재하게 하는 자연수 n이 존재하면(즉 $X = \bigcup_{i=1}^{n} B(x^{(i)}, \varepsilon)$이면) **완전유계**(totally bounded)라고 한다. 다음 물음에 답하라.

(a) 모든 완전유계집합이 유계집합임을 보여라.

(b) 만약 (X, d)가 콤팩트하면 완비이며 완전유계임을 보여라. 이 명제는 명제 1.5.5의 강한 버전이다.

힌트 만약 X가 완전유계가 아니면 어떤 $\varepsilon > 0$이 존재하여 X가 유한히 많은 $\varepsilon-$공으로 덮히지 않는다. 그러면 『TAO 해석학 I』의 8.5절 연습문제 20에 의해 서로소인 무수히 많은 공 $B\left(x^{(n)}, \frac{\varepsilon}{2}\right)$의 수열이 존재한다. 이 수열을 이용해 수렴하는 부분수열을 갖지 않는 수열을 구성한다.

(c) 역으로 X가 완비이고 완전유계이면 X가 콤팩트함을 보여라.

힌트 만약 $(x^{(n)})_{n=1}^{\infty}$이 X의 수열이면 완전유계성을 이용해 각 자연수 j에 대해 $(x^{(n)})_{n=1}^{\infty}$의 부분수열 $(x^{(n;j)})_{n=1}^{\infty}$의 수열을 재귀적으로 구성한다. 이때 각 j에 대해 수열 $(x^{(n;j)})_{n=1}^{\infty}$의 원소는 반지름이 $\frac{1}{j}$인 하나의 공에 포함되고 각 수열 $(x^{(n;j+1)})_{n=1}^{\infty}$은 수열 $(x^{(n;j)})_{n=1}^{\infty}$의 부분수열이다. '대각선' 수열 $(x^{(n;n)})_{n=1}^{\infty}$는 코시 수열임을 보이고 완비성 가설을 사용한다.

11. (X,d)에 대하여 X의 모든 열린덮개가 유한 부분덮개를 가질 때, X가 콤팩트함을 보여라.

힌트 X가 콤팩트하지 않으면 연습문제 9에 의해 집적점이 없는 수열 $(x^{(n)})_{n=1}^{\infty}$이 존재한다. 그러면 모든 $x \in X$에 대해 x를 포함하고 이 수열의 원소를 유한개 포함하는 공 $B(x,\varepsilon)$이 존재한다. 이제 주어진 가정을 사용한다.

12. (X,d_{disc})가 이산거리 d_{disc}를 갖는 거리공간이라고 할 때, 다음 물음에 답하라.

(a) X가 항상 완비임을 보여라.

(b) X가 언제 콤팩트하고 언제 콤팩트하지 않은가? 여러분의 주장을 증명하라.

힌트 하이네-보렐 정리는 유클리드공간에만 적용되므로 이 문제를 해결할 때는 필요없다.

13. (표준거리 $d(x,y)=|x-y|$를 갖는) $\mathbb{R}$의 두 콤팩트 부분집합 E, F를 생각하자. 데카르트 곱 $E\times F := \{(x,y) : x\in E, y\in F\}$가 (유클리드거리 d_{l^2}를 갖는) $\mathbb{R}^2$의 콤팩트 부분집합임을 보여라.

14. 거리공간 (X,d)에 대하여 X의 공집합이 아닌 콤팩트 부분집합 E와 X의 점 x_0를 생각하자. 다음을 만족하는 점 $x\in E$가 존재함을 보여라.

$$d(x_0,x)=\inf\{d(x_0,y) : y\in E\}$$

즉 x가 x_0와 가장 가까운 E의 점임을 보여라.

힌트 R을 $R := \inf\{d(x_0,y) : y\in E\}$인 성질이라고 한다. $d(x_0,x^{(n)}) \le R+\frac{1}{n}$을 만족하는 E의 수열 $(x^{(n)})_{n=1}^{\infty}$을 구성하고 E의 콤팩트성을 이용한다.

15. 거리공간 (X,d)에 대해 유한 부분집합들의 교집합이 공집합이 아닌 X의 닫힌집합의 모임 $(K_\alpha)_{\alpha\in I}$를 생각하자. 즉 모든 $F\subseteq I$에 대해 $\bigcap_{\alpha\in F} K_\alpha \neq \varnothing$을 만족한다. 이 성질을 **유한 교집합 성질**(finite intersection property)이라고 한다. **전체** 집합의 교집합이 공집합이 아님을 (즉 $\bigcap_{\alpha\in I} K_\alpha \neq \varnothing$임을) 보여라. 그리고 만약 X가 콤팩트하지 않으면 이 명제가 성립하지 않는 반례를 제시하라.

2

거리공간에서의 연속함수
Continuous functions on metric spaces

2.1 연속함수

1장에서 하나의 거리공간 (X, d)와 이 공간에서 찾을 수 있는 다양한 형태의 집합에 대해 알아보았다. 지금까지 거리공간에 대해 충분히 살펴보았지만, 하나의 거리공간에 머무르지 않고 거리공간의 **순서쌍** (X, d_X)와 (Y, d_Y)를 **연속함수** $f : X \to Y$를 통해 연결한다면 거리공간에 관한 이론이 더 풍성해질 것이다. 연속함수 개념을 정의하기 위해 『TAO 해석학 I』의 정의 9.4.1을 일반화하자.

정의 2.1.1 연속함수(continuous function)
서로 다른 두 거리공간 (X, d_X), (Y, d_Y)와 함수 $f : X \to Y$를 생각하자. $x_0 \in X$에 대해 f가 x_0에서 **연속(continuous)**일 필요충분조건은 모든 $\varepsilon > 0$에 대해 $\delta > 0$이 존재하여 $d_X(x, x_0) < \delta$일 때마다 $d_Y(f(x), f(x_0)) < \varepsilon$를 만족하는 것이다. f가 연속일 필요충분조건은 모든 $x \in X$에 대해 f가 x에서 연속인 것이다.

참고 2.1.2 연속함수는 종종 **연속사상**(continuous map)이라고도 한다. 수학적으로 두 용어의 의미는 같다.

참고 2.1.3 $f : X \to Y$가 연속이고 K가 X의 임의의 부분집합이면 K로 제한한 f의 제한함수 $f|_K : K \to Y$도 연속이다(그 이유는?).

『TAO 해석학 I』의 9장에서 다룬 내용을 좀 더 일반화하자. 먼저 연속함수가 수렴성을 보존한다는 사실을 살펴본다.

정리 2.1.4 연속성은 수렴성을 보존한다
두 거리공간 (X, d_X), (Y, d_Y)와 함수 $f : X \to Y$와 X의 점 $x_0 \in X$를 생각하자. 그러면 다음 세 명제는 서로 동치이다.

(a) f는 x_0에서 연속이다.

(b) X의 수열 $(x^{(n)})_{n=1}^{\infty}$이 거리 d_X에 대하여 x_0로 수렴할 때마다 수열 $(f(x^{(n)}))_{n=1}^{\infty}$은 거리 d_Y에 대하여 $f(x_0)$로 수렴한다.

(c) $f(x_0)$를 포함하는 임의의 열린집합 $V \subseteq Y$에 대하여 x_0를 포함하는 열린집합 $U \subseteq X$가 존재하여 $f(U) \subseteq V$를 만족한다.

정리 2.1.4의 증명은 연습문제 1로 남긴다.

열린집합과 관련한 연속함수의 또 다른 중요한 특징은 다음과 같다.

정리 2.1.5 두 거리공간 (X, d_X), (Y, d_Y)와 함수 $f : X \to Y$를 생각하자. 그러면 다음 네 명제는 서로 동치이다.

(a) f는 연속이다.

(b) X의 수열 $(x^{(n)})_{n=1}^{\infty}$이 거리 d_X에 대하여 어떤 점 $x_0 \in X$로 수렴할 때마다 수열 $(f(x^{(n)}))_{n=1}^{\infty}$은 거리 d_Y에 대하여 $f(x_0)$로 수렴한다.

(c) V가 Y의 열린집합일 때마다 집합 $f^{-1}(V) := \{x \in X : f(x) \in V\}$는 X의 열린집합이다.

(d) F가 Y의 닫힌집합일 때마다 집합 $f^{-1}(F) := \{x \in X : f(x) \in F\}$는 X의 닫힌집합이다.

정리 2.1.5의 증명은 연습문제 2로 남긴다.

참고 2.1.6 연속성은 열린집합의 **역상**이 열린집합임을 보장한다는 말이 다소 어색할 수 있다. 누군가는 열린집합의 **상**이 열린집합이라는 말을 참이라고 추측할 수 있다. 그러나 이는 참이 아니다. 1.5절 연습문제 4와 연습문제 5를 참고한다.

정리 2.1.4와 정리 2.1.5에 대한 직접적인 따름정리가 존재한다.

따름정리 2.1.7 연속성은 합성에 의해 보존된다

세 거리공간 (X, d_X), (Y, d_Y), (Z, d_Z)를 생각하자.

(a) $f : X \to Y$가 $x_0 \in X$에서 연속이고 $g : Y \to Z$가 $f(x_0)$에서 연속이면, $g \circ f(x) := g(f(x))$로 정의한 $g \circ f : X \to Z$는 x_0에서 연속이다.

(b) $f : X \to Y$가 연속이고 $g : Y \to Z$가 연속이면, $g \circ f : X \to Z$도 연속이다.

따름정리 2.1.7의 증명은 연습문제 3으로 남긴다.

EX 2.1.8 $f : X \to \mathbb{R}$이 연속함수이면 $f^2(x) := \{f(x)\}^2$으로 정의한 함수 $f^2 : X \to \mathbb{R}$도 자동으로 연속함수이다. 왜냐하면 $g(x) := x^2$으로 정의한 제곱함수 $g : \mathbb{R} \to \mathbb{R}$이 존재할 때 g는 연속함수이고 $f^2 = g \circ f$이기 때문이다.

2.1 연습문제

1. 정리 2.1.4를 증명하라.

힌트 『TAO 해석학 I』의 명제 9.4.7의 증명을 참고한다.

2. 정리 2.1.5를 증명하라.

힌트 정리 2.1.4에서 (a)와 (b)가 동치임을 이미 확인하였다.

3. 정리 2.1.4와 정리 2.1.5를 사용하여 따름정리 2.1.7을 증명하라.

4. 다음을 만족하는 함수 $f : \mathbb{R} \to \mathbb{R}$과 $g : \mathbb{R} \to \mathbb{R}$의 예를 제시하라.

(a) f는 연속이 아니지만, g와 $g \circ f$는 연속이다.

(b) g는 연속이 아니지만, f와 $g \circ f$는 연속이다.

(c) f와 g는 연속이 아니지만, $g \circ f$는 연속이다.

이 예들이 따름정리 2.1.7의 반례가 아닌 이유를 간략하게 설명하라.

5. 거리공간 (X, d)와 (X, d)의 부분공간 $(E, d|_{E\times E})$를 생각하자. 그리고 $\iota_{E\to X} : E \to X$는 모든 $x \in E$에 대해 $\iota_{E\to X}(x) := x$로 정의된 포함사상(inclusion map)이라고 하자. $\iota_{E\to X}$가 연속임을 보여라.

6. 거리공간 (X, d_X)에서 다른 거리공간 (Y, d_Y)로 가는 함수 $f : X \to Y$와 X의 부분집합 E(이 집합에는 유도된 거리 $d_X|_{E\times E}$를 사용한다)를 생각하자. 그리고 $f|_E : E \to Y$를 f의 E로의 제한이라고 하자. 즉 $x \in E$일 때 $f|_E(x) := f(x)$이다. 만약 $x_0 \in E$이고 f가 x_0에서 연속이면 $f|_E$도 x_0에서 연속임을 보여라. 그리고 이 명제의 역도 참인지 설명하라. 또한 f가 연속이면 $f|_E$도 연속임을 보여라. 참고로 연속성 개념은 함수의 정의역을 제한하는 것에 영향을 받지 않는다.

힌트 연습문제 5를 참고한다.

7. 거리공간 (X, d_X)에서 다른 거리공간 (Y, d_Y)로 가는 함수 $f : X \to Y$를 생각하자. X의 상 $f(X)$는 Y의 한 부분집합 $E \subseteq Y$에 포함된다고 하자. 공역이 Y에서 E로 제한되어 있지만

f와 같은 값을 갖는(즉 모든 $x \in X$에 대해 $g(x) = f(x)$인) 함수 $g : X \to E$를 생각하자. 이때 Y로부터 유도된 거리 $d_Y|_{E\times E}$를 E에 부여한다. 임의의 $x_0 \in X$에 대해 f가 x_0에서 연속일 필요충분조건이 g가 x_0에서 연속인 것임을 보여라. 이 결과를 바탕으로 f가 연속일 필요충분조건은 g가 연속인 것임을 보여라. 참고로 연속성 개념은 함수의 공역을 제한하는 것에 영향을 받지 않는다.

2.2 연속성과 곱공간

주어진 두 함수 $f : X \to Y$와 $g : X \to Z$에 대하여 $(f, g)(x) := (f(x), g(x))$로 **쌍**(pairing) $(f, g) : X \to Y \times Z$를 정의하자. 즉 이 함수는 데카르트 곱 $Y \times Z$에서 첫 번째 좌표를 $f(x)$로, 두 번째 좌표를 $g(x)$로 설정한 함수이다(『TAO 해석학 I』의 3.5절 연습문제 7 참고). 예를 들어 $f(x) := x^2 + 3$으로 정의한 함수 $f : \mathbb{R} \to \mathbb{R}$과 $g(x) := 4x$로 정의한 함수 $g : \mathbb{R} \to \mathbb{R}$에 대하여, $(f, g) : \mathbb{R} \to \mathbb{R}^2$은 함수 $(f, g)(x) := (x^2 + 3, 4x)$이다. 쌍 연산은 연속성을 보존한다.

보조정리 2.2.1 두 함수 $f : X \to \mathbb{R}$, $g : X \to \mathbb{R}$과 두 함수의 쌍 $(f, g) : X \to \mathbb{R}^2$을 생각하자. (X, d)는 거리공간이고 $\mathbb{R}^2$에는 유클리드거리를 부여한다.

(a) $x_0 \in X$일 때, f와 g가 x_0에서 동시에 연속일 필요충분조건은 (f, g)가 x_0에서 연속인 것이다.

(b) f와 g가 동시에 연속일 필요충분조건은 (f, g)가 연속인 것이다.

보조정리 2.2.1의 증명은 연습문제 1로 남긴다.

보조정리 2.2.1을 사용하기 위해 연속에 대한 다른 결과가 필요하다.

보조정리 2.2.2 합 함수 $(x, y) \mapsto x + y$, 차 함수 $(x, y) \mapsto x - y$, 곱 함수 $(x, y) \mapsto xy$, 최댓값 함수 $(x, y) \mapsto \max(x, y)$, 최솟값 함수 $(x, y) \mapsto \min(x, y)$는 모두 $\mathbb{R}^2$에서 $\mathbb{R}$로 가는 연속함수이다. 나눗셈 함수 $(x, y) \mapsto \dfrac{x}{y}$는 $\mathbb{R} \times (\mathbb{R}\backslash\{0\}) = \{(x, y) \in \mathbb{R}^2 : y \neq 0\}$에서 $\mathbb{R}$로 가는 연속함수이다. 임의의 실수 c에 대해 함수 $x \mapsto cx$는 $\mathbb{R}$에서 $\mathbb{R}$로 가는 연속함수이다.

보조정리 2.2.2의 증명은 연습문제 2로 남긴다.

보조정리 2.2.1과 보조정리 2.2.2를 조합하면 다음 따름정리를 얻는다.

따름정리 2.2.3 거리공간 (X, d)에 대해 두 함수 $f : X \to \mathbb{R}$, $g : X \to \mathbb{R}$와 실수 c를 생각하자.

(a) $x_0 \in X$이고 f와 g가 x_0에서 연속이면 함수 $f+g : X \to \mathbb{R}$, $f-g : X \to \mathbb{R}$, $fg : X \to \mathbb{R}$, $\max(f, g) : X \to \mathbb{R}$, $\min(f, g) : X \to \mathbb{R}$, $cf : X \to \mathbb{R}$[1]도 x_0에서 연속이다. 만약 모든 $x \in X$에 대해 $g(x) \neq 0$이면 $\frac{f}{g} : X \to \mathbb{R}$도 x_0에서 연속이다.

(b) f와 g가 연속이면 함수 $f+g : X \to \mathbb{R}$, $f-g : X \to \mathbb{R}$, $fg : X \to \mathbb{R}$, $\max(f, g) : X \to \mathbb{R}$, $\min(f, g) : X \to \mathbb{R}$, $cf : X \to \mathbb{R}$도 연속이다. 만약 모든 $x \in X$에 대해 $g(x) \neq 0$이면 $\frac{f}{g} : X \to \mathbb{R}$도 연속이다.

증명

(a)를 증명하자. f와 g가 x_0에서 연속이므로 보조정리 2.2.1에 의해 $(f, g) : X \to \mathbb{R}^2$도 x_0에서 연속이다. 반면에 보조정리 2.2.2에 의해 함수 $(x, y) \mapsto x+y$는 $\mathbb{R}^2$의 모든 점에서 연속이고 특히 $(f, g)(x_0)$에서 연속이다. 만약 따름정리 2.1.7을 사용하여 두 함수를 합성하면, $f+g : X \to \mathbb{R}$이 연속이라고 결론내릴 수 있다. 유사한 논증으로 $f-g$, fg, $\max(f, g)$, $\min(f, g)$, cf도 연속임을 보일 수 있다. $\frac{f}{g}$의 연속성을 보이기 위해서는 먼저 2.1절 연습문제 7을 사용해 g의 공역을 $\mathbb{R}$에서 $\mathbb{R} \setminus \{0\}$으로 제한하고 앞에서 사용한 논법을 사용해야 한다. (b)는 (a)를 이용하여 바로 증명할 수 있다. ■

따름정리 2.2.3은 다양한 함수의 연속성을 보장한다. 연습문제를 통해 몇 가지 예를 살펴보자.

2.2 연습문제

1. 보조정리 2.2.1을 증명하라.

힌트 명제 1.1.18과 정리 2.1.4를 사용한다.

2. 보조정리 2.2.2를 증명하라.

힌트 정리 2.1.5와 극한 법칙(『TAO 해석학 I』의 정리 6.1.19)을 사용한다.

1 이 함수들의 정의는 『TAO 해석학 I』의 정의 9.2.1을 참고한다.

3. $f : X \to \mathbb{R}$이 연속함수이면 $|f|(x) := |f(x)|$로 정의한 함수 $|f| : X \to \mathbb{R}$도 연속임을 보여라.

4. $\pi_1 : \mathbb{R}^2 \to \mathbb{R}$과 $\pi_2 : \mathbb{R}^2 \to \mathbb{R}$을 각각 $\pi_1(x, y) := x$, $\pi_2(x, y) := y$로 정의한 함수라고 하자. 참고로 이 두 함수를 $\mathbb{R}^2$의 **좌표함수**(coodinate funcition)라고 한다. π_1과 π_2가 연속임을 보여라. 만약 $f : \mathbb{R} \to X$가 거리공간 (X, d)로 가는 임의의 연속함수라면, $g_1(x, y) := f(x)$와 $g_2(x, y) := f(y)$로 정의한 함수 $g_1 : \mathbb{R}^2 \to X$와 $g_2 : \mathbb{R}^2 \to X$도 연속임을 보여라.

5. 정수 $n, m \geq 0$과 임의의 $0 \leq i \leq n$, $0 \leq j \leq m$에 대해 실수 c_{ij}가 존재한다고 가정하자. 다음과 같이 정의한 함수 $P : \mathbb{R}^2 \to \mathbb{R}$을 살펴보자.

$$P(x, y) := \sum_{i=0}^{n} \sum_{j=0}^{m} c_{ij} x^i y^j$$

참고로 이 함수를 **이변수다항식**(polynomial of two variables)이라고 한다. 이러한 함수의 예로 $P(x, y) = x^3 + 2xy^2 - x^2 + 3y + 6$이 있다. P가 연속임을 보여라. 그리고 이 결과를 이용하여 $f : X \to \mathbb{R}$과 $g : X \to \mathbb{R}$이 연속함수이면 $P(f, g)(x) := P(f(x), g(x))$로 정의한 함수 $P(f, g) : X \to \mathbb{R}$도 연속임을 보여라.

힌트 연습문제 4와 따름정리 2.2.3을 사용한다.

6. 유클리드공간 $\mathbb{R}^n$과 $\mathbb{R}^m$을 생각하자. 만약 $f : X \to \mathbb{R}^m$과 $g : X \to \mathbb{R}^n$이 연속함수이면 $\mathbb{R}^m \times \mathbb{R}^n$이 $\mathbb{R}^{m+n}$일 때 $(f, g) : X \to \mathbb{R}^{m+n}$도 연속임을 보여라. 이 명제의 역은 참인가?

7. $k \geq 1$일 때 $\mathbb{N}^k$의 유한 부분집합 I와 함수 $c : I \to \mathbb{R}$을 생각하자. 함수 $P : \mathbb{R}^k \to \mathbb{R}$은 다음과 같이 정의하자.

$$P(x_1, \cdots, x_k) := \sum_{(i_1, \cdots, i_k) \in I} c(i_1, \cdots, i_k) x_1^{i_1} \cdots x_k^{i_k}$$

참고로 이 함수를 ***k*변수다항식**(polynomial of k variables)이라고 한다. 이러한 함수의 예로 $P(x_1, x_2, x_3) = 3x_1^3 x_2 x_3^2 - x_2 x_3^2 + x_1 + 5$가 있다. P가 연속임을 보여라.

힌트 k에 관한 귀납법과 연습문제 6, 그리고 연습문제 5 또는 보조정리 2.2.2를 사용한다.

8. 두 거리공간 (X, d_X)와 (Y, d_Y)에 대해 거리함수 $d_{X \times Y} : (X \times Y) \times (X \times Y) \to [0, \infty)$를 다음과 같이 정의할 때, $(X \times Y, d_{X \times Y})$가 거리공간임을 보이고 명제 1.1.18, 보조정리 2.2.1과 같은 방법으로 유도하라.

$$d_{X \times Y}((x, y), (x', y')) := d_X(x, x') + d_Y(y, y')$$

9. $\mathbb{R}^2$에서 $\mathbb{R}$로 가는 함수 $f : \mathbb{R}^2 \to \mathbb{R}$과 $\mathbb{R}^2$의 점 (x_0, y_0)를 생각하자. f가 (x_0, y_0)에서 연속이면 다음이 성립함을 보여라.

$$\lim_{x \to x_0} \limsup_{y \to y_0} f(x,y) = \lim_{y \to y_0} \limsup_{x \to x_0} f(x,y) = f(x_0, y_0)$$

$$\lim_{x \to x_0} \liminf_{y \to y_0} f(x,y) = \lim_{y \to y_0} \liminf_{x \to x_0} f(x,y) = f(x_0, y_0)$$

이때 $\limsup_{x \to x_0} f(x) := \inf_{r>0} \sup_{|x-x_0|<r} f(x)$와 $\liminf_{x \to x_0} f(x) := \sup_{r>0} \inf_{|x-x_0|<r} f(x)$가 성립함을 기억하라. 특히 양변의 극한이 동시에 존재하면 다음이 성립함을 보여라.

$$\lim_{x \to x_0} \lim_{y \to y_0} f(x,y) = \lim_{y \to y_0} \lim_{x \to x_0} f(x,y)$$

일반적으로 이 극한이 항상 존재할 필요는 없다. 예를 들어 $xy \neq 0$인 경우 $f(x,y) = y \sin\left(\frac{1}{x}\right)$이고, 그 외의 경우에는 $f(x,y) = 0$인 함수 $f : \mathbb{R}^2 \to \mathbb{R}$에서는 극한이 존재하지 않는다. 위 결과를 EX 1.2.7의 결과와 비교하라.

10. 연속함수 $f : \mathbb{R}^2 \to \mathbb{R}$을 생각하자. 각 $x \in \mathbb{R}$에 대해 함수 $y \mapsto f(x,y)$는 $\mathbb{R}$에서 연속이고, 각 $y \in \mathbb{R}$에 대해 함수 $x \mapsto f(x,y)$는 $\mathbb{R}$에서 연속임을 보여라. 따라서 (x,y)에서 결합형 연속(jointly continuous)[2]인 함수 $f(x,y)$는 변수 x, y 각각에 대해서도 연속이다.

11. $(x,y) \neq (0,0)$인 경우 $f(x,y) := \dfrac{xy}{x^2+y^2}$이고, 그 외의 경우에는 $f(x,y) = 0$인 함수 $f : \mathbb{R}^2 \to \mathbb{R}$을 생각하자. 고정된 각 $x \in \mathbb{R}$에 대해 함수 $y \mapsto f(x,y)$가 $\mathbb{R}$에서 연속이고 고정된 각 $y \in \mathbb{R}$에 대해 함수 $x \mapsto f(x,y)$가 $\mathbb{R}$에서 연속이지만, 함수 $f : \mathbb{R}^2 \to \mathbb{R}$은 $\mathbb{R}^2$에서 연속이 아님을 보여라. 이 결과는 연습문제 10의 역이 성립하지 않음을 보여준다. 즉 변수 각각에 대해 연속인 함수가 결합형 연속이 아닐 수 있음을 보여준다.

12. $y \neq 0$인 경우 $f(x,y) := \dfrac{x^2}{y}$이고 $y = 0$인 경우 $f(x,y) := 0$인 함수 $f : \mathbb{R}^2 \to \mathbb{R}$을 생각하자. 모든 $(x,y) \in \mathbb{R}^2$에 대해 $\lim_{t \to 0} f(tx, ty) = f(0,0)$이지만, f는 원점에서 연속이 아님을 보여라. 따라서 원점을 통과하는 모든 선에서 연속이라고 해서 원점에서 연속이라고 보장하기는 어렵다.

2 (옮긴이) $\mathbb{R}^2$에서 연속임을 의미한다.

2.3 연속성과 콤팩트성

연속함수를 정의 1.5.1에서 정의한 콤팩트 집합의 개념과 연결할 수 있다.

정리 2.3.1 연속함수는 콤팩트성을 보존한다
거리공간 (X, d_X)에서 다른 공간 (Y, d_Y)로 가는 연속함수 $f : X \to Y$를 생각하자. $K \subseteq X$를 X의 임의의 콤팩트 부분집합이라고 하면, K의 상 $f(K) := \{f(x) : x \in K\}$도 콤팩트하다.

정리 2.3.1의 증명은 연습문제 1로 남긴다.

위 정리는 중요한 결과를 도출한다. 『TAO 해석학 I』의 정의 9.6.5에서 함수 $f : X \to \mathbb{R}$이 한 점에서 최댓값과 최솟값을 갖는 것에 대한 개념을 학습하였다. 『TAO 해석학 I』의 명제 9.6.7을 일반화하면 다음과 같다.

명제 2.3.2 최대원리(maximum principle)
콤팩트 거리공간 (X, d)와 연속함수 $f : X \to \mathbb{R}$을 생각하자. 그러면 f는 유계이다. 또한 X가 공집합이 아니면 f가 최대가 되는 점 $x_{\max} \in X$와 최소가 되는 점 $x_{\min} \in X$가 존재한다.

명제 2.3.2의 증명은 연습문제 2로 남긴다.

참고 2.3.3 『TAO 해석학 I』의 9.6절 연습문제 1에서 이미 언급했듯이, X가 콤팩트 집합이 아니면 최대원리는 성립하지 않는다. 이 명제를 『TAO 해석학 I』의 보조정리 9.6.3, 명제 9.6.7과 비교할 수 있다.

콤팩트 집합에서의 연속함수가 갖는 또 다른 좋은 성질은 이 함수가 **균등연속**이라는 것이다. 『TAO 해석학 I』의 정의 9.9.2를 다음과 같이 일반화할 수 있다.

정의 2.3.4 균등연속(uniformly continuous)
거리공간 (X, d_X)에서 다른 공간 (Y, d_Y)로 가는 함수 $f : X \to Y$를 생각하자. 만약 모든 $\varepsilon > 0$에 대하여 $\delta > 0$이 존재하여 $d_X(x, x') < \delta$를 만족하는 임의의 $x, x' \in X$에 대하여 $d_Y(f(x), f(x')) < \varepsilon$이 성립하면 f는 **균등연속**이라고 한다.

모든 균등연속함수는 연속이지만 그 역은 성립하지 않는다(연습문제 3 참고). 그러나 정의역 X가 콤팩트하면, 연속과 균등연속은 동치이다.

> **정리 2.3.5** 두 거리공간 (X, d_X)와 (Y, d_Y)에 대해 (X, d_X)가 콤팩트하다고 가정하자. 함수 $f : X \to Y$에 대하여 f가 연속일 필요충분조건은 f가 균등연속인 것이다.

증명

$X = \varnothing$임은 쉽게 가정할 수 있다(그렇지 않으면 정의에 따라 자동으로 f가 연속이고 균등연속이다). f가 균등연속이면 연습문제 3에 의해 f는 연속이다. 이제 f가 연속이라고 가정하고 $\varepsilon > 0$을 고정하자. 모든 $x_0 \in X$에 대하여 f는 x_0에서 연속이다. 따라서 $d_X(x, x_0) < \delta(x_0)$일 때마다 $\delta(x_0) > 0$이 존재하여($\delta(x_0)$는 x_0에 따라 달라짐) $d_Y(f(x), f(x_0)) < \dfrac{\varepsilon}{2}$을 만족한다. 특히 삼각부등식에 의해 $x \in B_{(X, d_X)}\left(x_0, \dfrac{\delta(x_0)}{2}\right)$이고 $d_X(x', x) < \dfrac{\delta(x_0)}{2}$일 때마다 $d_Y(f(x), f(x')) < \varepsilon$이다(그 이유는?).

이제 다음과 같은 (무한개일 수도 있는) 공의 집합을 생각하자.

$$\left\{B_{(X, d_X)}\left(x_0, \frac{\delta(x_0)}{2}\right) : x_0 \in X\right\}$$

이 집합에서 각 공은 분명히 열린집합이고, X의 각 점 x_0는 자신이 만든 공 $B_{(X,d_X)}\left(x_0, \dfrac{\delta(x_0)}{2}\right)$에 포함되므로 이 공들의 합집합은 X를 덮는다. 따라서 정리 1.5.8에 의해 $j = 1, \cdots, n$에 대하여 X를 덮는 공 $B_{(X, d_X)}\left(x_j, \dfrac{\delta(x_j)}{2}\right)$를 만드는 유한개의 점 $x_1, \cdots, x_n$이 존재한다. 즉 다음이 성립한다.

$$X \subseteq \bigcup_{j=1}^{n} B_{(X,d_X)}\left(x_j, \frac{\delta(x_j)}{2}\right)$$

이제 $\delta := \min_{j=1}^{n} \dfrac{\delta(x_j)}{2}$라고 하자. 각 $\delta(x_j)$는 양수이고 j는 유한개만 존재하므로 $\delta > 0$임을 보일 수 있다. x, x'은 $d_X(x, x') < \delta$를 만족하는 X의 임의의 두 점이라고 하자. 공 $B_{(X, d_X)}\left(x_j, \dfrac{\delta(x_j)}{2}\right)$가 X를 덮으므로 $x \in B_{(X, d_X)}\left(x_j, \dfrac{\delta(x_j)}{2}\right)$를 만족하는 $1 \leq j \leq n$인 j가 반드시 존재한다. $d_X(x, x') < \delta$이므로 $d_X(x, x') < \dfrac{\delta(x_j)}{2}$이고, 앞의 논의에 의해 $d_Y(f(x), f(x')) < \varepsilon$이다. 따라서 $d(x, x') < \delta$일 때마다 $d_Y(f(x), f(x')) < \varepsilon$을 만족하는 δ를 찾을 수 있고, 이 결과는 주어진 함수 f가 균등연속임을 보여준다. ■

2.3 연습문제

1. 정리 2.3.1을 증명하라.

2. 명제 2.3.2를 증명하라.

힌트 『TAO 해석학 I』의 명제 9.6.7의 증명을 수정한다.

3. 모든 균등연속함수가 연속임을 보여라. 그리고 모든 연속함수가 균등연속함수는 아님을 반례를 들어 확인하라.

4. 세 거리공간 (X, d_X), (Y, d_Y), (Z, d_Z)와 두 균등연속함수 $f : X \to Y$, $g : Y \to Z$를 생각하자. 이때 $g \circ f : X \to Z$도 균등연속임을 보여라.

5. 거리공간 (X, d_X)와 두 균등연속함수 $f : X \to \mathbb{R}$, $g : X \to \mathbb{R}$을 생각하자. $(f, g)(x) := (f(x), g(x))$로 정의한 순서쌍 $(f, g) : X \to \mathbb{R}^2$이 균등연속임을 보여라.

6. 합 함수 $(x, y) \mapsto x+y$와 차 함수 $(x, y) \mapsto x-y$는 $\mathbb{R}^2$에서 $\mathbb{R}$로 가는 균등연속함수이지만, 곱 함수 $(x, y) \mapsto xy$는 균등연속이 아님을 보여라. 그리고 $f : X \to \mathbb{R}$과 $g : X \to \mathbb{R}$이 거리공간 (X, d)에서 균등연속함수이면 $f + g : X \to \mathbb{R}$과 $f - g : X \to \mathbb{R}$이 균등연속임을 보여라. 이때 $fg : X \to \mathbb{R}$은 균등연속이 아닐 수 있음을 반례를 들어 확인하라. 이 상황이 $\max(f, g)$, $\min(f, g)$, $\frac{f}{g}$, cf(단, c는 실수)에서는 어떤 결과를 보일까?

2.4 연속성과 연결성

거리공간에서의 중요한 개념 중 하나인 **연결성**을 알아보자.

정의 2.4.1 연결공간(connected space)

거리공간 (X, d)를 생각하자. X가 **비연결공간(disconnected space)**일 필요충분조건은 공집합이 아니며 서로소인 열린집합 V와 W가 존재하여 $V \cup W = X$를 만족하는 것이다(이 명제는 'X가 비연결일 필요충분조건은 X가 열린집합인 동시에 닫힌집합이며 공집합이 아닌 진부분집합을 포함한다는 것이다'와 동치이다). X가 **연결공간**일 필요충분조건은 X가 공집합이 아니면서 비연결도 아닌 것이다.

정의 2.4.1에 따르면 공집합 $\varnothing$은 연결도 비연결도 아닌 특별한 집합이다. 누군가는 공집합을 '반연결(unconnected)'로 생각할지도 모른다.

EX 2.4.2 표준거리에 대해 집합 $X := [1, 2] \cup [3, 4]$를 생각하자. 집합 $[1, 2]$와 $[3, 4]$는 X에 대해 상대적으로 열린집합이므로 이 집합은 비연결이다(그 이유는?).

직관적으로 비연결집합은 서로소인 두 열린집합으로 분리될 수 있고 연결집합은 이러한 방법으로 분리되지 못하는 집합으로 설명할 수 있다. 이와 같은 방법으로 어떤 거리공간이 연결인지 설명했듯이, 어떤 집합이 연결인지에 대한 의미를 유사하게 정의하자.

정의 2.4.3 연결집합(connected set)

거리공간 (X, d)와 X의 부분집합 Y를 생각하자. Y가 **연결집합**일 필요충분조건은 거리공간 $(Y, d|_{Y\times Y})$가 연결인 것이다. 또한 Y가 **비연결집합(disconnected set)**일 필요충분조건은 거리공간 $(Y, d|_{Y\times Y})$가 비연결인 것이다.

참고 2.4.4 집합 Y가 연결집합인지의 여부는 Y가 어떤 거리에서 작동하느냐에 따라 달라지지만, Y가 포함된 주변 공간 X에 영향을 받지 않으므로 정의 2.4.3은 내재적 정의라고 할 수 있다.

실선에서 연결집합은 비교적 설명하기 쉽다.

정리 2.4.5 실선 $\mathbb{R}$의 공집합이 아닌 부분집합 X를 생각하자. 그러면 다음 세 명제는 동치이다.

(a) X는 연결집합이다.

(b) $x < y$인 $x, y \in X$에 대하여 구간 $[x, y]$도 X에 포함된다.

(c) X는 (『TAO 해석학 I』의 정의 9.1.1의 관점에서) 구간이다.

증명

먼저 (a)이면 (b)임을 보이자. X가 연결집합이라 가정하고 귀류법을 이용하여 $[x, y]$가 X에 포함되지 **않는** X의 두 점 x와 y(단, $x < y$)를 찾았다고 가정하자. 그러면 $z \notin X$이며 $x < z < y$인 실수 z가 존재한다. 그러면 집합 $(-\infty, z) \cap X$와 $(z, \infty) \cap X$는 X를 덮는다. 두 집합은 각각 x와 y를 포함하므로 공집합이 아니고 X에서 상대적으로 열린집합이므로 X는 비연결집합이다. 따라서 모순이 발생한다.

다음으로 (b)이면 (a)임을 보이자. X가 (b)의 성질을 만족하는 공간이라고 가정한다. 귀류법을 이용하여 X가 비연결이라고 가정하자. 그러면 $V \cup W = X$를 만족하고 서로소이며 공집합이 아닌 X에서의 상대적 열린집합 V와 W가 존재한다. V와 W가 공집합이 아니므로 $x \in V$와 $y \in W$를 선택할 수 있다. V와 W가 서로소이므로 $x \neq y$이다. 일반성을 잃지 않고 $x < y$라고 가정하자. 성질 (b)에 의해 전체 구간 $[x, y]$는 X에 포함된다.

이제 집합 $[x, y] \cap V$를 생각하자. 이 집합은 유계이고 x를 포함하므로 공집합이 아니다. 따라서 이 집합은 다음과 같은 상한을 갖는다.

$$z := \sup([x, y] \cap V)$$

$z \in [x, y]$임은 명백하므로 $z \in X$이다. 따라서 $z \in V$ 또는 $z \in W$이다. 먼저 $z \in V$라고 가정하자. 그러면 $y \in W$이고 W는 V와 서로소이므로 $z \neq y$이다. 그러나 V가 X에서 상대적으로 열린집합이고 $[x, y]$를 포함하므로 V에 포함되는 공 $B_{([x,y],d)}(z, r)$이 존재한다. 그러나 이 결과는 z가 $[x, y] \cap V$의 상한이라는 사실에 대해 모순이다. 이제 $z \in W$라고 가정하자. 그러면 $x \in V$이고 V가 W와 서로소이므로 $z \neq x$이다. 그러나 W가 X에서 상대적으로 열린집합이고 $[x, y]$를 포함하므로 W에 포함되는 공 $B_{([x,y],d)}(z, r)$이 존재한다. 이 결과는 z가 $[x, y] \cap V$의 상한이라는 사실에 대해 또 다시 모순이다. 따라서 각 경우에 모두 모순이 발생하므로 X는 비연결일 수 없기 때문에 연결집합이다.

이제 (b)와 (c)가 동치 명제라는 사실을 보여야 한다. 이 내용은 연습문제 3으로 남긴다. ■

연속함수는 연결집합을 연결집합으로 보낸다.

정리 2.4.6 연속성은 연결성을 보존한다

거리공간 (X, d_X)에서 다른 거리공간 (Y, d_Y)로 가는 연속함수 $f : X \to Y$를 생각하자. 그리고 E를 X의 임의의 연결된 부분집합이라고 하자. 그러면 $f(E)$도 연결집합이다.

정리 2.4.6의 증명은 연습문제 4로 남긴다.

정리 2.4.6에 대한 중요한 따름정리는 『TAO 해석학 I』의 정리 9.7.1을 일반화한 중간값정리이다.

따름정리 2.4.7 중간값정리(intermediate value theorem)

거리공간 (X, d_X)에서 실선 $\mathbb{R}$로 가는 연속함수 $f : X \to \mathbb{R}$을 생각하자. E는 X의 임의의 연결된 부분집합이고 a와 b는 E의 임의의 두 원소이며, y는 $f(a)$와 $f(b)$ 사이의 실수라고 하자. 즉 $f(a) \le y \le f(b)$ 또는 $f(a) \ge y \ge f(b)$이다. 그러면 $c \in E$가 존재하여 $f(c) = y$를 만족한다.

따름정리 2.4.7의 증명은 연습문제 5로 남긴다.

2.4 연습문제

1. (X, d_{disc})를 이산거리를 갖는 거리공간이라 하고 E를 적어도 두 원소를 포함하는 X의 부분집합이라고 하자. E가 비연결임을 보여라.

2. 연결된 거리공간 (X, d)에서 이산거리를 갖는 거리공간 (Y, d_{disc})로 가는 함수 $f : X \to Y$를 생각하자. f가 연속일 필요충분조건은 f가 상수함수인 것임을 보여라.

힌트 연습문제 1을 사용한다.

3. 정리 2.4.5의 명제 (b)와 (c)가 동치임을 증명하라.

4. 정리 2.4.6을 증명하라.

힌트 정리 2.1.5(c)에서 살펴본 연속성 형태가 가장 사용하기 편리하다.

5. 정리 2.4.6을 사용하여 따름정리 2.4.7을 증명하라.

6. (X, d)가 거리공간이고, I가 공집합이 아닐 때 $(E_\alpha)_{\alpha \in I}$가 X의 연결집합들의 집합이라고 하자. 또한 $\bigcap_{\alpha \in I} E_\alpha$는 공집합이 아니라고 가정하자. $\bigcup_{\alpha \in I} E_\alpha$가 연결집합임을 보여라.

7. 거리공간 (X, d)와 X의 부분집합 E를 생각하자. 모든 $x, y \in E$에 대해 $\gamma(0) = x$이고 $\gamma(1) = y$인, 단위구간 $[0, 1]$에서 E로 가는 연속함수 $\gamma : [0, 1] \to E$가 존재하면 E가 **경로연결**(path–connected)되어 있다고 한다. 공집합이 아닌 모든 경로연결집합이 연결집합임을 보여라(이 명제의 역은 성립하지 않지만 이를 보이려면 약간의 기술이 필요하므로 여기서는 상세히 다루지 않는다).

8. 거리공간 (X, d)와 X의 부분집합 E를 생각하자. 만약 E가 연결집합이면 E의 폐포 $\overline{E}$도 연결집합임을 보여라. 이 명제의 역은 성립하는가?

9. 거리공간 (X, d)를 생각하자. x와 y를 동시에 포함하는 X의 연결된 부분집합이 존재하면 $x \sim y$로 표현하여 X의 관계 $x \sim y$를 정의하자. 이 관계가 동치관계임을(즉 반사성, 대칭성, 추이성을 모두 만족함을) 보여라. 또한 이 관계로 만들어진 동치류(즉 어떤 $x \in X$에 대해 $\{y \in X : y \sim x\}$ 형태의 집합)는 모두 닫혀있고 연결되어 있음을 보여라. 참고로 이러한 집합을 X의 **연결성분**(connected component)이라고 한다.

   힌트 연습문제 6과 연습문제 8을 사용한다.

10. 명제 2.3.2와 따름정리 2.4.7을 결합하여 정의역이 콤팩트 연결집합인 경우의 연속함수에 관한 『TAO 해석학 I』의 따름정리 9.7.4를 일반화한 정리를 도출하라.

2.5 위상공간

참고로 이번 절은 필요에 따라 선택적으로 학습할 수 있다.

거리공간 개념을 **위상공간**으로 일반화할 수 있다. 이때 주요 아이디어는 거리 d를 기본 객체로 여기지 않는 것이다. 실제로 일반적인 위상공간에는 거리가 존재하지 않는다. 대신 일반적인 위상공간은 기본 개념으로 **열린집합**을 가진다. 따라서 거리공간에서 거리 d를 처음에 소개하고 거리를 이용해 열린공과 열린집합 개념을 정의한 것과 달리, 위상공간에서는 먼저 열린집합 개념부터 시작한다. 그러나 열린집합에서 시작하여 공이나 거리 개념을 항상 재구성할 수는 없다.[3] 그러나 이전 절에서 다룬 많은 개념들은 여전히 정의할 수 있다.

이 책에서 위상공간 개념을 전혀 사용하지 않으므로 이번 절에서는 간략한 수준에서 위상공간을 다룬다. 그러므로 이 공간에 대해 더 완전히 학습하고 싶다면 위상수학이나 고급 해석학 책을 참고한다.

정의 2.5.1 위상공간(topological space)

X가 집합이고 $\mathcal{F} \subseteq 2^X$가 X의 부분집합들의 집합일 때, 순서쌍 $(X, \mathcal{F})$를 **위상공간**이라고 하자. 이때 $\mathcal{F}$의 원소를 **열린집합(open set)**이라고 한다. $\mathcal{F}$는 다음 성질을 만족한다.

- 공집합 $\varnothing$과 전체집합 X는 열린집합이다. 즉 $\varnothing \in \mathcal{F}$이고 $X \in \mathcal{F}$이다.
- 열린집합의 임의의 유한교집합도 열린집합이다. 즉 $V_1, \cdots, V_n$이 $\mathcal{F}$의 원소이면 $V_1 \cap \cdots \cap V_n$도 $\mathcal{F}$의 원소이다.
- 열린집합의 임의의 합집합(무한합집합인 경우도 포함)은 열린집합이다. 즉 $(V_\alpha)_{\alpha \in I}$가 $\mathcal{F}$의 원소로 구성된 집합족이면 $\bigcup_{\alpha \in I} V_\alpha$도 $\mathcal{F}$의 원소이다.

대부분 열린집합 $\mathcal{F}$는 문맥에 따라 명확하다. 이런 경우 위상공간 $(X, \mathcal{F})$를 간단하게 X로 표기한다.

명제 1.2.15에 의해 모든 거리공간 (X, d)는 자동으로 위상공간이다(이 경우 집합 $\mathcal{F}$는 (X, d)의 열린집합들의 집합과 같다). 그러나 위상공간이지만 거리공간이 아닌 예가 존재한다(연습문제 1과 연습문제 6 참고).

이제 이번 절과 앞의 절에서 학습한 다양한 개념을 위상공간으로 확장하자. 공의 개념은 **근방**의 개념으로 대체된다.

정의 2.5.2 근방(neighbourhood)

위상공간 $(X, \mathcal{F})$와 $x \in X$를 생각하자. x의 **근방**[4]은 x를 포함한 임의의 열린집합으로 정의한다.

EX 2.5.3 거리공간 (X, d)와 $x \in X$, $r > 0$을 생각하자. 그러면 $B(x, r)$은 x의 근방이다.

---

3 즉 모든 위상공간이 거리공간이 되지는 않는다.

4 (옮긴이) 근방의 영어 표현으로 neighborhood도 존재한다.

정의 2.5.4 위상적 수렴

정수 m과 위상공간 $(X, \mathcal{F})$에 대해 X의 점으로 이루어진 수열 $(x^{(n)})_{n=m}^{\infty}$과 X의 점 x를 생각하자. $(x^{(n)})_{n=m}^{\infty}$이 x로 **수렴(convergence)**할 필요충분조건은 x의 모든 근방 V에 대해 정수 $N(\geq m)$이 존재하여 $n \geq N$이면 $x^{(n)} \in V$를 만족하는 것이다.

이 개념은 거리공간에서의 수렴 개념과 일치한다(연습문제 2 참고). 누군가는 이 개념이 극한의 유일성(명제 1.1.20)을 만족하는지 궁금할 수 있다. 만약 위상공간이 **하우스도르프 성질**(Hausdorff property)을 만족한다면 극한은 유일하다. 그러나 다른 위상에서는 유일성이 보장되지 않는 경우가 존재한다. 연습문제 4를 참고한다.

정의 2.5.5 내부점(interior point), 외부점(exterior point), 경계점(boundary point)

위상공간 $(X, \mathcal{F})$에 대해 X의 부분집합 E와 X의 점 x_0를 생각하자.

- $V \subseteq E$인 x_0의 근방 V가 존재하면 x_0는 E의 **내부점**이라고 한다.
- $V \cap E = \varnothing$인 x_0의 근방 V가 존재하면 x_0는 E의 **외부점**이라고 한다.
- x_0가 내부점도 아니고 외부점도 아니면 x_0는 E의 **경계점**이라고 한다.

이 정의의 개념들은 거리공간에서의 개념과 동일하다(연습문제 3 참고).

정의 2.5.6 폐포(closure)

위상공간 $(X, \mathcal{F})$에 대해 X의 부분집합 E와 X의 점 x_0를 생각하자. x_0의 임의의 근방 V와 E의 교집합이 공집합이 아니면 x_0는 E의 **밀착점(adherent point)**이라고 한다. E의 모든 밀착점의 집합을 E의 **폐포**라 하고 $\overline{E}$로 표기한다.

명제 1.2.10과 유사한 정리가 존재하며, 이는 연습문제 9를 참고한다. 위상공간 $(X, \mathcal{F})$에서 집합 K가 **닫힌집합**(closed set)일 필요충분조건은 여집합인 $X \setminus K$가 열린집합인 것이다. 이 정의는 명제 1.2.15(e)에 의해 거리공간에서의 정의와 같다. 명제 1.2.15의 일부분도 역시 참이다(연습문제 10 참고).

상대위상의 개념을 정의하기 위해 거리함수가 필요한 정의 1.3.3을 사용하지 않는다. 대신 명제 1.3.4를 시작점으로 한다.

정의 2.5.7 상대위상(relative topology)
위상공간 $(X, \mathcal{F})$와 X의 부분집합 Y를 생각하자. 그러면 $\mathcal{F}_Y := \{V \cap Y : V \in \mathcal{F}\}$를 $(X, \mathcal{F})$로부터 **유도된** Y의 위상이라고 정의한다. 이때 $(Y, \mathcal{F}_Y)$를 $(X, \mathcal{F})$의 **위상적 부분공간(topological subspace)**이라고 하며, 이 공간 역시 위상공간이다. 연습문제 11을 참고한다.

명제 1.3.4에 의해 이 개념을 거리공간에서의 개념과 동시에 사용할 수 있다는 사실을 확인할 수 있다. 다음으로 연속성을 정의하자.

정의 2.5.8 연속함수(continuous function)
두 위상공간 $(X, \mathcal{F})$, $(Y, \mathcal{F}_Y)$와 함수 $f : X \to Y$를 생각하자. $x_0 \in X$일 때 f가 x_0에서 **연속(continuous)**일 필요충분조건은 $f(x_0)$의 각 근방 V에 대하여 x_0의 근방 U가 존재하여 $f(U) \subseteq V$를 만족하는 것이다. 만약 f가 모든 점 $x \in X$에서 연속이면 f를 **연속**이라고 한다.

이 정의 역시 정의 2.1.1과 동일하다(연습문제 14 참고). 정리 2.1.4와 정리 2.1.5의 일부분도 여전히 적용할 수 있다(연습문제 15 참고). 특히 함수가 연속일 필요충분조건은 모든 열린집합의 역상도 열린집합인 것이다.

불행히도 일반 위상공간에서 코시 수열, 완비거리공간, 유계공간에 대응하는 개념이 없다. 그러나 콤팩트 집합에 대응하는 개념은 존재한다. 이 개념을 정리 1.5.8로부터 시작하자.

정의 2.5.9 콤팩트 위상공간
위상공간 $(X, \mathcal{F})$를 생각하자. 만약 X의 모든 열린덮개가 유한개의 부분덮개를 갖는다면 이 공간이 **콤팩트(compact)**하다고 한다. Y가 X의 부분집합일 때, $(X, \mathcal{F})$로부터 유도된 Y상의 위상공간이 콤팩트하면 Y는 콤팩트하다고 한다.

콤팩트 거리공간에서 성립하는 정리 2.3.1과 명제 2.3.2 같은 많은 기본적인 사실들이 콤팩트 위상공간에서도 성립한다(연습문제 16 참고). 그러나 이 공간에는 균등연속의 개념이 존재하지 않기 때문에 정리 2.3.5에 대응하는 정리가 존재하지 않는다.

또한 정의 2.4.1과 정의 2.4.3의 개념을 반복하여 연결성의 개념을 정의할 수 있다. 2.4절의 다양한 결과와 연습문제가 증명도 거의 바뀌지 않은 채로 위상공간에서 여전히 성립함을 확인할 수 있다.

2.5 연습문제

1. 임의의 집합 X에 대하여 $\mathcal{F} := \{\varnothing, X\}$를 생각하자. $(X, \mathcal{F})$가 위상공간임을 보여라. $(X, \mathcal{F})$를 X의 **자명한 위상공간**(trivial topology space)이라고 한다. 만약 X의 원소가 두 개 이상이면 자명한 위상공간을 X의 거리 d에 의해 얻을 수 없음을 보여라. 또한 이 위상공간이 콤팩트하고 연결되어 있음을 보여라.

2. 거리공간 (X, d)를 생각하자. 즉 이 공간은 위상공간이다. 정의 1.1.14와 정의 2.5.4에서 살펴본 수열의 수렴성에 대한 두 개념이 서로 같음을 보여라.

3. 거리공간 (X, d)를 생각하자. 즉 이 공간은 위상공간이다. 정의 1.2.5와 정의 2.5.5에서 살펴본 내부점, 외부점, 경계점에 대한 두 개념이 서로 같음을 보여라.

4. 만약 임의의 서로 다른 두 원소 $x, y \in X$에 대하여 x의 근방 V와 y의 근방 W가 존재하여 $V \cap W = \varnothing$을 만족한다면, 이 위상공간 $(X, \mathcal{F})$를 **하우스도르프 공간**(Hausdorff space)이라고 한다. 거리공간에서 나온 임의의 위상공간이 하우스도르프 공간임을 보이고, 최소한 두 점을 포함하는 자명한 위상공간은 하우스도르프 공간이 아님을 보여라. 하우스도르프 공간에서 명제 1.1.20이 성립함을 보여라. 또한 하우스도르프 공간이 아닌 위상공간에서 명제 1.1.20이 성립하지 않는 예를 제시하라.[5]

5. 순서관계 $\leq$를 갖는 임의의 완전순서집합 X에서 $x \in V$일 때 어떤 $a, b \in X$에 대해 구간 $\{y \in X : a < y < b\}$이거나, 어떤 $a \in X$에 대해 반직선 $\{y \in X : a < y\}$이거나, 어떤 $b \in X$에 대해 반직선 $\{y \in X : y < b\}$이거나, 전체공간 X이며 x를 포함하는 집합 I가 존재하여 V에 포함되면 $V \subseteq X$를 **열린집합**이라고 정의한다. X의 모든 열린집합의 집합 $\mathcal{F}$를 생각하자. $(X, \mathcal{F})$가 위상공간이고 연습문제 4의 관점에서 하우스도르프 공간임을 보여라. 참고로 $(X, \mathcal{F})$를 완전순서집합 $(X, \leq)$에서의 **순서위상공간**(order topology space)이라고 한다. 표준순서 $\leq$를 갖는 실선 $\mathbb{R}$에서의 순서위상이 표준거리로부터 만들어진 위상인 표준위상과 일치함을 보여라. 만약 이 개념을 확장된 실선 $\mathbb{R}^*$로 확장한다면 $\mathbb{R}$은 경계가 $\{-\infty, +\infty\}$인 열린집합임을 보여라. 만약 $(x_n)_{n=1}^{\infty}$이 $\mathbb{R}$의 수로 이루어진 수열(이 경우 자동으로 $\mathbb{R}^*$로 이루어진 수열이

5 참고로 실제 수학자들은 대부분 위상공간을 하우스도르프 공간으로 가정한다. 왜냐하면 하우스도르프 공간이 아닌 위상공간은 특이한 경향이 있어서 연구 결과가 그다지 실효성이 없기 때문이다.

된다)이면 x_n이 $+\infty$로 수렴할 필요충분조건은 $\liminf_{n\to\infty} x_n = +\infty$이고, x_n이 $-\infty$로 수렴할 필요충분조건은 $\limsup_{n\to\infty} x_n = -\infty$임을 보여라.

6. 비가산집합 X와 공집합이거나 여유한집합(여집합이 유한집합인 집합)인 X의 모든 부분집합 E들의 집합 $\mathcal{F}$를 생각하자. $(X, \mathcal{F})$가 위상공간이지만 연습문제 4의 관점에서 하우스도르프 공간이 아니며 콤팩트한 연결집합임을 보여라. 참고로 $(X, \mathcal{F})$를 X에서의 **여유한위상공간**(cofinite topology space)이라고 한다. $x \in X$일 때 x를 포함한 임의의 가산개의 열린집합 $(V_n)_{n=1}^{\infty}$에 대해 $\bigcap_{n=1}^{\infty} V_n \neq \{x\}$임을 보여라. 이 사실을 이용하여 여유한위상공간 X는 X에서의 거리 d로부터 얻을 수 없음을 보여라.

힌트 집합 $\bigcap_{n=1}^{\infty} B\left(x, \frac{1}{n}\right)$은 거리공간에서 무엇과 같은지 생각한다.

7. 비가산집합 X와 공집합이거나 여가산집합(여집합이 가산개인 집합)인 X의 모든 부분집합 E들의 집합 $\mathcal{F}$를 생각하자. $(X, \mathcal{F})$가 위상공간이지만 연습문제 4의 관점에서 하우스도르프 공간이 아니며, 연결집합이지만 거리공간에서 발생하지 않아 콤팩트하지 않음을 보여라. 참고로 $(X, \mathcal{F})$를 X에서의 **여가산위상공간**(cocountable topology space)이라고 한다.

8. 콤팩트 위상공간 $(X, \mathcal{F})$를 생각하자. 이 공간의 모든 $x \in X$에 대해 x의 가산개의 근방 V_1, V_2, $\cdots$가 존재하고 x의 각 근방이 V_n 중 하나에 포함되는 성질이 성립한다고 가정하자. 참고로 이 성질이 성립하는 공간을 **제1 가산공간**(first countable space)이라고 한다. 1.5절 연습문제 11의 증명을 수정하여 X의 모든 수열이 수렴하는 부분수열을 가짐을 보여라.

9. 위상공간에서 명제 1.2.10(c)가 성립하면 서로 동치관계인 (a)와 (b)가 모두 성립함을 증명하라. 또한 연습문제 7에서 살펴본 여가산위상공간에서 (c)가 성립하지 않더라도 (a)와 (b)가 성립함을 보여라.

10. 위상공간 $(X, \mathcal{F})$의 부분집합 E를 생각하자. E가 열린집합일 필요충분조건은 E의 모든 원소가 내부점인 것임을 보여라. 그리고 E가 닫힌집합일 필요충분조건은 E가 자신의 밀착점을 모두 원소로 갖는 것임을 보여라. 또한 명제 1.2.15의 (e)~(h)가 성립함을 증명하라(이 중 일부는 정의에 의해 바로 유도된다). 만약 X가 하우스도르프 공간이라는 조건을 추가한다면 명제 1.2.15(d)도 성립함을 증명하고, X가 하우스도르프 공간이 아닌 경우에는 (d)가 성립하지 않는 반례를 제시하라.

11. 정의 2.5.7에서 정의한 쌍 $(Y, \mathcal{F}_Y)$가 실제로 위상공간임을 보여라.

12. 하우스도르프 공간에서의 콤팩트 집합에 대해 따름정리 1.5.9를 일반화하라.

13. 하우스도르프 공간에서의 콤팩트 집합에 대해 정리 1.5.10을 일반화하라.

14. 두 거리공간(즉 위상공간) (X, d_X)와 (Y, d_Y)를 생각하자. 함수 $f : X \to Y$의 연속성(점과 전체 정의역에서 모두)에 대한 두 정의인 정의 2.1.1과 정의 2.5.8이 일치함을 보여라.

15. 정리 2.1.4를 위상공간으로 확장했을 때 (a)이면 (b)가 성립함을 보여라(역은 성립하지 않지만 반례를 구성하기는 매우 어렵다). 정리 2.1.5를 위상공간으로 확장했을 때 (a), (c), (d)는 서로 동치관계이고 (b)를 유도함을 보여라(역은 성립하지 않지만 증명하기 어렵다).

16. 위상공간의 콤팩트 집합에 대해 정리 2.3.1과 명제 2.3.2를 일반화하라.

3

균등수렴
Uniform convergence

1장과 2장에서 거리공간 (X, d_X)의 점으로 이루어진 수열 $(x^{(n)})_{n=1}^{\infty}$이 x로 수렴한다는 것의 의미를 학습하였다. $\lim_{n\to\infty} d_X(x^{(n)}, x) = 0$은 모든 $\varepsilon > 0$에 대해 $N > 0$이 존재하여 $n > N$이면 $d_X(x^{(n)}, x) < \varepsilon$을 만족한다는 의미이다(이미 위상공간 $(X, \mathcal{F})$에서 수렴 개념을 일반화했지만, 이번 장에서는 거리공간에 집중한다).

이번 장에서는 한 거리공간 (X, d_X)에서 다른 거리공간 (Y, d_Y)로 가는 **함수**들의 수열(이하 함수열) $(f^{(n)})_{n=1}^{\infty}$의 수렴에 대해 학습한다. 즉 X에서 Y로 가는 각 함수 $f^{(n)}: X \to Y$로 이루어진 함수열 $f^{(1)}, f^{(2)}, \cdots$가 있을 때, 이 함수열이 극한함수 f로 수렴한다는 것이 어떤 의미인지 살펴본다.

함수의 수렴에는 다양한 종류가 있다. 이번 절에서는 그중 중요한 두 가지 개념인 **점별수렴**과 **균등수렴**을 다룬다.[1] 점별수렴과 균등수렴은 연속과 균등연속의 관계처럼 연관성은 있으나 서로 다른 개념이다. 먼저 함수열의 수렴이 무엇인지 공부하면 $\lim_{n\to\infty} f^{(n)} = f$와 같은 명제에 의미를 부여할 수 있다. 이러한 극한이 다른 개념과 어떻게 상호작용하는지 알아보자. 예를 들어 함수 $f(x)$의 극한 $\lim_{x\to x_0; x\in X} f(x)$를 안다고 할 때, 다음과 같이 극한의 순서를 바꿀 수 있을까?

$$\lim_{n\to\infty} \lim_{x\to x_0; x\in X} f^{(n)}(x) = \lim_{x\to x_0; x\in X} \lim_{n\to\infty} f^{(n)}(x)$$

이후에 살펴보겠지만 $f^{(n)}$이 갖는 수렴의 유형에 따라 답이 달라진다. 이와 유사한 상황이 적분과 극한, 급수와 극한, 급수와 적분 사이의 교환에서도 발생한다.

3.1 함수의 극한값

함수열의 극한에 대해 이야기하기에 앞서, 이 개념과 비슷하지만 다른 함수의 극한값을 먼저 생각하자. 거리공간에서의 상황에 집중하겠지만 위상공간에서도 비슷한 개념이 존재한다(연습문제 3 참고).

정의 3.1.1 함수의 극한값

두 거리공간 (X, d_X), (Y, d_Y)에 대해 X의 부분집합 E와 함수 $f: E \to Y$를 생각하자. $x_0 \in X$가 E의 밀착점이고 $L \in Y$일 때, 모든 $\varepsilon > 0$에 대해 $\delta > 0$이 존재하여 $d_X(x, x_0) < \delta$인 모든 $x \in E$에 대해 $d_Y(f(x), L) < \varepsilon$을 만족하면, x가 E에서 x_0로 수렴함에 따라 $f(x)$가 Y에서 L로 **수렴(convergence)**한다고 하고 $\lim_{x\to x_0; x\in E} f(x) = L$로 표기한다.

1 함수의 수렴에는 L^1 수렴(L^1 convergence), L^2 수렴(L^2 convergence), 측도수렴(convergence in measure), 거의 어디서나 수렴(almost everywhere convergence) 등 다양한 형태가 존재하지만 이 책의 범위를 넘어서므로 다루지 않는다.

참고 3.1.2 몇몇 책에서는 정의 3.1.1에서 $x = x_0$인 경우를 제외하여 $0 < d_X(x, x_0) < \delta$를 요구하기도 한다. 이 말은 E에서 x_0를 제거한다는 의미이다. 따라서 이 경우 $\lim_{x \to x_0; x \in E} f(x)$ 대신 $\lim_{x \to x_0; x \in E \setminus \{x_0\}} f(x)$를 사용한다. 두 개념을 비교한 내용은 연습문제 1을 참고한다.

정의 3.1.1과 정의 2.1.1을 비교하면 f가 x_0에서 연속일 필요충분조건은 다음과 같다.

$$\lim_{x \to x_0; x \in X} f(x) = f(x_0)$$

따라서 f가 X에서 연속일 필요충분조건은 다음과 같다.

$$\text{모든 } x_0 \in X\text{에 대하여 } \lim_{x \to x_0; x \in X} f(x) = f(x_0)$$

EX 3.1.3 $f(x) = x^2 - 4x$인 함수 $f : \mathbb{R} \to \mathbb{R}$에 대하여 f는 연속이므로 다음이 성립한다.

$$\lim_{x \to 1} f(x) = f(1) = 1 - 4 = -3$$

참고 3.1.4 x가 속한 공간이 명확한 경우에는 종종 조건 $x \in X$를 생략하여 기호 $\lim_{x \to x_0; x \in X} f(x)$를 $\lim_{x \to x_0} f(x)$로 축약하여 나타내기도 한다.

정의 3.1.1을 수열의 용어로 재구성하면 다음과 같다.

명제 3.1.5 두 거리공간 (X, d_X), (Y, d_Y)에 대해 X의 부분집합 E와 함수 $f : E \to Y$를 생각하자. 만약 $x_0 \in X$가 E의 밀착점이고 $L \in Y$이면 다음 네 명제는 동치이다.

(a) $\lim_{x \to x_0; x \in E} f(x) = L$이다.

(b) E의 임의의 수열 $(x^{(n)})_{n=1}^{\infty}$이 거리 d_X에 대해 x_0로 수렴할 때, 수열 $(f(x^{(n)}))_{n=1}^{\infty}$은 거리 d_Y에 대해 L로 수렴한다.

(c) L을 포함한 임의의 열린집합 $V \subseteq Y$에 대해 x_0를 포함하는 열린집합 $U \subseteq X$가 존재하여 $f(U \cap E) \subseteq V$를 만족한다.

(d) $g(x_0) := L$이고 $x \in E \setminus \{x_0\}$에 대해 $g(x) := f(x)$인 함수 $g \colon E \cup \{x_0\} \to Y$는 x_0에서 연속이다. 더불어 $x_0 \in E$이면 $f(x_0) = L$이다.

명제 3.1.5의 증명은 연습문제 2로 남긴다.

참고 3.1.6 명제 3.1.5(b)와 명제 1.1.20에 의하여 x가 x_0로 수렴함에 따라 함수 $f(x)$는 최대 한 개의 극한값 L을 갖는다. 즉 극한 $\lim_{x \to x_0; x \in E} f(x)$가 존재하면 그 값은 한 개뿐이다.

참고 3.1.7 x_0가 E의 밀착점이라는 것은 극한값 개념을 유용하게 만드는 필수 조건이다. x_0가 E의 밀착점이 아니면 x_0는 E의 외부에 존재한다. 따라서 (충분히 작은 δ에 대해 $d(x, x_0) < \delta$를 만족하는 $x \in E$가 존재하지 않아서) E에서 x가 x_0로 수렴할 때 $f(x)$가 L로 수렴한다는 개념이 불필요해진다.

참고 3.1.8 엄밀히 말하면 수렴성은 거리 d_Y에 의존하므로 $\lim_{x\to x_0;x\in E} f(x)$ 대신 $d_Y-\lim_{x\to x_0;x\in E} f(x)$를 사용해야 한다. 그러나 거리 d_Y가 명확한 경우에는 접두사 d_Y-를 생략한다.

3.1 연습문제

1. 두 거리공간 (X,d_X), (Y,d_Y)에 대해 X의 부분집합 E와 함수 $f:E\to Y$, 그리고 E의 원소 x_0를 생각하자. x_0가 $E\setminus\{x_0\}$의 밀착점이라고 가정하자(즉 x_0는 E의 **고립점**(isolated point)이 아니다). 극한 $\lim_{x\to x_0;x\in E} f(x)$가 존재할 필요충분조건은 극한 $\lim_{x\to x_0;x\in E\setminus\{x_0\}} f(x)$가 존재하고 그 값이 $f(x_0)$인 것이다. 또한 극한 $\lim_{x\to x_0;x\in E} f(x)$가 존재하면 그 값이 $f(x_0)$와 같음을 보여라.

2. 명제 3.1.5를 증명하라.

힌트 정리 2.1.4의 증명을 복습한다.

3. 명제 3.1.5(c)를 사용해 E가 X의 부분집합일 때, 위상공간 $(X,\mathcal{F}_X)$에서 다른 위상공간 $(Y,\mathcal{F}_Y)$로 가는 함수 $f:E\to Y$의 극한값 개념을 정의하라. 만약 X가 위상공간이고 Y가 하우스도르프 공간(2.5절 연습문제 4 참고)이면, 참고 3.1.6의 관점에서 명제 3.1.5의 (c)와 (d)가 동치임을 증명하라. Y가 하우스도르프 공간이 아니면 어떤 일이 발생하는가?

4. 2.5절 연습문제 5를 다시 보면 표준위상(순서위상)을 가진 확장된 실선 $\mathbb{R}^*$가 있다. 자연수 공간 $\mathbb{N}$을 이 위상공간의 부분공간의 관점으로 보고 $+\infty$를 $\mathbb{R}^*$에서의 $\mathbb{N}$의 밀착점이라고 하자. $(a_n)_{n=0}^{\infty}$을 위상공간 $(Y,\mathcal{F}_Y)$의 값을 갖는 수열이라 하고 $L\in Y$라 하자. (연습문제 3의 관점에서) 극한 $\lim_{n\to+\infty;n\in\mathbb{N}} a_n=L$이 (정의 2.5.4의 관점에서) 극한 $\lim_{n\to\infty} a_n=L$과 동치임을 보여라. 이 결과는 수열의 극한 개념과 함수의 극한 개념을 함께 생각할 수 있음을 보여준다.

5. 세 거리공간 (X,d_X), (Y,d_Y), (Z,d_Z)에 대해 X의 부분집합 E와 각 집합의 점 $x_0\in X$, $y_0\in Y$, $z_0\in Z$, 그리고 함수 $f:E\to Y$, $g:Y\to Z$를 생각하자. $\lim_{x\to x_0;x\in E} f(x)=y_0$이고 $\lim_{y\to y_0;y\in f(E)} g(y)=z_0$이면 $\lim_{x\to x_0;x\in E} g\circ f(x)=z_0$임을 보여라.

6. X가 $\mathbb{R}$의 부분집합이 아니라 거리공간일 때, 『TAO 해석학 I』의 명제 9.3.14의 극한 법칙에 대응하는 명제를 제시하고 증명하라.

힌트 따름정리 2.2.3을 사용한다.

3.2 점별수렴과 균등수렴

가장 명확한 함수의 수렴은 정의역의 각 점에서 수렴하는 점별수렴이다.

정의 3.2.1 점별수렴(pointwise convergence)

거리공간 (X, d_X)에서 다른 거리공간 (Y, d_Y)로 가는 함수열 $(f^{(n)})_{n=1}^{\infty}$과 함수 $f : X \to Y$를 생각하자. 모든 $x \in X$에 대하여

$$\lim_{n\to\infty} f^{(n)}(x) = f(x)$$

가 성립하면 $(f^{(n)})_{n=1}^{\infty}$은 X에서 f로 **점별수렴**한다고 한다. 즉 다음과 같다.

$$\lim_{n\to\infty} d_Y(f^{(n)}(x), f(x)) = 0$$

다시 말해 모든 x와 $\varepsilon > 0$에 대해 $N > 0$이 존재하여 $n > N$이면 $d_Y(f^{(n)}(x), f(x)) < \varepsilon$을 만족하는 것이다. 이때 f를 함수 $f^{(n)}$의 **점별극한(pointwise limit)**이라고 한다.

참고 3.2.2 $f^{(n)}(x)$와 $f(x)$는 함수가 아닌 Y 위의 점임에 유의한다. 따라서 함수의 수렴성을 결정하기 위해 앞에서 다룬 거리공간에서의 수렴성에 대한 개념을 사용한다. 또한 (X, d_X)가 거리공간이라는 사실을 전혀 사용하지 않음(즉 거리 d_X를 사용하지 않음)에 주목한다. 정의 3.2.1에서 X는 거리 구조가 없는 단순한 집합이어도 충분하다. 그러나 이후에 X에서 Y로 가는 **연속**함수에 관심을 기울이기 시작하면 X의 거리(적어도 위상적 구조)와 Y의 거리가 필요하므로 거리공간으로 정의한다. 또한 **균등수렴**의 개념을 소개할 때는 X와 Y의 거리 구조가 필요하다. 따라서 위상공간에서는 균등수렴의 개념에 대응하는 개념이 존재하지 않는다.

EX 3.2.3 $f^{(n)}(x) := \dfrac{x}{n}$로 정의한 함수 $f^{(n)} : \mathbb{R} \to \mathbb{R}$과 $f(x) := 0$으로 정의한 영함수 $f : \mathbb{R} \to \mathbb{R}$을 생각하자. 그러면 각각의 고정된 실수 x에 대해 $\lim_{n\to\infty} f^{(n)}(x) = \lim_{n\to\infty} \dfrac{x}{n} = 0 = f(x)$이므로 $f^{(n)}$은 f로 점별수렴한다.

명제 1.1.20에 의해 거리공간 (X, d_X)에서 다른 거리공간 (Y, d_Y)로 가는 함수열 $(f^{(n)})_{n=1}^{\infty}$은 많아야 하나의 점별극한 f를 갖는다. 그러나 거리공간에서의 점들의 수열이 극한을 갖지 않을 수 있는 것처럼 함수열이 점별극한을 갖지 않는 예도 당연히 존재한다(이러한 예를 생각할 수 있는가?).

점별수렴은 매우 자연스러운 개념이지만 단점이 몇 가지 존재한다. 바로 점별수렴이 연속성, 도함수, 극한, 적분을 보존하지 않는다는 점이다.

다음과 같은 세 가지 예를 살펴보자.

EX 3.2.4 $f^{(n)}(x) := x^n$으로 정의한 함수 $f^{(n)}: [0,1] \to \mathbb{R}$과 $x = 1$일 때 $f(x) := 1$이고 $0 \le x < 1$일 때 $f(x) := 0$인 함수 $f : [0,1] \to \mathbb{R}$을 생각하자. 그러면 함수 $f^{(n)}$은 연속이고 $[0,1]$에서 f로 점별수렴한다(그 이유는 무엇인가? $x = 1$과 $0 \le x < 1$인 경우로 나누어 생각하자). 그러나 극한함수인 f는 연속이 아니다. 동일한 함수의 예로 점별수렴이 미분가능성 역시 보존하지 않음을 알 수 있다.

EX 3.2.5 만약 모든 n에 대해 $\lim_{x \to x_0; x \in E} f^{(n)}(x) = L$이고 $f^{(n)}$이 f로 점별수렴하더라도 $\lim_{x \to x_0; x \in E} f(x) = L$이 항상 성립하는 것은 아니다. 이 사실에 대한 반례가 바로 EX 3.2.4이다.

모든 n에 대해 $\lim_{x \to 1; x \in [0,1)} x^n = 1$이지만, x^n은 EX 3.2.4에서 정의한 함수 f로 점별수렴하고 $\lim_{x \to 1; x \in [0,1)} f(x) = 0$이다. 특히 EX 1.2.8을 참고하면 다음을 확인할 수 있다.

$$\lim_{n \to \infty} \lim_{x \to x_0; x \in X} f^{(n)}(x) \ne \lim_{x \to x_0; x \in X} \lim_{n \to \infty} f^{(n)}(x)$$

따라서 점별수렴은 극한을 보존하지 않는다.

EX 3.2.6 $f^{(n)}: [a,b] \to \mathbb{R}$을 구간 $[a,b]$에서 리만 적분가능한 함수열이라고 가정하자. 모든 n에 대해 $\int_{[a,b]} f^{(n)} = L$이고 $f^{(n)}$이 새로운 함수 f로 점별수렴한다고 해서 $\int_{[a,b]} f = L$이 성립하지는 않는다. 이와 관련한 반례를 생각하자. $[a,b] := [0,1]$이라고 할 때, $x \in \left[\frac{1}{2n}, \frac{1}{n}\right]$이면 $f^{(n)}(x) := 2n$이고 그 외의 x 값에서는 $f^{(n)}(x) := 0$인 함수열 $f^{(n)}$을 생각하자. 그러면 $f^{(n)}$은 영함수 $f(x) := 0$으로 점별수렴한다(그 이유는?). 반면에 모든 n에 대해 $\int_{[0,1]} f^{(n)} = 1$이지만 $\int_{[0,1]} f = 0$이다. 이 경우가 바로 다음과 같은 예이다.

$$\lim_{n \to \infty} \int_{[a,b]} f^{(n)} \ne \int_{[a,b]} \lim_{n \to \infty} f^{(n)}$$

이 반례는 불연속인 $f^{(n)}$과 관련있다고 생각할 수 있지만, $f^{(n)}$을 연속으로 만들기 위해 쉽게 수정할 수 있다(어떻게 수정할 수 있을까?).

동일한 반례를 보여주는 또 다른 예는 '뛰어넘는' 것이다. $x \in [n, n+1]$이면 $f^{(n)}(x) := 1$이고 그 외의 경우에는 $f^{(n)}(x) := 0$인 함수 $f^{(n)}: \mathbb{R} \to \mathbb{R}$을 생각하자. 그러면 모든 n에 대해 $\int_{\mathbb{R}} f^{(n)} = 1$

이다. 여기서 $\int_{\mathbb{R}} f$는 N이 무한대로 갈 때 $\int_{[-N,N]} f$의 극한으로 정의한다. 반면에 $f^{(n)}$은 영함수 0으로 점별수렴하고(그 이유는?) $\int_{\mathbb{R}} 0 = 0$이다. 두 가지 예에서는 넓이가 1인 함수가 어떻게든 '사라져' 극한에서 넓이가 0인 함수를 생성한다. 『TAO 해석학 I』의 EX 1.2.9를 참고한다.

지금까지 살펴본 예들은 점별수렴이 광범위하게 사용되기엔 단점이 많음을 보여준다. 문제는 각 x에 대해 $f^{(n)}(x)$가 $f(x)$로 수렴하는 동안 수렴하는 **비율**은 x에 따라 크게 달라진다는 점이다. 예를 들어 EX 3.2.4처럼 $f^{(n)}(x) := x^n$인 함수 $f^{(n)}: [0,1] \to \mathbb{R}$과 $x = 1$일 때 $f(x) := 1$이고 그 외의 경우에는 $f(x) := 0$인 함수 $f : [0,1] \to \mathbb{R}$을 생각하자. 그러면 각 x에 대해 $n \to \infty$일 때 $f^{(n)}(x)$가 $f(x)$로 수렴한다. 즉 $0 \le x < 1$일 때 $\lim_{n\to\infty} x^n = 0$이고 $x = 1$일 때 $\lim_{n\to\infty} x^n = 1$이다. 그러나 수렴의 속도는 1에서 멀리 떨어진 경우보다 1 근처에서 훨씬 더 느리다.

예를 들어 $0 \le x < 1$인 모든 x에서 $\lim_{n\to\infty} x^n = 0$인 명제를 생각하자. 이 명제는 $0 \le x < 1$인 모든 x와 임의의 $\varepsilon > 0$에 대해 $N \ge 1$이 존재하여 $n \ge N$이면 $|x^n| < \varepsilon$을 만족함을 의미한다. 또는 다시 말해 어떤 유한한 수 N에 대해 수열의 N번째 항을 지나면 수열 $1, x, x^2, x^3, \cdots$은 결국 ε보다 작아진다는 의미이다. 그러나 이때 필요한 수 N은 x의 위치에 따라 크게 달라진다. 예를 들어 $\varepsilon := 0.1$이라고 하자. 만약 $x = 0.1$이면 $n \ge 2$인 모든 n에 대해 $|x^n| < \varepsilon$이 성립한다. 즉 이 수열은 두 번째 항 이후에는 ε보다 작다. 만약 $x = 0.5$이면 $n \ge 4$인 모든 n에 대해 $|x^n| < \varepsilon$이 성립한다. 즉 극한을 구하기 위해 ε보다 작아지려면 네 번째 항까지 기다려야 한다. 그리고 만약 $x = 0.9$이면 $n \ge 22$이어야 $|x^n| < \varepsilon$이 성립한다. 명백히 x가 1에 가까워질수록 $f^{(n)}(x)$와 $f(x)$의 거리가 ε보다 작아지려면 언젠가는 작아지겠지만 더 오래 기다려야 한다. 이상하게도 x가 1에 가까이 다가가는 동안 수렴성이 악화되지만 $x = 1$이 되면 수렴성이 갑자기 완벽해진다.

다르게 말하면 x에서 $f^{(n)}$이 f로 수렴하는 것은 **균등**하지 않다. f와의 거리가 ε보다 작은 $f^{(n)}(x)$를 찾는 데 필요한 N 값이 무엇인지는 ε뿐만 아니라 x에도 달려있다. 이에 따라 더 강한 수렴성의 개념이 유도된다.

정의 3.2.7 균등수렴(uniform convergence)

거리공간 (X, d_X)에서 다른 거리공간 (Y, d_Y)로 가는 함수열 $(f^{(n)})_{n=1}^{\infty}$과 함수 $f : X \to Y$를 생각하자. 모든 $\varepsilon > 0$에 대해 $N > 0$이 존재하여 $n > N$일 때 모든 $x \in X$에 대해 $d_Y(f^{(n)}(x), f(x)) < \varepsilon$을 만족하면 $(f^{(n)})_{n=1}^{\infty}$이 X에서 f로 **균등수렴**한다고 한다. 이때 함수 f를 함수 $f^{(n)}$의 **균등극한(uniform limit)**이라고 한다.

참고 3.2.8 정의 3.2.7은 정의 3.2.1의 점별수렴과 미묘하게 다르다. 점별수렴에서 N은 x에 따라 달라지지만 균등수렴에서는 그렇지 않다. 이러한 차이를 연속성과 균등연속성(정의 2.1.1과 정의 2.3.4)의 차이와 비교해야 한다. 이와 같은 비유를 연습문제 1에서 더 정확히 표현하였다.

만약 $f^{(n)}$이 X에서 f로 균등수렴하면, 이 함수열이 동일한 함수 f로 점별수렴함을 쉽게 보일 수 있다(연습문제 2 참고). 따라서 균등극한과 점별극한이 동시에 존재한다면 두 극한은 같다. 그러나 역은 성립하지 않는다. 예를 들어 $f^{(n)}(x) := x^n$으로 정의한 함수 $f^{(n)}: [0,1] \to \mathbb{R}$은 점별수렴하지만 균등수렴하지는 않다(연습문제 2 참고).

EX 3.2.9 $f^{(n)}(x) := \dfrac{x}{n}$로 정의한 함수 $f^{(n)}: [0,1] \to \mathbb{R}$과 영함수 $f(x) := 0$으로 정의한 함수 $f : [0,1] \to \mathbb{R}$을 생각하자. $f^{(n)}$은 분명히 f로 점별수렴한다. 이제 $f^{(n)}$이 f로 균등수렴함을 보이자. 즉 모든 $\varepsilon > 0$에 대해 N이 존재하여 $n \geq N$이면 모든 $x \in [0,1]$에 대해 $|f^{(n)}(x) - f(x)| < \varepsilon$을 만족함을 보여야 한다. 이를 보이기 위해 $\varepsilon > 0$을 고정하자. 그러면 임의의 $x \in [0,1]$과 $n \geq N$에 대해 다음이 성립한다.

$$|f^{(n)}(x) - f(x)| = \left|\frac{x}{n} - 0\right| = \frac{x}{n} \leq \frac{1}{n} \leq \frac{1}{N}$$

따라서 $N > \dfrac{1}{\varepsilon}$을 만족하는 N을 선택하면(N은 x에 의존하지 않음), 모든 $n \geq N$과 $x \in [0,1]$에 대해 $|f^{(n)}(x) - f(x)| < \varepsilon$이 성립하므로 증명이 마무리된다.

자명하게도 제한함수는 수렴성을 보존한다. 다시 말해 만약 함수열 $f^{(n)}: X \to Y$가 함수 $f: X \to Y$로 점별수렴[균등수렴]하면, X의 부분집합 E에 대하여 $f^{(n)}$의 제한함수로 구성된 함수열 $f^{(n)}|_E: E \to Y$는 $f|_E$로 점별수렴[균등수렴]한다(그 이유는?).

3.2 연습문제

1. 이 문제의 목적은 연속성과 점별수렴, 균등연속성과 균등수렴 사이의 관계를 명확히 파악하는 것이다. 함수 $f : \mathbb{R} \to \mathbb{R}$과 임의의 $a \in \mathbb{R}$에 대해 $f_a(x) := f(x-a)$로 정의한 함수 $f_a : \mathbb{R} \to \mathbb{R}$을 생각하자. 다음 물음에 답하라.

(a) f가 연속일 필요충분조건은 0으로 수렴하는 실수 수열 $(a_n)_{n=0}^{\infty}$이 있을 때마다 f_{a_n}이 f로 점별수렴하는 것임을 보여라.

(b) f가 균등연속일 필요충분조건은 0으로 수렴하는 실수 수열 $(a_n)_{n=0}^{\infty}$이 있을 때마다 f_{a_n}이 f로 균등수렴하는 것임을 보여라.

2. 다음 물음에 답하라.

(a) 거리공간 (X, d_X)에서 다른 거리공간 (Y, d_Y)로 가는 함수열 $(f^{(n)})_{n=1}^{\infty}$과 X에서 Y로 가는 다른 함수 $f : X \to Y$를 생각하자. 만약 $f^{(n)}$이 f로 균등수렴하면 $f^{(n)}$은 f로 점별수렴함을 보여라.

(b) 각 정수 $n \geq 1$에 대해 $f^{(n)}(x) := x^n$으로 정의한 함수 $f^{(n)} : (-1, 1) \to \mathbb{R}$을 생각하자. $f^{(n)}$이 영함수 0으로 점별수렴하지만 어떤 함수 $f : (-1, 1) \to \mathbb{R}$로도 균등수렴하지 않음을 증명하라.

(c) $g(x) := \dfrac{x}{1-x}$로 정의한 함수 $g : (-1, 1) \to \mathbb{R}$을 생각하자. (b)를 이용하여 부분합 $\displaystyle\sum_{n=1}^{N} f^{(n)}$이 $N \to \infty$일 때 g로 점별수렴하지만, 열린구간 $(-1, 1)$에서 g로 균등수렴하지 않음을 보여라.

힌트 『TAO 해석학 I』의 보조정리 7.3.3을 사용한다.

만약 열린구간 $(-1, 1)$을 닫힌구간 $[-1, 1]$로 바꾼다면 어떤 일이 일어날까?

3. (X, d_X)를 거리공간이라 하고 1 이상인 모든 정수 n에 대해 실숫값함수열 $f_n : X \to \mathbb{R}$을 생각하자. f_n이 X에서 다른 함수 $f : X \to \mathbb{R}$로 점별수렴한다고 가정하자(이 문제에서 $\mathbb{R}$은 표준거리 $d(x, y) = |x - y|$를 갖는다). $h : \mathbb{R} \to \mathbb{R}$은 연속함수라고 하자. $h \circ f_n(x) := h(f_n(x))$로 정의한 함수 $h \circ f_n : X \to \mathbb{R}$이 X에서 $h \circ f$로 점별수렴함을 보여라.

4. 거리공간 (X, d_X)에서 다른 거리공간 (Y, d_Y)로 가는 유계함수열 $f_n : X \to Y$를 생각하자. f_n은 다른 함수 $f : X \to Y$로 균등수렴하고 f는 유계함수라고 가정하자. 즉 모든 $x \in X$에 대해 $f(x) \in B_{(Y, d_Y)}(y_0, R)$을 만족하는 Y의 구 $B_{(Y, d_Y)}(y_0, R)$이 존재한다. 수열 f_n이 **균등유계**(uniformly bounded)임을 보여라. 참고로 균등유계는 모든 자연수 n과 $x \in X$에 대해 Y의 구 $B_{(Y, d_Y)}(y_0, R)$이 존재하여 $f_n(x) \in B_{(Y, d_Y)}(y_0, R)$을 만족함을 의미한다.

3.3 균등수렴과 연속성

이번 절에서는 균등수렴이 점별수렴보다 훨씬 더 유용한 첫 번째 이유를 알아본다. 바로 '연속함수의 균등극한은 연속함수'라는 사실이다.

정리 3.3.1 균등수렴은 연속성을 보존한다 I

거리공간 (X, d_X)에서 다른 거리공간 (Y, d_Y)로 가는 함수열 $(f^{(n)})_{n=1}^{\infty}$을 생각하고, 함수열 $(f^{(n)})_{n=1}^{\infty}$이 다른 함수 $f : X \to Y$로 균등수렴한다고 가정하자. x_0가 X의 점일 때, 각 n에 대해 함수 $f^{(n)}$이 x_0에서 연속이면 극한함수 f도 x_0에서 연속이다.

정리 3.3.1의 증명은 연습문제 1로 남긴다.

이 정리는 다음 따름정리로 이어진다.

따름정리 3.3.2 균등수렴은 연속성을 보존한다 II

거리공간 (X, d_X)에서 다른 거리공간 (Y, d_Y)로 가는 함수열 $(f^{(n)})_{n=1}^{\infty}$을 생각하고, 함수열 $(f^{(n)})_{n=1}^{\infty}$이 다른 함수 $f : X \to Y$로 균등수렴한다고 가정하자. 각 n에 대해 함수 $f^{(n)}$이 X에서 연속이면 극한함수 f도 X에서 연속이다.

정리 3.3.1과 따름정리 3.3.2는 EX 3.2.4의 결과와 비교할 수 있다. 정리 3.3.1을 약간 변형한 다음 명제는 유용하다.

명제 3.3.3 극한과 균등극한의 교환

두 거리공간 (X, d_X), (Y, d_Y)에 대해 완비공간 Y와 X의 부분집합 E를 생각하자. $(f^{(n)})_{n=1}^{\infty}$은 E에서 Y로 가는 함수열이고, 이 함수열이 E에서 어떤 함수 $f : E \to Y$로 균등수렴한다고 가정하자. 또한 $x_0 \in X$는 E의 밀착점이고 각 n에 대하여 극한 $\lim_{x \to x_0; x \in E} f^{(n)}(x)$가 존재한다고 가정하자. 그러면 극한 $\lim_{x \to x_0; x \in E} f(x)$도 존재하고, 이 극한은 수열 $(\lim_{x \to x_0; x \in E} f^{(n)}(x))_{n=1}^{\infty}$의 극한과 같다. 다시 말해 다음과 같이 극한의 순서는 교환가능하다.

$$\lim_{n \to \infty} \lim_{x \to x_0; x \in E} f^{(n)}(x) = \lim_{x \to x_0; x \in E} \lim_{n \to \infty} f^{(n)}(x)$$

명제 3.3.3의 증명은 연습문제 2로 남긴다.

명제 3.3.3은 EX 3.2.5의 결과와 비교할 수 있다. 마지막으로 지금까지 살펴본 정리와 명제의 수열 버전을 확인하자.

명제 3.3.4 거리공간 (X, d_X)에서 다른 거리공간 (Y, d_Y)로 가는 함수열 $(f^{(n)})_{n=1}^{\infty}$을 생각하고, 이 함수열이 다른 함수 $f : X \to Y$로 균등수렴한다고 가정하자. $x^{(n)}$은 극한 x로 수렴하는 X의 점으로 이루어진 수열이라고 하자. 그러면 $f^{(n)}(x^{(n)})$은 Y에서 $f(x)$로 수렴한다.

명제 3.3.4의 증명은 연습문제 4로 남긴다.

유사한 결과가 다음과 같은 유계함수에서도 성립한다.

정의 3.3.5 유계함수(bounded function)
거리공간 (X, d_X)에서 다른 거리공간 (Y, d_Y)로 가는 함수 $f : X \to Y$가 있을 때 $f(X)$가 유계집합이면, 즉 모든 $x \in X$에 대해 Y에 속한 구 $B_{(Y, d_Y)}(y_0, R)$이 존재하여 $f(x) \in B_{(Y, d_Y)}(y_0, R)$을 만족하면 함수 f는 **유계함수**라고 한다.

명제 3.3.6 균등수렴은 유계성을 보존한다
거리공간 (X, d_X)에서 다른 거리공간 (Y, d_Y)로 가는 함수열 $(f^{(n)})_{n=1}^{\infty}$은을 생각하고, 이 함수열이 다른 함수 $f : X \to Y$로 균등수렴한다고 가정하자. 만약 각 n에 대해 함수 $f^{(n)}$이 X에서 유계이면 극한함수 f도 X에서 유계이다.

명제 3.3.6의 증명은 연습문제 6으로 남긴다.

참고 3.3.7 지금까지 살펴본 명제들이 매우 그럴듯해 보이지만 균등수렴을 가정할 때만 성립한다는 점에 주의해야 한다. 점별수렴에서는 명제들이 성립하지 않는다(연습문제 3, 연습문제 5, 연습문제 7 참고).

3.3 연습문제

1. 정리 3.3.1을 증명하라. 증명 과정에 균등수렴이 필요한 이유와 점별수렴으로는 충분하지 않은 이유를 간략히 설명하라.

힌트 가장 쉬운 방법은 정의 2.1.1에서 살펴본 연속성의 '엡실론-델타' 논법을 사용하는 것이다. 이때 다음 삼각부등식이 유용하게 사용된다.

$$d_Y(f(x), f(x_0)) \leq d_Y(f(x), f^{(n)}(x)) + d_Y(f^{(n)}(x), f^{(n)}(x_0)) + d_Y(f^{(n)}(x_0), f(x_0))$$

또한 ε을 $\varepsilon = \frac{\varepsilon}{3} + \frac{\varepsilon}{3} + \frac{\varepsilon}{3}$으로 나눌 필요가 있다. 명제 3.3.3을 이용해 정리 3.3.1을 증명할 수 있지만, 정리 3.3.1을 먼저 증명하면 더 쉽다.

2. 명제 3.3.3을 증명하라.

힌트 이 증명은 정리 3.3.1과 매우 유사하다. 그러나 정리 3.3.1을 증명할 때 명제 3.3.3을 도구로 사용했다면 정리 3.3.1을 명제 3.3.3의 증명에 바로 사용할 수 없다.

3. 명제 3.3.3을 『TAO 해석학 I』의 EX 1.2.8과 비교하라. 명제 3.3.3에서는 극한의 교환이 정당화되지만, 『TAO 해석학 I』의 EX 1.2.8에서는 극한의 교환이 거짓 명제인 이유를 설명할 수 있는가?

4. 명제 3.3.4를 증명하라.

힌트 이 증명은 정리 3.3.1과 명제 3.3.3의 증명과는 약간의 차이가 있지만 매우 유사하다. 그러나 정리 3.3.1과 명제 3.3.3의 결과로부터 이 명제를 직접 유도할 수는 없다.

5. 명제 3.3.4에서 '균등수렴'을 '점별수렴'으로 바꾼다면 명제가 성립하지 않음을 반례를 들어 설명하라.

힌트 앞에서 제시한 몇 가지 예를 이 문제에 사용할 수 있다.

6. 명제 3.3.6을 증명하라. 이 명제가 3.2절 연습문제 4와 어떻게 다른지 설명하라.

7. 명제 3.3.6에서 '균등수렴'을 '점별수렴'으로 바꾼다면 명제가 성립하지 않음을 반례를 들어 설명하라.

힌트 앞에서 제시한 몇 가지 예를 이 문제에 사용할 수 있다.

8. (X, d)를 거리공간이라 하고, 모든 자연수 n에 대해 두 함수 $f_n : X \to \mathbb{R}$과 $g_n : X \to \mathbb{R}$을 생각하자. $(f_n)_{n=1}^{\infty}$은 다른 함수 $f : X \to \mathbb{R}$로 균등수렴하는 함수열이고, $(g_n)_{n=1}^{\infty}$은 다른 함수 $g : X \to \mathbb{R}$로 균등수렴하는 함수열이라 가정하자. 또한 함수 $(f_n)_{n=1}^{\infty}$과 $(g_n)_{n=1}^{\infty}$이 균등유계라고 가정하자. 즉 모든 $n \geq 1$과 $x \in X$에 대해 어떤 M이 존재하여 $|f_n(x)| \leq M$과 $|g_n(x)| \leq M$이 성립한다고 가정하자. 이때 함수 $f_n g_n : X \to \mathbb{R}$이 $fg : X \to \mathbb{R}$로 균등수렴함을 증명하라.

3.4 균등수렴거리

지금까지 이 책에서 극한에 관한 서로 다른 개념을 최소 4가지 살펴보았다.

(a) 거리공간의 점으로 이루어진 수열의 극한 $\lim_{n\to\infty} x^{(n)}$ (정의 1.1.14와 정의 2.5.4)

(b) 한 점에서 함수의 극한값 $\lim_{x\to x_0; x\in E} f(x)$ (정의 3.1.1)

(c) 함수 $f^{(n)}$의 점별극한 f (정의 3.2.1)

(d) 함수 $f^{(n)}$의 균등극한 f (정의 3.2.7)

위와 같은 극한 개념의 확장이 다소 복잡해 보일 수 있다. 그러나 (d)를 (a)의 특수한 경우로 볼 수 있다는 사실을 관찰함으로써 이러한 복잡성을 약간 완화할 수 있다. 그러나 점 대신 함수를 다루고 있으므로 X 또는 Y에서의 수렴성이 아니라 X에서 Y로 가는 함수의 공간이라는 새로운 공간에서 수렴성을 생각해야 한다.

참고 3.4.1 만약 거리공간 대신 위상공간에서 작업하길 원한다면 3.1절 연습문제 4처럼 (a)를 (b)의 특별한 경우로 볼 수 있고, 3.4절 연습문제 4처럼 (c)를 (a)의 특별한 경우로 볼 수도 있다. 따라서 지금까지 살펴본 극한 개념을 통합하기 위해 위상공간에서의 수렴 개념을 사용할 수 있다.

정의 3.4.2 유계함수의 거리공간

두 거리공간 (X, d_X), (Y, d_Y)와 X에서 Y로 가는 유계함수의 공간[2] $B(X\to Y)$를 생각하자.

$$B(X\to Y) := \{f \mid f: X\to Y\text{는 유계함수}\}$$

X가 공집합이 아니면 모든 $f, g\in B(X\to Y)$에 대해 거리 $d_\infty : B(X\to Y)\times B(X\to Y)\to[0,+\infty)$를 다음과 같이 정의하자.

$$d_\infty(f,g) := \sup_{x\in X} d_Y(f(x), g(x)) = \sup\{d_Y(f(x),g(x)) : x\in X\}$$

이러한 거리는 **균등거리(uniform metric)**, **상한노름거리(sup norm metric)**, 또는 **L^∞ 거리(L^∞ metric)**로 알려져 있다. $d_{B(X\to Y)}$는 간단히 d_∞로 표기하기도 한다. 만약 X가 공집합이면 $d_\infty(f,g)=0$으로 대신 정의한다.

f와 g가 X에서 유계라고 가정했으므로 거리 $d_\infty(f,g)$는 항상 유한하다.

2 이 공간은 멱집합공리(『TAO 해석학 I』의 공리 3.11)와 분류공리(『TAO 해석학 I』의 공리 3.6)에 따라 집합이다.

EX 3.4.3 $X := [0,1]$, $Y = \mathbb{R}$일 때, 각각 $f(x) := 2x$와 $g(x) := 3x$로 정의한 함수 $f : [0,1] \to \mathbb{R}$과 $g : [0,1] \to \mathbb{R}$을 생각하자. 그러면 f와 g는 모두 유계함수이고 $B([0,1] \to \mathbb{R})$에 속한다. 두 함수 사이의 거리는 다음과 같다.

$$d_\infty(f,g) = \sup_{x\in[0,1]} |2x - 3x| = \sup_{x\in[0,1]} |x| = 1$$

이 공간은 거리공간으로 판정되었다(연습문제 1 참고). 이 거리에서의 수렴성은 균등수렴과 같다.

명제 3.4.4 두 거리공간 (X, d_X)와 (Y, d_Y)에 대하여 $B(X \to Y)$의 함수열 $(f^{(n)})_{n=1}^{\infty}$과 $B(X \to Y)$의 다른 함수 f를 생각하자. 그러면 거리 $d_{B(X\to Y)}$에서 $(f^{(n)})_{n=1}^{\infty}$이 f로 수렴할 필요충분조건은 $(f^{(n)})_{n=1}^{\infty}$이 f로 균등수렴하는 것이다.

명제 3.4.4의 증명은 연습문제 2로 남긴다.

이제 $C(X \to Y)$를 다음과 같이 X에서 Y로 가는 유계인 연속함수의 공간이라 하자.

$$C(X \to Y) := \{f \in B(X \to Y) \mid f\text{는 연속함수}\}$$

이때 집합 $C(X \to Y)$는 분명히 $B(X \to Y)$의 부분집합이다. 따름정리 3.3.2는 $C(X \to Y)$가 $B(X \to Y)$에서 닫혀있다고 한다(그 이유는?). 사실 이 의미는 조금 더 확장할 수 있다.

정리 3.4.5 연속함수의 공간은 완비이다

거리공간 (X, d_X)와 완비거리공간 (Y, d_Y)를 생각하자. 공간

$$\left(C(X \to Y), d_{B(X\to Y)}|_{C(X\to Y)\times C(X\to Y)}\right)$$

는 $(B(X \to Y), d_{B(X\to Y)})$의 완비부분공간이다. 다시 말해 $C(X \to Y)$의 함수로 이루어진 모든 코시 수열은 $C(X \to Y)$의 함수로 수렴한다.

정리 3.4.5의 증명은 연습문제 3으로 남긴다.

3.4 연습문제

1. 두 거리공간 (X, d_X)와 (Y, d_Y)를 생각하자. 정의 3.4.2에서 정의한 거리 $d_{B(X \to Y)}$를 갖는 공간 $B(X \to Y)$가 실제로 거리공간임을 보여라.

2. 명제 3.4.4를 증명하라.

3. 정리 3.4.5를 증명하라.

힌트 정리 3.3.1의 증명과 유사하지만 다른 방법을 사용한다.

4. 두 거리공간 (X, d_X), (Y, d_Y)와 X에서 Y로 가는 모든 함수의 공간(『TAO 해석학 I』의 공리 3.11 참고) $Y^X := \{f \mid f \colon X \to Y\}$를 생각하자. 만약 $x_0 \in X$이고 V가 Y의 열린집합이면 집합 $V^{(x_0)} \subseteq Y^X$를 다음과 같이 정의하자.

$$V^{(x_0)} := \{f \in Y^X : f(x_0) \in V\}$$

만약 E가 Y^X의 부분집합이고, 모든 $f \in E$에 대해 다음을 만족하는 유한개의 점 $x_1, \cdots, x_n \in X$와 열린집합 $V_1 \cdots, V_n \subseteq Y$가 존재하면 E를 **열린집합**이라고 하자.

$$f \in V_1^{(x_1)} \cap \cdots \cap V_n^{(x_n)} \subseteq E$$

다음 물음에 답하라.

(a) 만약 $\mathcal{F}$가 Y^X의 열린집합의 모임이면 $(Y^X, \mathcal{F})$가 위상공간임을 보여라.

(b) 각 자연수 n에 대해 X에서 Y로 가는 함수 $f^{(n)} : X \to Y$와 X에서 Y로 가는 다른 함수 $f : X \to Y$를 생각하자. $f^{(n)}$이 위상 $\mathcal{F}$에서 f로 수렴(정의 2.5.4의 관점)할 필요충분조건은 $f^{(n)}$이 f로 점별수렴(정의 3.2.1의 관점)하는 것임을 보여라.

위상 $\mathcal{F}$는 **점별수렴위상**(topology of pointwise convergence) 혹은 **곱위상**(product topology)이라고도 한다. 이 사실은 점별수렴 개념을 위상공간에서 좀 더 일반적인 수렴성의 특별한 경우로 생각할 수 있음을 보여준다.

3.5 함수항 급수 : 바이어슈트라스 M-판정법

함수열에 대해 논의를 마쳤으니 이제부터 함수열의 무한급수 $\sum_{n=1}^{\infty} f_n$을 살펴보자. 여기서는 거리공간 (X, d_X)에서 (표준거리를 갖는) 실선 $\mathbb{R}$로 가는 함수 $f : X \to \mathbb{R}$에 집중한다. 이렇게 함수의 조건을 제한한 이유는 두 개의 실수를 더하는 방법은 알지만, 일반적인 거리공간 Y의 두 점을 더하는 방법을 모르기 때문이다. 공역이 $\mathbb{R}$인 함수를 **실숫값함수**(real-valued function)라고도 한다.

당연히 유한급수는 쉽다. X에서 $\mathbb{R}$로 가는 함수로 이루어진 임의의 유한집합 $f^{(1)}, \cdots, f^{(N)}$이 존재하면 유한급수 $\sum_{i=1}^{N} f^{(i)} : X \to \mathbb{R}$을 다음과 같이 정의할 수 있다.

$$\left(\sum_{i=1}^{N} f^{(i)}\right)(x) := \sum_{i=1}^{N} f^{(i)}(x)$$

EX 3.5.1 세 함수 $f^{(1)} : \mathbb{R} \to \mathbb{R}$, $f^{(2)} : \mathbb{R} \to \mathbb{R}$, $f^{(3)} : \mathbb{R} \to \mathbb{R}$이 각각 $f^{(1)}(x) := x$, $f^{(2)}(x) := x^2$, $f^{(3)}(x) := x^3$이라고 하자. 그러면 $f := \sum_{i=1}^{3} f^{(i)}$는 $f(x) := x + x^2 + x^3$으로 정의된 함수 $f : \mathbb{R} \to \mathbb{R}$이다.

유계함수의 유한급수가 유계라는 사실과 연속함수의 유한급수가 연속이라는 사실은 보이기 쉽다 (연습문제 1 참고).

이제 무한급수를 알아보자.

정의 3.5.2 무한급수

거리공간 (X, d_X)에 대해 X에서 $\mathbb{R}$로 가는 함수열 $(f^{(n)})_{n=1}^{\infty}$과 X에서 $\mathbb{R}$로 가는 다른 함수 f를 생각하자. 만약 부분합 $\sum_{n=1}^{N} f^{(n)}$이 $N \to \infty$일 때 X에서 f로 점별수렴한다면, 무한급수 $\sum_{n=1}^{\infty} f^{(n)}$은 f로 **점별수렴(converges pointwise)**한다고 하고 $f = \sum_{n=1}^{\infty} f^{(n)}$으로 표현한다. 또한 부분합 $\sum_{n=1}^{N} f^{(n)}$이 $N \to \infty$일 때 X에서 f로 균등수렴한다면, 무한급수 $\sum_{n=1}^{\infty} f^{(n)}$은 f로 **균등수렴(converges uniformly)**한다고 하고 $f = \sum_{n=1}^{\infty} f^{(n)}$으로 표현한다.[3]

---

3 따라서 $f = \sum_{n=1}^{\infty} f^{(n)}$이라는 표현을 보면 문맥에 따라 무한급수의 수렴이 어떤 유형인지 확인해야 한다.

참고 3.5.3 급수 $\sum_{n=1}^{\infty} f^{(n)}$이 X에서 f로 점별수렴할 필요충분조건은 모든 $x \in X$에 대해 $\sum_{n=1}^{\infty} f^{(n)}(x)$가 $f(x)$로 수렴하는 것이다. 따라서 $\sum_{n=1}^{\infty} f^{(n)}(x)$가 f로 점별수렴하지 않는다는 말이 점별로 발산함을 의미하지는 않는다. 단지 어떤 점 x에서는 수렴하지만 다른 점 x에서는 발산할 수 있다는 의미이다.

급수 $\sum_{n=1}^{\infty} f^{(n)}$이 f로 균등수렴하면 이 급수는 f로 점별수렴하지만 그 역은 성립하지 않는다. 다음 예를 살펴보자.

EX 3.5.4 $f^{(n)}(x) := x^n$으로 정의한 함수열 $f^{(n)}: (-1,1) \to \mathbb{R}$을 생각하자. 그러면 $\sum_{n=1}^{\infty} f^{(n)}$은 $\frac{x}{1-x}$로 점별수렴하지만 균등수렴하지는 않는다(3.2절 연습문제 2와 EX 3.5.8 참고).

급수 $\sum_{n=1}^{\infty} f^{(n)}$의 수렴성 판별이 항상 명확하지는 않다. 그러나 균등수렴에 관해 유용한 판별법이 적어도 하나 존재한다.

정의 3.5.5 상한노름(sup norm)

유계인 실숫값함수 $f : X \to \mathbb{R}$과 공집합이 아닌 집합 X를 생각하자. 그러면 f의 **상한노름** $\|f\|_\infty$를 다음과 같이 정의한다.

$$\|f\|_\infty := \sup\{|f(x)| : x \in X\}$$

다시 말해 $0 : X \to \mathbb{R}$이 영함수 $0(x) := 0$이고 정의 3.4.2에서 정의한 d_∞에 대해 $\|f\|_\infty = d_\infty(f, 0)$이다(그 이유는?). 만약 X가 공집합이면 $\|f\|_\infty := 0$으로 정의한다.

EX 3.5.6 $f(x) := 2x$로 정의한 함수 $f : (-2,1) \to \mathbb{R}$에 대해 $\|f\|_\infty = \sup\{|2x| : x \in (-2,1)\} = 4$이다(그 이유는?). f가 유계일 때 $\|f\|_\infty$는 항상 음이 아닌 실수임에 유의한다.

정리 3.5.7 바이어슈트라스 M-판정법(Weierstrass M-test)

거리공간 (X,d)에서 정의된 유계이며 연속인 실숫값함수열 $(f^{(n)})_{n=1}^{\infty}$을 생각하자. 만약 $\sum_{n=1}^{\infty} \|f^{(n)}\|_\infty$이 수렴하면 급수 $\sum_{n=1}^{\infty} f^{(n)}$은 X의 어떤 함수 f로 균등수렴하고 함수 f도 연속이다.

정리 3.5.7의 증명은 연습문제 2로 남긴다.

바이어슈트라스 M-판정법을 간단히 표현하면 상한노름의 절대수렴이 함수의 균등수렴을 의미한다고 이야기할 수 있다.

EX 3.5.8 실수 $0 < r < 1$에 대해 $f^{(n)}(x) := x^n$으로 정의한 함수열 $f^{(n)} : [-r, r] \to \mathbb{R}$을 생각하자. 각 $f^{(n)}$은 연속이고 유계이며 $\|f^{(n)}\|_\infty = r^n$이다(그 이유는?). 급수 $\sum_{n=1}^{\infty} r^n$이 절대수렴하므로[4] 급수 $\sum_{n=1}^{\infty} f^{(n)}$은 $[-r, r]$에서 어떤 연속함수로 균등수렴한다. 3.2절 연습문제 2(c)에 의해 이 함수는 $f(x) := \frac{x}{1-x}$로 정의한 함수 $f : [-r, r] \to \mathbb{R}$이다. 다시 말해 급수 $\sum_{n=1}^{\infty} x^n$은 점별수렴하지만 $(-1, 1)$에서 균등수렴하지 않는다. 그러나 $0 < r < 1$인 임의의 r에 대해 더 작은 구간 $[-r, r]$에서는 균등수렴한다.

바이어슈트라스 M-판정법은 다음 장에서 살펴볼 **멱급수**(power series)에서 특히 유용하게 사용된다.

3.5 연습문제

1. 거리공간 (X, d_X)에서 $\mathbb{R}$로 가는 유계함수의 유한수열 $f^{(1)}, \cdots, f^{(N)}$을 생각하자. $\sum_{i=1}^{N} f^{(i)}$도 유계임을 보여라. 그리고 '유계성'을 '연속성'으로 바꿔도 유사한 주장이 성립함을 증명하라. 만약 '연속성'을 '균등연속성'으로 바꾼다면 어떻게 될까?

2. 정리 3.5.7을 증명하라.

힌트 먼저 수열 $\sum_{i=1}^{N} f^{(i)}$가 $C(X \to \mathbb{R})$에서 코시 수열임을 보이고 정리 3.4.5를 사용한다.

4 예를 들어 『TAO 해석학 I』의 정리 7.5.1인 근 판정법을 사용하면 보일 수 있다.

3.6 균등수렴과 적분

이제 균등극한과 적분을 안전하게 교환할 수 있음을 보임으로써 균등수렴과 (『TAO 해석학 I』의 11장에서 논의한) 리만 적분을 연결한다.

정리 3.6.1 구간 $[a,b]$와 각 정수 $n \geq 1$에 대해 리만 적분가능한 함수열 $f^{(n)} : [a,b] \to \mathbb{R}$을 생각하자. $f^{(n)}$이 $[a,b]$에서 함수 $f : [a,b] \to \mathbb{R}$로 균등수렴한다고 가정하면, f도 리만 적분가능하고 다음이 성립한다.

$$\lim_{n\to\infty} \int_{[a,b]} f^{(n)} = \int_{[a,b]} f$$

증명

먼저 f가 $[a,b]$에서 리만 적분가능함을 보이자. 이 말은 f의 리만 상적분과 리만 하적분의 값이 같음을 보이는 것과 같다. 즉 $\underline{\int}_{[a,b]} f = \overline{\int}_{[a,b]} f$를 보인다.

$\varepsilon > 0$을 생각하자. $f^{(n)}$이 f로 균등수렴하므로, 수 $N > 0$이 존재하여 모든 $n > N$과 $x \in [a,b]$에 대해 $|f^{(n)}(x) - f(x)| < \varepsilon$을 만족한다. 특히 모든 $x \in [a,b]$에 대해 다음이 성립한다.

$$f^{(n)}(x) - \varepsilon < f(x) < f^{(n)}(x) + \varepsilon$$

$[a,b]$에서 위 식을 적분하면 다음을 얻는다.

$$\underline{\int}_{[a,b]} (f^{(n)} - \varepsilon) \leq \underline{\int}_{[a,b]} f \leq \overline{\int}_{[a,b]} f \leq \overline{\int}_{[a,b]} (f^{(n)} + \varepsilon)$$

$f^{(n)}$이 리만 적분가능하다고 가정했으므로 다음과 같다.

$$\left(\int_{[a,b]} f^{(n)}\right) - \varepsilon(b-a) \leq \underline{\int}_{[a,b]} f \leq \overline{\int}_{[a,b]} f \leq \left(\int_{[a,b]} f^{(n)}\right) + \varepsilon(b-a)$$

특히 다음이 성립한다.

$$0 \leq \overline{\int}_{[a,b]} f - \underline{\int}_{[a,b]} f \leq 2\varepsilon(b-a)$$

이 사실이 모든 $\varepsilon > 0$에 대해 참이므로 $\underline{\int}_{[a,b]} f = \overline{\int}_{[a,b]} f$가 성립한다.

지금까지의 논리에 따라 수 $N > 0$이 존재하여 모든 $\varepsilon > 0$과 모든 $n \geq N$에 대해 다음을 만족한다.

$$\left| \int_{[a,b]} f^{(n)} - \int_{[a,b]} f \right| \leq \varepsilon(b-a)$$

ε은 임의의 수이므로 $\int_{[a,b]} f^{(n)}$이 $\int_{[a,b]} f$로 수렴함을 확인할 수 있다. ■

정리 3.6.1을 다시 정리하자. 균등수렴성이 보장되면 극한과 적분의 순서는 (콤팩트 구간 $[a,b]$에서) 다음과 같이 교환가능하다.

$$\lim_{n\to\infty} \int_{[a,b]} f^{(n)} = \int_{[a,b]} \lim_{n\to\infty} f^{(n)}$$

이 사실은 EX 3.2.5와 『TAO 해석학 I』의 EX 1.2.9와 비교할 필요가 있다.

정리 3.6.1은 급수에 대해 다음과 같이 적용할 수 있다.

> **따름정리 3.6.2** 구간 $[a,b]$에 대해 $(f^{(n)})_{n=1}^{\infty}$이 $[a,b]$에서 리만 적분가능한 함수열이고 $\sum_{n=1}^{\infty} f^{(n)}$이 균등수렴한다고 하면 다음이 성립한다.
>
> $$\sum_{n=1}^{\infty} \int_{[a,b]} f^{(n)} = \int_{[a,b]} \sum_{n=1}^{\infty} f^{(n)}$$

따름정리 3.6.2의 증명은 연습문제 1로 남긴다.

따름정리 3.6.2는 특히 바이어슈트라스 $M-$판정법(정리 3.5.7)과 함께 잘 사용된다.

EX 3.6.3 간단하게 이해하기

『TAO 해석학 I』의 보조정리 7.3.3에서 $x \in (-1,1)$에 대해 다음과 같은 기하급수 항등식을 얻었다.

$$\sum_{n=1}^{\infty} x^n = \frac{x}{1-x}$$

이 급수는 $0 < r < 1$인 임의의 r에 대하여 바이어슈트라스 $M-$판정법에 의해 $[-r,r]$에서 균등수렴한다. 위 식의 양변에 1을 더하면 다음이 성립한다.

$$\sum_{n=0}^{\infty} x^n = \frac{1}{1-x}$$

위 급수도 균등수렴한다. 위 식을 $[0,r]$에서 적분하고 따름정리 3.6.2를 적용하면 다음을 얻는다.

$$\sum_{n=0}^{\infty} \int_{[0,r]} x^n \, dx = \int_{[0,r]} \frac{1}{1-x} \, dx$$

앞 식의 좌변은 $\sum_{n=0}^{\infty} \frac{r^{n+1}}{n+1}$ 이다. 만약 4.5절에서 보일 로그의 사용을 받아들인다면 $\frac{1}{1-x}$ 의 역도함수는 $-\log(1-x)$ 이다. 따라서 우변은 $-\log(1-r)$ 이다. 그러므로 모든 $0 < r < 1$ 에 대해 다음 공식을 얻을 수 있다.

$$-\log(1-r) = \sum_{n=0}^{\infty} \frac{r^{n+1}}{n+1}$$

3.6 연습문제

1. 정리 3.6.1을 이용하여 따름정리 3.6.2를 증명하라.

3.7 균등수렴과 미분

지금까지 균등수렴이 연속성, 극한, 적분과 잘 연관되어 있음을 살펴보았다. 이제 균등수렴이 미분과 어떤 관계가 있는지 알아보자.

생각해볼 수 있는 질문이 두 가지 있다. 만약 함수열 f_n 이 f 로 균등수렴하고 f_n 이 미분가능하면 f 도 미분가능할까? 그리고 f_n' 도 f' 으로 수렴할까?

먼저 두 번째 질문은 안타깝게도 성립하지 않는다. 이 질문에 대한 반례를 확인하기 위해 (4.7절에서 엄밀하게 정의할) 삼각함수에 관한 기본 사실을 증명 없이 사용한다. $f_n(x) := n^{-1/2} \sin(nx)$ 로 정의한 함수열 $f_n : [0, 2\pi] \to \mathbb{R}$ 과 영함수 $f(x) := 0$ 으로 정의한 함수 $f : [0, 2\pi] \to \mathbb{R}$ 을 생각하자. 그러면 $\sin$ 은 -1 에서 1 사이의 값을 가지므로 정의 3.4.2에서 정의한 균등거리 $d_\infty(f, g) := \sup_{x \in [0, 2\pi]} |f(x) - g(x)|$ 를 사용하여 $d_\infty(f_n, f) \le n^{-1/2}$ 을 얻는다. $n^{-1/2}$ 이 0으로 수렴하므로, 조임정리에 의해 f_n 이 f 로 균등수렴한다. 반면에 $f_n'(x) = n^{1/2} \cos(nx)$ 이고 $|f_n'(0) - f'(0)| = n^{1/2}$ 이므로, f_n' 은 f' 으로 점별수렴하지 않는다. 따라서 f_n' 은 f' 으로 균등수렴하지도 않는다. 그러므로 다음과 같다.

$$\frac{d}{dx} \lim_{n \to \infty} f_n(x) \neq \lim_{n \to \infty} \frac{d}{dx} f_n(x)$$

사실 첫 번째 질문도 성립하지 않는다. 반례는 $f_n(x) := \sqrt{\frac{1}{n^2} + x^2}$ 으로 정의한 함수 $f_n : [-1, 1] \to \mathbb{R}$이다. 이 함수는 미분가능하다(그 이유는?). 또한 모든 $x \in [-1, 1]$에 대해 다음이 성립함을 쉽게 확인할 수 있다(그 이유는? 양변을 제곱하라).

$$|x| \le f_n(x) \le |x| + \frac{1}{n}$$

따라서 조임정리에 의해 f_n은 절댓값함수 $f(x) := |x|$로 균등수렴한다. 그러나 함수 $f(x)$는 0에서 미분불가능하다(그 이유는?). 따라서 미분가능한 함수의 균등극한은 미분가능하지 않다(『TAO 해석학 I』의 EX 1.2.10 참고).

요약하면 함수 f_n이 균등수렴하다고 해서 도함수 f'_n이 수렴하지는 않는다. 그러나 그 역은 f_n이 적어도 하나의 점에서 수렴하면 참이다.

정리 3.7.1 구간 $[a, b]$와 각 정수 $n \ge 1$에 대해 $f_n : [a, b] \to \mathbb{R}$을 연속인 도함수 $f'_n : [a, b] \to \mathbb{R}$을 갖는 미분가능한 함수라고 하자. 도함수 f'_n이 함수 $g : [a, b] \to \mathbb{R}$로 균등수렴하고, 극한 $\lim_{n\to\infty} f_n(x_0)$가 어떤 점 x_0에서 존재한다고 가정하자. 그러면 함수 f_n은 미분가능한 함수 f로 균등수렴하고, f의 도함수는 g와 같다.

정리 3.7.1은 'f'_n이 균등수렴하고 $f_n(x_0)$가 어떤 x_0에서 수렴하면 f_n도 균등수렴하고, $\frac{d}{dx} \lim_{n\to\infty} f_n(x) = \lim_{n\to\infty} \frac{d}{dx} f_n(x)$가 성립한다'고 간단히 이야기할 수 있다.

증명

증명의 앞 부분만 여기서 다루고 나머지 부분은 연습문제 1로 남긴다.

f'_n이 연속이므로 미분적분학의 기본정리(『TAO 해석학 I』의 정리 11.9.4)에 의해 $x \in [x_0, b]$에 대해 다음과 같다.

$$f_n(x) - f_n(x_0) = \int_{[x_0, x]} f'_n$$

그리고 $x \in [a, x_0]$에 대해 다음이 성립한다.

$$f_n(x) - f_n(x_0) = -\int_{[x, x_0]} f'_n$$

$n \to \infty$일 때 $f_n(x_0)$의 극한 L이 다음과 같다고 하자.

$$L := \lim_{n\to\infty} f_n(x_0)$$

가정에 의해 L은 존재한다. f'_n이 $[a, b]$에서 연속이고 f'_n이 g로 균등수렴하므로, 따름정리 3.3.2에 의해 g도 연속이다.

이제 함수 $f : [a,b] \to \mathbb{R}$을 모든 $x \in [a,b]$에 대해 다음과 같이 정의하자.

$$f(x) := L - \int_{[a,x_0]} g + \int_{[a,x]} g$$

증명을 마무리하기 위해 f_n이 f로 균등수렴하고 f가 도함수 g를 갖는 미분가능한 함수임을 보여야 한다. 이 과정은 연습문제 1에서 확인한다. ■

참고 3.7.2 정리 3.7.1은 f_n'이 연속이라고 가정하지 않아도 여전히 참이다. 그러나 증명이 더 복잡해진다. 연습문제 2를 참고하자.

바이어슈트라스 $M-$판정법과 정리 3.7.1을 결합하면 다음을 얻을 수 있다.

따름정리 3.7.3 구간 $[a,b]$와 각 정수 $n \geq 1$에 대해 $f_n : [a,b] \to \mathbb{R}$이 연속인 도함수 $f_n' : [a,b] \to \mathbb{R}$을 갖는 미분가능한 함수라고 하자. 급수 $\sum_{n=1}^{\infty} \|f_n'\|_\infty$은 절대수렴한다고 가정하자. 이때 다음과 같이 정의 3.5.5에서 정의한 f_n'의 상한노름을 사용한다.

$$\|f_n'\|_\infty := \sup_{x\in[a,b]} |f_n'(x)|$$

또한 어떤 $x_0 \in [a,b]$에 대해 급수 $\sum_{n=1}^{\infty} f_n(x_0)$가 수렴한다고 가정하자. 그러면 급수 $\sum_{n=1}^{\infty} f_n$은 $[a,b]$에서 미분가능한 함수로 균등수렴하고, 모든 $x \in [a,b]$에 대해 다음이 성립한다.

$$\frac{d}{dx}\sum_{n=1}^{\infty} f_n(x) = \sum_{n=1}^{\infty} \frac{d}{dx} f_n(x)$$

따름정리 3.7.3의 증명은 연습문제 3으로 남긴다.

이제 모든 곳에서 연속이지만 모든 곳에서 미분불가능한 함수의 예[5]를 제시하면서 이 절을 마무리한다. 이 예에서는 4.7절에서 엄밀하게 다룰 삼각함수에 대한 지식이 미리 필요하다.

EX 3.7.4 다음과 같은 함수 $f : \mathbb{R} \to \mathbb{R}$을 생각하자.

$$f(x) := \sum_{n=1}^{\infty} 4^{-n} \cos(32^n \pi x)$$

이 급수는 바이어슈트라스 $M-$판정법에 의해 균등수렴하고, 각 함수 $4^{-n}\cos(32^n \pi x)$가 연속이므로 f도 연속이다. 그러나 이 함수는 미분불가능하다(4.7절 연습문제 10 참고). 사실 이 함수는 모든 점에서 연속이지만 **모든** 점에서 **미분불가능한 함수**이다.

---

5 이 예는 바이어슈트라스가 발견하였다.

3.7 연습문제

1. 정리 3.7.1의 증명을 마무리하라. 이 정리를 『TAO 해석학 I』의 EX 1.2.10과 비교하고 이 예가 왜 정리 3.7.1에 모순되지 않는지 설명하라.

2. f_n'이 연속이라는 가정을 하지 않고 정리 3.7.1을 증명하라. 이 말은 증명에 미분적분학의 기본정리를 사용할 수 없음을 의미한다. 그러나 평균값정리(『TAO 해석학 I』의 따름정리 10.2.9)는 여전히 사용할 수 있다. 평균값정리를 이용하여 모든 $x \in [a, b]$에 대해 $\sup_{x\in[a,b]} |f_n'(x) - f_m'(x)| \leq \varepsilon$이면 $|(f_n(x) - f_m(x)) - (f_n(x_0) - f_m(x_0))| \leq \varepsilon|x - x_0|$가 성립함을 보여라. 그리고 이 결과를 이용하여 정리 3.7.1의 증명을 마무리하라.

3. 따름정리 3.7.3을 증명하라.

3.8 다항식의 균등근사

연속함수는 매우 나쁜 특징을 가질 수 있다. 예를 들어 3.7절에서 살펴본 것처럼 연속함수는 모든 곳에서 미분불가능할 수 있다(EX 3.7.4 참고). 반면에 다항식 같은 함수는 항상 미분가능하다는 매우 좋은 특징을 갖는다. 대부분의 연속함수는 다항식처럼 좋은 특징을 갖지 않지만 다행히도 항상 다항식에 의해 균등근사가 가능하다. 중요하지만 어려운 이 결과가 이번 절에서 다룰 주제인 바이어슈트라스 근사정리이다.

정의 3.8.1 다항식(polynomial)
구간 $[a, b]$에 대해 $n \geq 0$이 정수이고 $c_0, \cdots, c_n$이 실수일 때, $[a, b]$ 위의 **다항식**은 $f(x) := \sum_{j=0}^{n} c_j x^j$ 형태인 함수 $f : [a.b] \to \mathbb{R}$이다. 만약 $c_n \neq 0$이면 n을 f의 **차수(degree)**라고 한다.

EX 3.8.2 $f(x) := 3x^4 + 2x^3 - 4x + 5$로 정의한 함수 $f : [1,2] \to \mathbb{R}$은 $[1,2]$에서 차수가 4인 다항식이다.

정리 3.8.3 바이어슈트라스 근사정리(Weierstrass approximation theorem)

유한구간 $[a,b]$에서 정의된 연속함수 $f : [a,b] \to \mathbb{R}$이 있다고 하자. 임의의 $\varepsilon > 0$에 대해 다항식 $P : [a,b] \to \mathbb{R}$이 존재하여 $d_\infty(P,f) \le \varepsilon$을 만족한다(즉 모든 $x \in [a,b]$에 대해 $|P(x) - f(x)| \le \varepsilon$이 성립한다).

이 정리를 설명하는 또 다른 방법을 살펴보자. 균등거리 d_∞를 가지며 $[a,b]$에서 $\mathbb{R}$로 가는 연속함수의 공간이 $C([a,b] \to \mathbb{R})$임을 기억하자. $P([a,b] \to \mathbb{R})$을 $[a,b]$ 위의 모든 다항식의 공간이라고 하자. 그러면 모든 다항식은 연속이므로(『TAO 해석학 I』의 9.4절 연습문제 7 참고) 공간 $P([a,b] \to \mathbb{R})$은 $C([a,b] \to \mathbb{R})$의 부분공간이다. 바이어슈트라스 근사정리는 모든 연속함수가 $P([a,b] \to \mathbb{R})$의 밀착점임을 주장한다. 다시 말해 다음과 같이 다항식의 공간의 폐포가 연속함수의 공간이다.

$$\overline{P([a,b] \to \mathbb{R})} = C([a,b] \to \mathbb{R})$$

특히 $[a,b]$ 위의 모든 연속함수는 다항식의 균등극한이다. 즉 다항식의 공간은 **균등한 위상**(uniform topology)을 갖는 연속함수의 공간에서 **조밀**(dense)하다.

바이어슈트라스 근사정리에 대한 증명은 다소 복잡하여 단계적으로 수행해야 한다. 먼저 콤팩트 지지함수와 항등원으로의 근사라는 개념이 필요하다.

정의 3.8.4 콤팩트 지지함수(compactly supported function)

구간 $[a,b]$에 대해 함수 $f : \mathbb{R} \to \mathbb{R}$이 **$[a,b]$에서 지지함수(supported function)**일 필요충분조건은 $x \notin [a,b]$인 모든 x에 대해 $f(x) = 0$인 것이다. f가 **콤팩트 지지함수**일 필요충분조건은 f가 어떤 구간 $[a,b]$에서 지지함수인 것이다. 만약 f가 연속이고 $[a,b]$에서 지지함수이면 이상적분 $\int_{-\infty}^{\infty} f$를 $\int_{-\infty}^{\infty} f := \int_{[a,b]} f$로 정의한다.

함수는 둘 이상의 구간에서 지지함수일 수 있다. 예를 들어 $[3,4]$에서의 지지함수는 자동으로 $[2,5]$에서도 지지함수이다(그 이유는?). 원칙적으로 이 말은 $\int_{-\infty}^{\infty} f$가 잘 정의되지 않음을 의미할 수 있지만 실제로는 그렇지 않다. 다음 보조정리를 통해 확인하자.

보조정리 3.8.5 $f:\mathbb{R}\to\mathbb{R}$이 연속이고 구간 $[a,b]$에서 지지함수이며 다른 구간 $[c,d]$에서도 지지함수라고 가정하자. 그러면 $\int_{[a,b]} f = \int_{[c,d]} f$이다.

보조정리 3.8.5의 증명은 연습문제 1로 남긴다.

정의 3.8.6 항등원으로의 근사(approximation to the identity)

$\varepsilon > 0$, $0 < \delta < 1$일 때, 함수 $f:\mathbb{R}\to\mathbb{R}$이 다음 세 가지 조건을 만족하면 f를 (ε,δ)–**항등원으로의 근사**라고 한다.

(a) f는 $[-1,1]$에서 지지함수이고, 모든 $-1 \le x \le 1$에 대해 $f(x) \ge 0$이다.

(b) f는 연속이고 $\int_{-\infty}^{\infty} f = 1$이다.

(c) 모든 $\delta \le |x| \le 1$에 대해 $|f(x)| \le \varepsilon$이다.

참고 3.8.7 디랙 델타 함수(Dirac delta function)가 익숙하다면 항등원으로의 근사는 (매우 불연속적인) 델타 함수를 (해석학에서 다루기 쉬운) 연속함수로 근사화하는 방법으로 보일 것이다. 그러나 이 책에서는 디랙 델타 함수를 다루지 않는다.

바이어슈트라스 근사정리는 세 가지 중요한 사실에 기반한다. 첫 번째 사실은 다항식이 항등원으로의 근사가 될 수 있다는 것이다.

보조정리 3.8.8 다항식의 항등원으로의 근사

임의의 $\varepsilon > 0$과 $0 < \delta < 1$에 대해 $[-1,1]$ 위의 다항식 P의 (ε,δ)–항등원으로의 근사가 존재한다.

보조정리 3.8.8의 증명은 연습문제 2로 남긴다.

연속함수를 다항식으로 근사하기 위해 다항식의 항등원으로의 근사를 사용한다. 이를 위해 중요한 개념인 합성곱이 필요하다.

정의 3.8.9 합성곱(convolution)

연속인 콤팩트 지지함수 $f:\mathbb{R}\to\mathbb{R}$과 $g:\mathbb{R}\to\mathbb{R}$을 생각하자. 이때 f와 g의 **합성곱** $f*g:\mathbb{R}\to\mathbb{R}$을 다음과 같은 함수로 정의한다.

$$(f*g)(x) := \int_{-\infty}^{\infty} f(y)g(x-y)\,dy$$

만약 f와 g가 연속인 콤팩트 지지함수이면 각 x에 대해 (y를 변수로 갖는) 함수 $f(y)g(x-y)$도 연속인 콤팩트 지지함수이므로 정의 3.8.9가 성립함에 문제가 없다.

참고 3.8.10 합성곱은 푸리에 해석학과 편미분방정식(PDE)에서 중요한 역할을 하고 물리학, 공학, 신호 처리 이론에서도 중요한 역할을 한다. 합성곱에 대한 더 자세한 내용은 이 책의 범위를 넘어서므로 여기서는 간단한 성질만 살펴본다.

명제 3.8.11 합성곱의 기본 성질

연속인 콤팩트 지지함수 $f:\mathbb{R}\to\mathbb{R}$, $g:\mathbb{R}\to\mathbb{R}$, $h:\mathbb{R}\to\mathbb{R}$에 대해 다음 명제들은 참이다.

(a) 합성곱 $f*g$도 연속인 콤팩트 지지함수이다.

(b) **합성곱의 교환법칙** : $f*g=g*f$

(c) **합성곱의 선형성** : $f*(g+h)=f*g+f*h$이다. 또한 임의의 실수 c에 대해 $f*(cg)=(cf)*g=c(f*g)$이다.

명제 3.8.11의 증명은 연습문제 4로 남긴다.

참고 3.8.12 합성곱은 결합법칙 $(f*g)*h=f*(g*h)$를 만족하고, f와 g가 미분가능할 때 도함수의 교환법칙 $(f*g)'=f'*g=f*g'$을 만족하는 등 몇 가지 중요한 성질을 갖는다. 앞에서 언급한 디랙 델타 함수 δ는 합성곱에서의 항등원이다. 즉 $f*\delta=\delta*f=f$이다. 이 결과는 명제 3.8.11보다 증명하기 어려우며 이 책에서 사용하지는 않는다.

이미 언급했듯이 바이어슈트라스 근사정리의 증명에는 세 가지 사실이 필요하다. 두 번째 사실은 다항식의 합성곱이 다른 다항식을 만든다는 것이다.

보조정리 3.8.13 $[0,1]$에서 지지함수인 연속함수 $f:\mathbb{R}\to\mathbb{R}$과 $[-1,1]$에서 지지함수이고 연속함수인 다항식 $g:\mathbb{R}\to\mathbb{R}$을 생각하자. 그러면 $f*g$는 $[0,1]$ 위의 다항식이다(그러나 $[0,1]$의 외부에서는 다항식이 아닐 수도 있다).

증명

g가 $[-1,1]$에서 다항식이므로 다음을 만족하는 정수 $n\geq 0$과 실수 $c_0, c_1, \cdots, c_n$을 찾을 수 있다.

$$\text{모든 } x\in[-1,1]\text{에 대해 } g(x)=\sum_{j=0}^{n} c_j x^j$$

반면에 f가 $[0,1]$에서 지지함수이므로 각 $x\in[0,1]$에 대해 다음이 성립한다.

$$f*g(x)=\int_{-\infty}^{\infty} f(y)g(x-y)\,dy=\int_{[0,1]} f(y)g(x-y)\,dy$$

$x\in[0,1]$이고 적분변수 y도 $[0,1]$ 위에 있으므로 $x-y\in[-1,1]$이다.

따라서 앞의 식을 g에 대해 치환하면 다음을 얻는다.

$$f * g(x) = \int_{[0,1]} f(y) \sum_{j=0}^{n} c_j (x-y)^j \, dy$$

이항정리(『TAO 해석학 I』의 7.1절 연습문제 4)를 사용하여 위 식을 전개하면 다음과 같다.

$$f * g(x) = \int_{[0,1]} f(y) \sum_{j=0}^{n} c_j \sum_{k=0}^{j} \frac{j!}{k!(j-k)!} x^k (-y)^{j-k} \, dy$$

『TAO 해석학 I』의 따름정리 7.1.14를 이용해 두 개의 합을 교환하면 다음을 얻는다.

$$f * g(x) = \int_{[0,1]} f(y) \sum_{k=0}^{n} \sum_{j=k}^{n} c_j \frac{j!}{k!(j-k)!} x^k (-y)^{j-k} \, dy$$

여기서 합의 극한이 교환가능한 이유는 무엇인가? 이 사실을 확인하기 위해 그래프에 j와 k의 점을 찍어보면 도움된다. 이제 k에 대한 합의 기호와 적분 기호를 교환하면 x^k이 y와 독립적임을 확인할 수 있으므로 다음을 얻는다.

$$f * g(x) = \sum_{k=0}^{n} x^k \int_{[0,1]} f(y) \sum_{j=k}^{n} c_j \frac{j!}{k!(j-k)!} (-y)^{j-k} \, dy$$

만약 각 $k = 0, \cdots, n$에 대해

$$C_k := \int_{[0,1]} f(y) \sum_{j=k}^{n} c_j \frac{j!}{k!(j-k)!} (-y)^{j-k} \, dy$$

로 정의하면 C_k는 x와 독립적인 수이므로, 모든 $x \in [0,1]$에 대해 다음을 얻는다.

$$f * g(x) = \sum_{k=0}^{n} C_k x^k$$

따라서 $f * g$는 $[0,1]$ 위의 다항식이다. ■

바이어슈트라스 근사정리의 증명에 필요한 세 번째 사실은 항등원으로의 근사를 가진 균등연속함수의 합성곱의 계산 결과가 원래 함수와 근접한[6] 새로운 함수를 만들어낸다는 것이다.

보조정리 3.8.14 $f : \mathbb{R} \to \mathbb{R}$이 $[0,1]$에서 지지함수인 연속함수이며, 어떤 $M > 0$에 의해 유계라고 하자(즉 모든 $x \in \mathbb{R}$에 대해 $|f(x)| \le M$이다). 또한 $\varepsilon > 0$이고 $0 < \delta < 1$일 때, 함수 f가 $|x-y| < \delta$인 각 $x, y \in \mathbb{R}$에 대해 $|f(x) - f(y)| < \varepsilon$을 만족한다고 하자. g는 임의의 (ε, δ)–항등원으로의 근사이다. 그러면 모든 $x \in [0,1]$에 대해 다음이 성립한다.

$$|f * g(x) - f(x)| \le (1 + 4M)\varepsilon$$

6 '원래 함수와 근접하다'는 말은 '항등원으로의 근사'라는 용어로 설명할 수 있다.

보조정리 3.8.14의 증명은 연습문제 6으로 남긴다.

보조정리 3.8.8과 보조정리 3.8.13과 보조정리 3.8.14를 종합하면 바이어슈트라스 근사정리의 기본 버전을 얻을 수 있다.

> **따름정리 3.8.15 바이어슈트라스 근사정리 I**
> $[0, 1]$에서 지지함수인 연속함수 $f : \mathbb{R} \to \mathbb{R}$을 생각하자. 그러면 모든 $\varepsilon > 0$에 대해 $[0, 1]$ 위의 다항식인 함수 $P : \mathbb{R} \to \mathbb{R}$이 존재하여 모든 $x \in [0, 1]$에서 $|P(x) - f(x)| \leq \varepsilon$을 만족한다.

따름정리 3.8.15의 증명은 연습문제 7로 남긴다.

이제 몇 가지 과정을 수정하여 따름정리 3.8.15를 실제 바이어슈트라스 근사정리로 변환한다. 먼저 다음의 간단한 보조정리가 필요하다.

> **보조정리 3.8.16** $f : [0, 1] \to \mathbb{R}$을 $[0, 1]$의 경계에서 값이 0인(즉 $f(0) = f(1) = 0$인) 연속함수라고 하자. 또한 $F : \mathbb{R} \to \mathbb{R}$을 $x \in [0, 1]$에서 $F(x) := f(x)$이고 $x \notin [0, 1]$에서 $F(x) := 0$인 함수라고 하자. 그러면 F는 연속이다.

보조정리 3.8.16의 증명은 연습문제 9로 남긴다.

참고 3.8.17 보조정리 3.8.16에서 얻은 함수 F는 f**를 0으로 확장한 함수**(extension of f by zero)라고도 한다.

따름정리 3.8.15와 보조정리 3.8.16을 이용하면 다음을 얻을 수 있다.

> **따름정리 3.8.18 바이어슈트라스 근사정리 II**
> $f : [0, 1] \to \mathbb{R}$을 $f(0) = f(1) = 0$인 연속함수라고 하자. 모든 $\varepsilon > 0$에 대해 다항식 $P : [0, 1] \to \mathbb{R}$이 존재하여 $x \in [0, 1]$에서 $|P(x) - f(x)| \leq \varepsilon$을 만족한다.

이제 따름정리 3.8.18에서 $f(0) = f(1) = 0$이라는 가정을 제거하여 정리를 좀 더 강화한다.

> **따름정리 3.8.19 바이어슈트라스 근사정리 III**
> $f : [0, 1] \to \mathbb{R}$을 연속함수라 하자. 그러면 모든 $\varepsilon > 0$에 대해 다항식 $P : [0, 1] \to \mathbb{R}$이 존재하여 모든 $x \in [0, 1]$에서 $|P(x) - f(x)| \leq \varepsilon$을 만족한다.

증명

다음과 같은 함수 $F : [0,1] \to \mathbb{R}$을 생각하자.

$$F(x) := f(x) - f(0) - x(f(1) - f(0))$$

그러면 F도 연속함수이고(그 이유는?) $F(0) = F(1) = 0$이다. 따름정리 3.8.18에 의해 모든 $x \in [0,1]$에 대하여 $|Q(x) - F(x)| \le \varepsilon$을 만족하는 다항식 $Q : [0,1] \to \mathbb{R}$을 찾을 수 있다. 그러나

$$Q(x) - F(x) = Q(x) + f(0) + x(f(1) - f(0)) - f(x)$$

이므로 다항식 P를 $P(x) := Q(x) + f(0) + x(f(1) - f(0))$이라고 하면 증명이 끝난다. ■

끝으로 바이어슈트라스 근사정리의 완성인 정리 3.8.3을 증명한다.

정리 3.8.3의 증명

$[a,b]$에서 연속인 함수 $f : [a,b] \to \mathbb{R}$과 다음과 같은 함수 $g : [0,1] \to \mathbb{R}$을 생각하자.

$$\text{모든 } x \in [0,1]\text{에 대해 } g(x) := f(a + (b-a)x)$$

그러면 다음과 같다.

$$\text{모든 } y \in [a,b]\text{에 대해 } f(y) = g((y-a)/(b-a))$$

함수 g는 $[0,1]$에서 연속이고(그 이유는?) 따름정리 3.8.19에 의해 모든 $x \in [0,1]$에 대하여 $|Q(x) - g(x)| \le \varepsilon$을 만족하는 다항식 $Q : [0,1] \to \mathbb{R}$을 찾을 수 있다. 특히 모든 $y \in [a,b]$에 대해 다음을 얻는다.

$$|Q((y-a)/(b-a)) - g((y-a)/(b-a))| \le \varepsilon$$

$P(y) := Q((y-a)/(b-a))$로 설정하면 P도 다항식임을 확인할 수 있고(그 이유는?), 모든 $y \in [a,b]$에 대해 $|P(y) - f(y)| \le \varepsilon$이 성립하므로 증명을 마칠 수 있다. ■

참고 3.8.20 바이어슈트라스 근사정리는 유계구간 $[a,b]$에서만 성립함에 주의한다. 따라서 $\mathbb{R}$에서 연속인 함수는 다항식으로 균등근사할 수 없다. 예를 들어 $f(x) := e^x$으로 정의한 지수함수 $f : \mathbb{R} \to \mathbb{R}$을 생각하자(이 함수는 4.5절에서 엄밀히 정의한다). 이 지수함수는 임의의 다항식보다 빠르게 증가하므로(4.5절 연습문제 9 참고) 어떤 다항식으로도 근사할 수 없다. 따라서 f와 다항식 사이의 상한거리는 유한하게 만들 수 없다.

참고 3.8.21 바이어슈트라스 근사정리를 더 고차원으로 확장해 일반화할 수 있다. 만약 K가 (유클리드거리 d_{l^2}를 갖는) $\mathbb{R}^n$의 임의의 콤팩트 부분집합이고 $f : K \to \mathbb{R}$이 연속함수이면, 모든 $\varepsilon > 0$에 대해 n변수 $x_1, \cdots, x_n$에 대한 다항식 $P : K \to \mathbb{R}$이 존재하여 $d_\infty(f, P) < \varepsilon$을 만족한다. 일반화한 정리는 지금까지 살펴본 논증보다 더 복잡한 과정으로 증명할 수 있지만 여기서 다루지는 않는다. 사실 바이어슈트라스 근사정리의 더 일반적인 정리는 임의의 거리공간에서 적용 가능한 **스톤-바이어슈트라스 정리**(Stone-Weierstrass theorem)이지만 이 정리는 이 책의 범위를 넘어선다.

3.8 연습문제

1. 보조정리 3.8.5를 증명하라.

2. 다음 물음에 답하라.

(a) 임의의 실수 $0 \le y \le 1$과 자연수 $n \ge 0$에 대해 $(1-y)^n \ge 1-ny$임을 증명하라.

힌트 n에 관한 귀납법을 사용하거나 y에 대해 미분한다.

(b) $\int_{-1}^{1} (1-x^2)^n \, dx \ge \frac{1}{\sqrt{n}}$임을 보여라.

힌트 $|x| \le \frac{1}{\sqrt{n}}$에 대해 (a)를 사용한다. 그리고 $|x| \ge \frac{1}{\sqrt{n}}$에 대해 $(1-x^2)$이 양수인 사실을 사용한다. 삼각치환법을 사용할 수 있지만 정확히 무엇을 하는지 모른다면 사용하길 추천하지 않는다.

(c) 보조정리 3.8.8을 증명하라.

힌트 $f(x)$를 $x \in [-1,1]$에 대해 $c(1-x^2)^N$이라 하고 $x \notin [-1,1]$에 대해 0이라 한다. 이때 N은 큰 수이고 c는 f의 적분이 1이 되도록 선택하며 (b)의 결과를 사용한다.

3. 연속인 콤팩트 지지함수 $f : \mathbb{R} \to \mathbb{R}$을 생각하자. f가 유계이고 균등연속임을 보여라.

힌트 아이디어는 명제 2.3.2와 정리 2.3.5를 사용하는 것이다. 그러나 f의 정의역 $\mathbb{R}$이 콤팩트가 아니라는 문제를 먼저 다루어야 한다.

4. 명제 3.8.11을 증명하라.

힌트 $f * g$가 연속임을 보이고 연습문제 3을 사용한다.

5. 연속인 콤팩트 지지함수 $f : \mathbb{R} \to \mathbb{R}$과 $g : \mathbb{R} \to \mathbb{R}$을 생각하자. f가 구간 $[0,1]$에서 지지함수이고 g가 구간 $[0,2]$에서 상수함수라고 가정하자(즉 모든 $x \in [0,2]$에 대해 실수 c가 존재하여 $g(x) = c$를 만족한다). 합성곱 $f * g$가 구간 $[1,2]$에서 상수함수임을 보여라.

6. 다음 물음에 답하라.

(a) g를 (ε, δ)–항등원으로의 근사라고 할 때, $1 - 2\varepsilon \le \int_{[-\delta,\delta]} g \le 1$임을 보여라.

(b) 보조정리 3.8.14를 증명하라.

힌트 다음과 같은 항등식에서 시작한다.

$$\begin{aligned} f * g(x) &= \int f(x-y)g(y)\,dy \\ &= \int_{[-\delta,\delta]} f(x-y)g(y)\,dy + \int_{[\delta,1]} f(x-y)g(y)\,dy \\ &\quad + \int_{[-1,-\delta]} f(x-y)g(y)\,dy \end{aligned}$$

아이디어는 첫 번째 적분이 $f(x)$로 근사하며 두 번째와 세 번째 적분이 매우 작음을 보이는 것이다. 전자의 과제를 달성하기 위해 (a)와, $f(x)$와 $f(x-y)$ 사이의 거리가 ε보다 작다는 사실을 사용한다. 후자의 과제를 달성하기 위해 정의 3.8.6의 항등원으로의 근사에 대한 성질 (c)를 사용하고, f가 유계인 사실도 사용한다.

7. 따름정리 3.8.15를 증명하라.

힌트 연습문제 3, 보조정리 3.8.8, 보조정리 3.8.13, 보조정리 3.8.14를 조합한다.

8. $f : [0,1] \to \mathbb{R}$을 연속함수라 하고 모든 음이 아닌 정수 $n = 0, 1, 2, \cdots$에 대해 $\int_{[0,1]} f(x)x^n\,dx = 0$이라고 가정하자. f가 영함수 $f \equiv 0$임을 보여라.

힌트 먼저 모든 다항식 P에 대해 $\int_{[0,1]} f(x)P(x)\,dx = 0$임을 보인다. 그리고 바이어슈트라스 근사정리를 사용해 $\int_{[0,1]} f(x)f(x)\,dx = 0$임을 보인다.

9. 보조정리 3.8.16을 증명하라.

4

멱급수
Power series

4.1 형식적 멱급수

지금부터 함수항 급수의 중요한 하위분야인 **멱급수**(power series)에 대해 알아본다. 이번 절에서는 멱급수의 형식적 개념을 먼저 소개하고, 다음 절에서 멱급수가 의미 있는 함수로 수렴하는 경우와 급수로부터 얻은 함수가 갖는 특징에 대해 설명한다.

정의 4.1.1 형식적 멱급수(formal power series)

실수 a를 생각하자. a 근방에서의 **형식적 멱급수**는 x에 의존하지 않는 실수 수열 $c_0, c_1, \cdots$ 에 대해 다음과 같은 형태의 임의의 급수이다.

$$\sum_{n=0}^{\infty} c_n(x-a)^n$$

이때 c_n을 멱급수의 n **번째 계수**(n^{th} **coefficient**)라고 한다. 멱급수의 각 항 $c_n(x-a)^n$은 실수 x에 관한 함수임에 유의한다.

EX 4.1.2 급수 $\sum_{n=0}^{\infty} n!(x-2)^n$ 은 2 근방에서의 형식적 멱급수이다. 급수 $\sum_{n=0}^{\infty} 2^x(x-3)^n$ 은 계수 2^x 이 x에 의존하므로 형식적 멱급수가 아니다.

멱급수에 **형식적**이라는 말을 추가한 이유는 이 급수가 임의의 x에서 수렴한다고 가정하지 않았기 때문이다. 그러나 이 급수가 $x = a$일 때는 자동으로 수렴한다고 보장할 수 있다(그 이유는?). 일반적으로 x가 a에 가까워질수록 급수가 수렴할 가능성이 더 높다. 이 결과를 좀 더 정확히 설명하기 위해 다음 정의가 필요하다.

정의 4.1.3 수렴반경(radius of convergence)

형식적 멱급수 $\sum_{n=0}^{\infty} c_n(x-a)^n$ 을 생각하자. 이 급수의 **수렴반경** R은 다음과 같이 정의한다.

$$R := \frac{1}{\limsup_{n\to\infty} |c_n|^{1/n}}$$

이때 $\frac{1}{0} = +\infty$와 $\frac{1}{+\infty} = 0$이라는 관습을 자연스럽게 받아들인다.

참고 4.1.4 각 $|c_n|^{1/n}$ 은 음수가 아니다. 따라서 극한 $\limsup_{n\to\infty}|c_n|^{1/n}$ 은 0부터 $+\infty$의 값만 가질 수 있다. 그러므로 R도 0부터 $+\infty$의 값만 가질 수 있다(이 값이 항상 유한할 필요는 없다). $|c_n|^{1/n}$ 이 수렴하지 않아도 임의의 수열의 상극한은 언제나 존재하므로[1] 수렴반경은 항상 존재함에 유의한다.

EX 4.1.5 급수 $\sum_{n=0}^{\infty} n(-2)^n(x-3)^n$ 의 수렴반경은 다음과 같다.

$$\frac{1}{\limsup_{n\to\infty} |n(-2)^n|^{1/n}} = \frac{1}{\limsup_{n\to\infty} 2n^{1/n}} = \frac{1}{2}$$

급수 $\sum_{n=0}^{\infty} 2^{n^2}(x+2)^n$ 의 수렴반경은 다음과 같다.

$$\frac{1}{\limsup_{n\to\infty} |2^{n^2}|^{1/n}} = \frac{1}{\limsup_{n\to\infty} 2^n} = \frac{1}{+\infty} = 0$$

급수 $\sum_{n=0}^{\infty} 2^{-n^2}(x+2)^n$ 의 수렴반경은 다음과 같다.

$$\frac{1}{\limsup_{n\to\infty} |2^{-n^2}|^{1/n}} = \frac{1}{\limsup_{n\to\infty} 2^{-n}} = \frac{1}{0} = +\infty$$

수렴반경은 다음과 같은 의미를 갖는다.

정리 4.1.6 형식적 멱급수 $\sum_{n=0}^{\infty} c_n(x-a)^n$ 과 이 급수의 수렴반경 R을 생각하자. (c)~(e)에서는 $R > 0$이라고 가정한다. 즉 이때 급수는 $x = a$가 아닌 점에서 적어도 한 번 수렴한다. 또한 $f : (a-R, a+R) \to \mathbb{R}$을 $f(x) := \sum_{n=0}^{\infty} c_n(x-a)^n$ 으로 정의하자.[2]

(a) **수렴반경 밖에서는 발산한다** : $x \in \mathbb{R}$이 $|x-a| > R$을 만족하면 급수 $\sum_{n=0}^{\infty} c_n(x-a)^n$ 은 x에 대해 발산한다.

(b) **수렴반경 안에서는 수렴한다** : $x \in \mathbb{R}$이 $|x-a| < R$을 만족하면 급수 $\sum_{n=0}^{\infty} c_n(x-a)^n$ 은 x에 대해 절대수렴한다.

(c) **콤팩트 집합 위에서는 균등수렴한다** : 임의의 $0 < r < R$에 대해 급수 $\sum_{n=0}^{\infty} c_n(x-a)^n$ 은 콤팩트 구간 $[a-r, a+r]$에서 f로 균등수렴한다. 따라서 f는 $(a-R, a+R)$에서 연속이다.

(d) **멱급수의 미분** : f는 $(a-R, a+R)$에서 미분가능하고, 임의의 $0 < r < R$에 대해 급수 $\sum_{n=1}^{\infty} nc_n(x-a)^{n-1}$ 은 구간 $[a-r, a+r]$에서 f'으로 균등수렴한다.

(e) **멱급수의 적분** : $(a-R, a+R)$에 포함된 임의의 닫힌구간 $[y, z]$에 대해 다음이 성립한다.

$$\int_{[y,z]} f = \sum_{n=0}^{\infty} c_n \frac{(z-a)^{n+1} - (y-a)^{n+1}}{n+1}$$

1 상극한은 $+\infty$ 또는 $-\infty$이더라도 항상 존재한다.

2 (b)에 의해 이러한 함수는 존재한다.

정리 4.1.6의 증명은 연습문제 1로 남긴다.

정리 4.1.6의 (a)와 (b)는 멱급수가 수렴하는 x의 범위를 계산하여 수렴반경을 찾는 또 다른 수렴 판정법을 제공한다.

EX 4.1.7 멱급수 $\sum_{n=0}^{\infty} n(x-1)^n$을 생각하자. 비 판정법에 의해 이 급수는 $|x-1|<1$일 때 수렴하고, $|x-1|>1$일 때 발산한다(그 이유는?). 따라서 가능한 수렴반경 값은 $R=1$뿐이다. 만약 $R<1$이면 정리 4.1.6의 (a)에 모순이고, $R>1$이면 정리 4.1.6의 (b)에 모순이기 때문이다.

참고 4.1.8 정리 4.1.6에서는 $|x-a|=R$인 경우, 즉 $a-R$과 $a+R$에서는 어떻게 되는지 설명하지 않았다. 실제로 이 두 점에서는 수렴하는 경우도 존재하고 발산하는 경우도 존재한다. 연습문제 2를 참고한다.

참고 4.1.9 정리 4.1.6(b)는 멱급수 $\sum_{n=0}^{\infty} c_n(x-a)^n$이 구간 $(a-R, a+R)$에서 점별수렴함을 보장하지만, 이 구간에서 균등수렴함을 보장하지는 않음(연습문제 2(e) 참고)에 유의한다. 반면에 정리 4.1.6(c)는 멱급수가 더 작은 구간 $[a-r, a+r]$에서 수렴함을 보장한다. 따라서 $(a-R, a+R)$에 속한 모든 닫힌 부분구간에서 멱급수가 균등수렴한다고 해서 전체 구간 $(a-R, a+R)$에서 멱급수가 균등수렴한다고 보장할 수는 없다.

4.1 연습문제

1. 정리 4.1.6의 (a)~(e)를 증명하라.

힌트 (a)와 (b)를 증명하기 위해 비 판정법(『TAO 해석학 I』의 정리 7.5.1)을 사용하고, (c)를 증명하기 위해 바이어슈트라스 M-판정법(정리 3.5.7)을 사용한다. 그리고 (d)를 증명하기 위해 정리 3.7.1을 사용하고 (e)를 증명하기 위해 따름정리 3.6.2를 사용한다.

2. 다음 조건을 만족하며 수렴반경이 1인 0 근방에서의 형식적 멱급수 $\sum_{n=0}^{\infty} c_n x^n$의 예를 제시하라.

(a) $x=1$과 $x=-1$에서 동시에 발산한다.

(b) $x=1$에서는 발산하지만, $x=-1$에서는 수렴한다.

(c) $x=1$에서는 수렴하지만, $x=-1$에서는 발산한다.

(d) $x=1$과 $x=-1$에서 동시에 수렴한다.

(e) $(-1,1)$에서 점별수렴하지만, $(-1,1)$에서 균등수렴하지 않는다.

4.2 실해석함수

멱급수로 표현할 수 있는 좋은 함수 $f(x)$를 특별히 **실해석함수**라고 한다.

정의 4.2.1 실해석함수(real analytic function)

$\mathbb{R}$의 부분집합 E와 함수 $f : E \to \mathbb{R}$을 생각하자. a가 E의 내부점일 때 어떤 $r > 0$에 대해 E의 열린구간 $(a-r, a+r)$이 존재하여 a 근방에서의 멱급수 $\sum_{n=0}^{\infty} c_n(x-a)^n$이 $(a-r, a+r)$에서 f로 수렴하고, 이 급수의 수렴반경이 r보다 크거나 같으면 f는 a에서 **실해석함수**라고 한다. 만약 E가 열린집합이고 f가 E의 모든 점 a에서 실해석함수이면 f는 E에서 **실해석함수**라고 한다.

EX 4.2.2 $f(x) := \dfrac{1}{1-x}$로 정의한 함수 $f : \mathbb{R}\backslash\{1\} \to \mathbb{R}$을 생각하자. 함수 $f(x)$의 0 근방에서의 멱급수 $\sum_{n=0}^{\infty} x^n$이 구간 $(-1, 1)$에서 $\dfrac{1}{1-x} = f(x)$로 수렴하므로 함수 $f(x)$는 0에서 실해석함수이다.

또한 멱급수 $\sum_{n=0}^{\infty}(-1)^{n+1}(x-2)^n$이 구간 $(1, 3)$에서 $\dfrac{-1}{1-(-(x-2))} = \dfrac{1}{1-x} = f(x)$로 수렴하므로[3] 함수 $f(x)$는 2에서 실해석함수이다. 사실 함수 $f(x)$는 $\mathbb{R}\backslash\{1\}$에서 실해석함수이고, 이와 관련한 내용은 연습문제 2를 참고한다.

참고 4.2.3 실해석함수 개념은 **복소해석함수**(complex analytic function)와 깊은 관련이 있지만 이 주제는 복소해석학에서 다루므로 이 책에서는 언급하지 않는다.

이제 어떤 함수가 실해석함수인지 알아보자. 정리 4.1.6의 (c)와 (d)에서 f가 a에서 실해석함수이면 어떤 $r > 0$이 존재하여 f가 $(a-r, a+r)$에서 연속인 동시에 미분가능함을 보였다. 이 사실을 일반화하자.

3 수렴하는 이유는 『TAO 해석학 I』의 보조정리 7.3.3을 통해 확인한다.

정의 4.2.4 k번 미분가능(k times differentiable)

$\mathbb{R}$의 부분집합 E를 생각하자. 이때 E의 모든 원소는 E의 집적점이라고 하자. 함수 $f : E \to \mathbb{R}$이 E에서 **한 번 미분가능(once differentiable)**할 필요충분조건은 f가 미분가능한 것이다.[4] 일반적으로 임의의 $k \geq 2$에 대해 $f : E \to \mathbb{R}$이 E에서 **k번 미분가능**할 필요충분조건은 f가 미분가능하고 f'이 $(k-1)$번 미분가능한 것이다. 만약 f가 k번 미분가능하면 k번째 도함수 $f^{(k)} : E \to \mathbb{R}$은 $f^{(1)} := f'$이며 모든 $k \geq 2$에 대해 $f^{(k)} := (f')^{(k-1)}$인 함수로 재귀적으로 정의한다. 또한 $f^{(0)} := f$로 정의한다.[5] 분명히 모든 f에 대해 $f^{(0)}$이 존재하므로 모든 함수가 0번 미분가능하다고 할 수 있다. 함수 f가 **무한 미분가능(infinitely differentiable)**[6]할 필요충분조건은 모든 $k \geq 0$에 대해 함수가 k번 미분가능한 것이다.

EX 4.2.5 함수 $f(x) := |x|^3$은 $\mathbb{R}$에서 두 번 미분가능하지만 세 번 미분가능하지는 않다(그 이유는?). 실제로 $f^{(2)} = f'' = 6|x|$는 0에서 미분불가능하다.

명제 4.2.6 실해석함수는 k번 미분가능하다

$\mathbb{R}$의 부분집합 E와 E의 내부점 a에 대해 f가 a에서 실해석함수라고 하자. 그러면 어떤 $r > 0$이 존재하여 모든 $x \in (a-r, a+r)$에 대해 다음과 같이 멱급수 전개를 갖는다.

$$f(x) = \sum_{n=0}^{\infty} c_n (x-a)^n$$

모든 $k \geq 0$에 대해 함수 f는 $(a-r, a+r)$에서 k번 미분가능하고, 함수 f의 k번째 도함수는 모든 $x \in (a-r, a+r)$에 대해 다음과 같다.

$$\begin{aligned} f^{(k)}(x) &= \sum_{n=0}^{\infty} c_{n+k}(n+1)(n+2)\cdots(n+k)(x-a)^n \\ &= \sum_{n=0}^{\infty} c_{n+k} \frac{(n+k)!}{n!}(x-a)^n \end{aligned}$$

명제 4.2.6의 증명은 연습문제 3으로 남긴다.

4 즉 $f' : E \to \mathbb{R}$도 E의 함수이다.

5 f가 0번 미분가능함을 의미한다.

6 '무한 미분가능'을 **부드러운**(smooth)으로 표현하기도 한다.

따름정리 4.2.7 실해석함수는 무한 미분가능하다

$\mathbb{R}$의 열린 부분집합 E에 대해 $f : E \to \mathbb{R}$이 E에서 실해석함수라고 하자. 그러면 f는 E에서 무한 미분가능하고, f의 모든 도함수는 E에서 실해석함수이다.

증명

명제 4.2.6에 의해 모든 $a \in E$와 $k \geq 0$에 대해 f는 a에서 k번 미분가능하다.[7] 그러므로 모든 $k \geq 0$에 대해 f는 E에서 k번 미분가능하다. 따라서 f는 E에서 무한 미분가능하다. 또한 명제 4.2.6에 의해 f의 각 도함수 $f^{(k)}$는 모든 $x \in E$에서 수렴하는 멱급수 전개를 가지므로 $f^{(k)}$도 실해석함수이다. ■

EX 4.2.8 함수 $f(x) := |x|$로 정의한 함수 $f : \mathbb{R} \to \mathbb{R}$을 생각하자. 이 함수는 $x = 0$에서 미분불가능하므로 $x = 0$에서 실해석함수가 아니다. 그러나 $x \in \mathbb{R}\backslash\{0\}$인 다른 모든 점에서는 실해석함수이다(그 이유는?).

참고 4.2.9 따름정리 4.2.7의 역은 거짓이다. 4.5절 연습문제 4에서 실해석함수가 아니지만 무한 미분가능한 함수를 확인할 수 있다.

브룩 테일러(Brook Taylor, 1685-1731)가 증명한 명제 4.2.6의 중요한 따름정리가 있다.

따름정리 4.2.10 테일러 공식(Taylor's formula)

$\mathbb{R}$의 부분집합 E와 E의 내부점 a에 대해, $f : E \to \mathbb{R}$은 어떤 $r > 0$이 존재하여 모든 $x \in (a-r, a+r)$에 대해 다음과 같이 멱급수 전개를 갖는 a에서의 실해석함수라고 하자.

$$f(x) = \sum_{n=0}^{\infty} c_n (x-a)^n$$

그러면 각 정수 $k \geq 0$에 대해 다음과 같다.

$$f^{(k)}(a) = k! c_k$$

이때 $k! := 1 \times 2 \times \cdots \times k$이고 $0! = 1$이라는 관습을 받아들인다. 모든 $x \in (a-r, a+r)$에 대해 다음과 같은 **테일러 공식**을 갖는다.

$$f(x) = \sum_{n=0}^{\infty} \frac{f^{(n)}(a)}{n!}(x-a)^n$$

7 여기서 『TAO 해석학 I』의 10.1절 연습문제 1을 k번 적용할 수 있다. 그 이유는 무엇일까?

따름정리 4.2.10의 증명은 연습문제 4로 남긴다.

멱급수 $\sum_{n=0}^{\infty} \frac{f^{(n)}(a)}{n!}(x-a)^n$ 은 종종 f 의 a 근방에서의 **테일러 급수**(Taylor series)라고도 한다. 테일러 공식은 함수가 실해석적이면 그 함수와 테일러 급수가 같음을 보장한다.

참고 4.2.11 테일러 공식은 함수가 실해석적인 경우에만 성립함에 주의한다. 실제로 무한 미분가능하지만 테일러 공식이 성립하지 않는 예가 존재한다(연습문제 4 참고).

테일러 공식에 관한 또 다른 중요한 따름정리는 실해석함수가 한 점에서 최대 하나의 멱급수만 갖는다는 것이다.

따름정리 4.2.12 멱급수의 유일성

$\mathbb{R}$의 부분집합 E와 E의 내부점 a에 대해 $f : E \to \mathbb{R}$이 a에서 실해석함수라고 하자. f가 다음과 같이 a 근방에서의 두 가지 멱급수 전개를 가지며, 각 멱급수 전개가 0이 아닌 수렴반경을 갖는다고 가정하자.

$$f(x) = \sum_{n=0}^{\infty} c_n(x-a)^n, \quad f(x) = \sum_{n=0}^{\infty} d_n(x-a)^n$$

그러면 모든 $n \geq 0$에 대해 $c_n = d_n$이다.

증명

따름정리 4.2.10에 의해 각 $k \geq 0$에 대하여 $f^{(k)}(a) = k!c_k$이다. 그러나 비슷한 이유로 $f^{(k)}(a) = k!d_k$도 성립한다. $k!$은 0이 아니므로, 소거법칙에 의해 모든 $k \geq 0$에 대해 $c_k = d_k$가 성립한다. ■

참고 4.2.13 실해석함수가 주어진 점에서 유일한 멱급수 전개를 갖지만, 다른 점에서는 다른 형태의 멱급수 전개를 가질 수도 있다. 예를 들어 $\mathbb{R} - \{1\}$에서 정의된 함수 $f(x) := \frac{1}{1-x}$은 구간 $(-1, 1)$에서 다음과 같은 0 근방에서의 멱급수를 갖는다.

$$f(x) := \sum_{n=0}^{\infty} x^n$$

그러나 이 함수는 구간 $(0, 1)$에서 다음과 같은 $\frac{1}{2}$ 근방에서의 멱급수를 갖는다.

$$\begin{aligned} f(x) &= \frac{1}{1-x} = \frac{2}{1-2\left(x-\frac{1}{2}\right)} \\ &= \sum_{n=0}^{\infty} 2\left(2\left(x-\frac{1}{2}\right)\right)^n = \sum_{n=0}^{\infty} 2^{n+1}\left(x-\frac{1}{2}\right)^n \end{aligned}$$

근 판정법에 의해 이 멱급수의 수렴반경은 $\frac{1}{2}$이다. 연습문제 8을 참고한다.

4.2 연습문제

1. 정수 $n \geq 0$과 실수 c, a에 대해 f를 $f(x) := c(x-a)^n$으로 정의한 함수라고 하자. f가 무한 미분가능함을 보이고, $0 \leq k \leq n$인 각 정수 k에 대해 $f^{(k)}(x) = c\frac{n!}{(n-k)!}(x-a)^{n-k}$임을 보여라. 만약 $k > n$이면 어떤 일이 일어나는가?

2. EX 4.2.2에서 정의한 함수 f가 $\mathbb{R}\backslash\{1\}$에서 실해석함수임을 보여라.

3. 명제 4.2.6을 증명하라.

힌트 k에 대한 귀납법을 사용한 후 정리 4.1.6(d)를 사용한다.

4. 명제 4.2.6과 연습문제 1을 사용하여 따름정리 4.2.10을 증명하라.

5. 실수 a, b와 정수 $n \geq 0$을 생각하자. 임의의 실수 x에 대해 다음 항등식이 성립함을 증명하라.

$$(x-a)^n = \sum_{m=0}^{n} \frac{n!}{m!(n-m)!}(b-a)^{n-m}(x-b)^m$$

힌트 『TAO 해석학 I』의 7.1절 연습문제 4에 있는 이항정리를 사용한다.

이 항등식이 테일러 공식과 연습문제 1과 일치하는 이유를 설명하라. 테일러 정리로부터 나오는 테일러 급수를 사용하려면 먼저 연습문제 6을 풀어 실해석함수임을 알아야 하는데, 이 과정을 위해서는 주어진 항등식이 먼저 필요하다.

6. 연습문제 5를 이용하여 모든 일변수다항식 $P(x)$가 $\mathbb{R}$에서 실해석함수임을 보여라.

7. 양의 정수 $m \geq 0$과 실수 $0 < x < r$을 생각하자. 『TAO 해석학 I』의 보조정리 7.3.3을 이용하여 모든 $x \in (-r, r)$에 대해 다음 항등식이 성립함을 보여라.

$$\frac{r}{r-x} = \sum_{n=0}^{\infty} x^n r^{-n}$$

명제 4.2.6을 이용하여 모든 정수 $m \geq 0$과 $x \in (-r, r)$에 대해 다음 항등식이 성립함을 보여라.

$$\frac{r}{(r-x)^{m+1}} = \sum_{n=m}^{\infty} \frac{n!}{m!(n-m)!} x^{n-m} r^{-n}$$

또한 우변의 급수가 절대수렴하는 이유를 설명하라.

8. $\mathbb{R}$의 부분집합 E와 E의 내부점 a를 생각하자. 그리고 a에서 실해석적이고 구간 $(a-r, a+r)$에서 수렴하며 다음의 a 근방에서의 멱급수 전개를 갖는 함수 $f: E \to \mathbb{R}$을 생각하자.

$$f(x) = \sum_{n=0}^{\infty} c_n (x-a)^n$$

또한 적당한 $s > 0$에 대해 $(b-s, b+s)$는 $(a-r, a+r)$의 임의의 부분공간이라고 하자. 다음 물음에 답하라.

(a) $|a-b| \le r-s$임을 증명하라. 특히 $|a-b| < r$임을 보여라.

(b) 모든 정수 $n \ge 0$과 모든 $0 < \varepsilon < r$에 대해 어떤 수 $C > 0$가 존재하여 $|c_n| \le C(r-\varepsilon)^{-n}$임을 보여라.

힌트 급수 $\sum_{n=0}^{\infty} c_n (x-a)^n$의 수렴반경에 대해 무엇을 알 수 있는지 생각한다.

(c) 다음과 같은 공식으로 주어진 수 $d_0, d_1, \cdots$은 아래의 급수가 절대수렴한다는 관점에서 잘 정의됨을 보여라.

$$\text{모든 정수 } m \ge 0\text{에 대해 } d_m := \sum_{n=m}^{\infty} \frac{n!}{m!(n-m)!}(b-a)^{n-m} c_n$$

힌트 (b)와 비교판정법(『TAO 해석학 I』의 따름정리 7.3.2)을 사용하면 연습문제 7에 의해 보일 수 있다.

(d) 모든 정수 $m \ge 0$과 모든 $0 < \varepsilon < s$에 대해 적당한 수 $C > 0$이 존재하여 다음이 성립함을 보여라.

$$|d_m| \le C(s-\varepsilon)^{-m}$$

힌트 비교판정법과 연습문제 7을 사용한다.

(e) $x \in (b-s, b+s)$에서 멱급수 $\sum_{m=0}^{\infty} d_m (x-b)^m$이 $f(x)$로 절대수렴함을 보여라.[8]

(f) f가 $(a-r, a+r)$의 모든 점에서 실해석적임을 보여라.

8 이 사실을 보이기 위해 푸비니 정리(『TAO 해석학 I』의 정리 8.2.2)나 연습문제 5가 필요할 수 있다. 또한 d_m을 $|c_m|$으로 바꾸어 생각해야 할 수도 있다.

4.3 아벨 정리

a 근방에서의 멱급수 $f(x) = \sum_{n=0}^{\infty} c_n(x-a)^n$의 수렴반경이 $0 < R < \infty$라고 하자. 정리 4.1.6에 의해 $|x-a| < R$인 경우 멱급수는 절대수렴하고, $|x-a| > R$인 경우에 멱급수는 발산한다. 그러나 경계인 $|x-a| = R$에서는 멱급수가 수렴할 수도 있고 발산할 수도 있으므로(4.1절 연습문제 2 참고) 상황이 좀 더 복잡해진다. 그러나 만약 급수가 경계점에서 수렴하면 경계점에서 급수가 연속이 되는 등 좋은 성질을 갖는다.

정리 4.3.1 아벨 정리(Abel's theorem)
수렴반경이 $0 < R < \infty$인 a 근방에서의 멱급수 $f(x) = \sum_{n=0}^{\infty} c_n(x-a)^n$을 생각하자. 만약 멱급수가 $a+R$에서 수렴하면 f는 $a+R$에서 연속이다. 즉 다음이 성립한다.

$$\lim_{x \to a+R : x \in (a-R, a+R)} \sum_{n=0}^{\infty} c_n(x-a)^n = \sum_{n=0}^{\infty} c_n R^n$$

비슷하게 멱급수가 $a-R$에서 수렴하면 f는 $a-R$에서 연속이다. 즉 다음이 성립한다.

$$\lim_{x \to a-R : x \in (a-R, a+R)} \sum_{n=0}^{\infty} c_n(x-a)^n = \sum_{n=0}^{\infty} c_n (-R)^n$$

아벨 정리를 증명하려면 다음 보조정리가 필요하다.

보조정리 4.3.2 부분합 공식(summation by parts formula)
각각 A와 B로 수렴하는 실수 수열 $(a_n)_{n=0}^{\infty}$과 $(b_n)_{n=0}^{\infty}$을 생각하자. 즉 $\lim_{n\to\infty} a_n = A$이고 $\lim_{n\to\infty} b_n = B$이다. 만약 합 $\sum_{n=0}^{\infty}(a_{n+1}-a_n)b_n$이 수렴하면 합 $\sum_{n=0}^{\infty} a_{n+1}(b_{n+1}-b_n)$도 수렴하고 다음이 성립한다.

$$\sum_{n=0}^{\infty}(a_{n+1}-a_n)b_n = AB - a_0 b_0 - \sum_{n=0}^{\infty} a_{n+1}(b_{n+1}-b_n)$$

보조정리 4.3.2의 증명은 연습문제 1로 남긴다.

참고 **4.3.3** 부분합 공식을 다음과 같이 더 잘 알려진 **부분적분 공식**과 비교할 수 있다.

$$\int_0^{\infty} f'(x)g(x)\,dx = f(x)g(x)|_0^{\infty} - \int_0^{\infty} f(x)g'(x)\,dx$$

『TAO 해석학 I』의 명제 11.10.1을 참고한다.

아벨 정리의 증명

두 번째 명제는 첫 번째 명제의 c_n을 $(-1)^n c_n$으로 대체하면 바로 증명할 수 있으므로(그 이유는?), 합 $\sum_{n=0}^{\infty} c_n R^n$이 수렴할 때 다음의 첫 번째 명제만 증명하면 충분하다.

$$\lim_{x \to a+R : x \in (a-R, a+R)} \sum_{n=0}^{\infty} c_n (x-a)^n = \sum_{n=0}^{\infty} c_n R^n$$

이때 $d_n := c_n R^n$과 $y := \frac{x-a}{R}$로 치환하면, 위 명제는 합 $\sum_{n=0}^{\infty} d_n$이 수렴할 때 다음이 성립함을 보이는 것으로 바뀐다(이 사실이 왜 앞의 명제와 동치인가?)

$$\lim_{y \to 1 : y \in (-1,1)} \sum_{n=0}^{\infty} d_n y^n = \sum_{n=0}^{\infty} d_n$$

$D := \sum_{n=0}^{\infty} d_n$이라 하고, 모든 $N \geq 0$에 대해 다음과 같이 나타내자.

$$S_N := \left(\sum_{n=0}^{N-1} d_n \right) - D$$

그러면 $S_0 = -D$이다. 또한 $\lim_{N \to \infty} S_N = 0$이고 $d_n = S_{n+1} - S_n$임을 관찰할 수 있다. 따라서 임의의 $y \in (-1, 1)$에 대해 다음이 성립한다.

$$\sum_{n=0}^{\infty} d_n y^n = \sum_{n=0}^{\infty} (S_{n+1} - S_n) y^n$$

부분합 공식(보조정리 4.3.2)과 $\lim_{n \to \infty} y^n = 0$을 적용하면 다음을 얻는다.

$$\sum_{n=0}^{\infty} d_n y^n = -S_0 y^0 - \sum_{n=0}^{\infty} S_{n+1} (y^{n+1} - y^n)$$

$-S_0 y^0 = +D$를 관찰하자. 아벨 정리의 증명을 끝내기 위해서는 다음을 보이면 충분하다.

$$\lim_{y \to 1 : y \in (-1,1)} \sum_{n=0}^{\infty} S_{n+1} (y^{n+1} - y^n) = 0$$

y가 1로 수렴하므로 y의 범위를 $(-1, 1)$ 대신에 $[0, 1)$로 제한할 수 있다. 이에 따라 y를 양수라고 생각하자.

급수의 삼각부등식(『TAO 해석학 I』의 명제 7.2.9)에 의해 다음이 성립한다.

$$\begin{aligned}\left| \sum_{n=0}^{\infty} S_{n+1} (y^{n+1} - y^n) \right| &\leq \sum_{n=0}^{\infty} |S_{n+1} (y^{n+1} - y^n)| \\ &= \sum_{n=0}^{\infty} |S_{n+1}| (y^n - y^{n+1})\end{aligned}$$

이제 조임정리(『TAO 해석학 I』의 따름정리 6.4.14)에 의해 다음을 보이면 충분하다.

$$\lim_{y\to 1:y\in[0,1)} \sum_{n=0}^{\infty} |S_{n+1}|(y^n - y^{n+1}) = 0$$

$\sum_{n=0}^{\infty} |S_{n+1}|(y^n - y^{n+1})$은 명백히 음수가 아니므로 다음을 보이면 된다.

$$\limsup_{y\to 1:y\in[0,1)} \sum_{n=0}^{\infty} |S_{n+1}|(y^n - y^{n+1}) = 0$$

$\varepsilon > 0$을 생각하자. S_n이 0으로 수렴하므로, 각 $n > N$에 대해 적당한 N이 존재하여 $|S_n| \le \varepsilon$이 성립한다. 그러므로 다음과 같다.

$$\sum_{n=0}^{\infty} |S_{n+1}|(y^n - y^{n+1}) \le \sum_{n=0}^{N} |S_{n+1}|(y^n - y^{n+1}) + \sum_{n=N+1}^{\infty} \varepsilon(y^n - y^{n+1})$$

마지막 합은 εy^{N+1}로 수렴하는 망원급수이다(『TAO 해석학 I』의 보조정리 7.2.14를 참고하고, $n \to \infty$일 때 『TAO 해석학 I』의 보조정리 6.5.2에 의해 $y^n \to 0$이 성립함을 참고한다). 또한 다음이 성립한다.

$$\sum_{n=0}^{\infty} |S_{n+1}|(y^n - y^{n+1}) \le \sum_{n=0}^{N} |S_{n+1}|(y^n - y^{n+1}) + \varepsilon y^{N+1}$$

이제 $y \to 1$에 대한 극한을 취하자. 모든 $n \in \{0, 1, \cdots, N\}$에 대해 $y \to 1$이면 $y^n - y^{n+1} \to 0$임을 관찰할 수 있다. **유한**합에 대해 극한의 순서를 교환할 수 있으므로(『TAO 해석학 I』의 7.1절 연습문제 5 참고) 다음이 성립한다.

$$\limsup_{y\to 1:y\in[0,1)} \sum_{n=0}^{\infty} |S_{n+1}|(y^n - y^{n+1}) \le \varepsilon$$

한편 $\varepsilon > 0$은 임의의 수이고, 위 식의 좌변은 음수가 아니므로 다음이 성립한다.

$$\limsup_{y\to 1:y\in[0,1)} \sum_{n=0}^{\infty} |S_{n+1}|(y^n - y^{n+1}) = 0$$

따라서 증명을 마무리한다. ■

4.3 연습문제

1. 보조정리 4.3.2를 증명하라.

힌트 먼저 부분합 $\sum_{n=0}^{N}(a_{n+1} - a_n)b_n$과 $\sum_{n=0}^{N} a_{n+1}(b_{n+1} - b_n)$ 사이의 관계를 확인한다.

4.4 멱급수의 곱

두 실해석함수의 곱도 여전히 실해석함수을 확인하자.

정리 4.4.1 각각 다음과 같은 멱급수 전개로 표현되는 $(a-r, a+r)$에서의 실해석함수 $f\colon (a-r, a+r) \to \mathbb{R}$과 $g\colon (a-r, a+r) \to \mathbb{R}$을 생각하자.

$$f(x) = \sum_{n=0}^{\infty} c_n(x-a)^n, \quad g(x) = \sum_{n=0}^{\infty} d_n(x-a)^n$$

그러면 $fg : (a-r, a+r) \to \mathbb{R}$은 다음과 같은 멱급수 전개를 갖는 $(a-r, a+r)$에서의 실해석함수이다.

$$f(x)g(x) = \sum_{n=0}^{\infty} e_n(x-a)^n$$

이때 $e_n := \sum_{m=0}^{n} c_m d_{n-m}$이다.

참고 4.4.2 수열 $(e_n)_{n=0}^{\infty}$은 종종 수열 $(c_n)_{n=0}^{\infty}$과 $(d_n)_{n=0}^{\infty}$의 **합성곱**이라고도 한다. 이 용어는 정의 3.8.9에서 소개한 합성곱의 개념과 완전히 똑같지는 않지만 관련이 있다.

증명

먼저 모든 $x \in (a-r, a+r)$에서 급수 $\sum_{n=0}^{\infty} e_n(x-a)^n$이 $f(x)g(x)$로 수렴함을 보여야 한다. $(a-r, a+r)$의 임의의 고정된 점 x를 생각하자. 정리 4.1.6에 의해 f와 g는 적어도 r보다 큰 수렴반경을 갖는다. 특히 급수 $\sum_{n=0}^{\infty} c_n(x-a)^n$과 $\sum_{n=0}^{\infty} d_n(x-a)^n$은 절대수렴한다. 따라서 다음과 같이 정의한 C와 D는 모두 유한하다.

$$C := \sum_{n=0}^{\infty} |c_n(x-a)^n|, \quad D := \sum_{n=0}^{\infty} |d_n(x-a)^n|$$

임의의 $N \geq 0$에 대해 다음과 같은 부분합을 생각하자.

$$\sum_{n=0}^{N} \sum_{m=0}^{\infty} |c_m(x-a)^m d_n(x-a)^n|$$

위 식은 다음과 같이 나타낼 수 있다.

$$\sum_{n=0}^{N} |d_n(x-a)^n| \sum_{m=0}^{\infty} |c_m(x-a)^m|$$

앞의 식은 C의 정의에 의해

$$\sum_{n=0}^{N} |d_n(x-a)^n| C$$

와 같으며 D의 정의에 의해 DC보다 작거나 같다. 따라서 모든 N에 대해 앞의 부분합은 DC에 의해 유계이다. 특히 다음 급수는 수렴한다.

$$\sum_{n=0}^{\infty} \sum_{m=0}^{\infty} |c_m(x-a)^m d_n(x-a)^n|$$

따라서 다음 급수는 절대수렴한다.

$$\sum_{n=0}^{\infty} \sum_{m=0}^{\infty} c_m(x-a)^m d_n(x-a)^n$$

지금부터 위 이중급수를 두 가지 방법으로 계산하자. 먼저 합 $\sum_{m=0}^{\infty}$에서 인수 $d_n(x-a)^n$을 합의 기호 앞으로 빼면 다음을 얻을 수 있다.

$$\sum_{n=0}^{\infty} d_n(x-a)^n \sum_{m=0}^{\infty} c_m(x-a)^m$$

$f(x)$에 대한 공식에 따라 위 식은 다음과 같다.

$$\sum_{n=0}^{\infty} d_n(x-a)^n f(x)$$

그리고 $g(x)$에 대한 공식에 따라 위 식은 $f(x)g(x)$와 같다. 따라서 다음이 성립한다.

$$f(x)g(x) = \sum_{n=0}^{\infty} \sum_{m=0}^{\infty} c_m(x-a)^m d_n(x-a)^n$$

이제 이 합을 다른 방법으로 계산하자. 합을 다음과 같이 다시 써보자.

$$f(x)g(x) = \sum_{n=0}^{\infty} \sum_{m=0}^{\infty} c_m d_n(x-a)^{n+m}$$

이 급수가 절대수렴하므로 급수의 푸비니 정리(『TAO 해석학 I』의 정리 8.2.2)에 의해 위 식을 다음과 같이 나타낼 수 있다.

$$f(x)g(x) = \sum_{m=0}^{\infty} \sum_{n=0}^{\infty} c_m d_n(x-a)^{n+m}$$

$n' := n+m$으로 치환하여 위 식을 다음과 같이 나타내자.

$$f(x)g(x) = \sum_{m=0}^{\infty} \sum_{n'=m}^{\infty} c_m d_{n'-m}(x-a)^{n'}$$

모든 음수 j에 대해 $d_j = 0$이라는 관습을 인정하면 위 식은 다음과 같다.

$$f(x)g(x) = \sum_{m=0}^{\infty}\sum_{n'=0}^{\infty} c_m d_{n'-m}(x-a)^{n'}$$

푸비니 정리를 다시 적용하면 다음을 얻는다.

$$f(x)g(x) = \sum_{n'=0}^{\infty}\sum_{m=0}^{\infty} c_m d_{n'-m}(x-a)^{n'}$$

따라서 위 식은 다시 다음과 같이 나타낼 수 있다.

$$f(x)g(x) = \sum_{n'=0}^{\infty}(x-a)^{n'}\sum_{m=0}^{\infty} c_m d_{n'-m}$$

j가 음수일 때 d_j가 0이므로 e의 정의를

$$f(x)g(x) = \sum_{n'=0}^{\infty} e_{n'}(x-a)^{n'}$$

으로 한다면 위 식을 다음과 같이 나타낼 수 있다.

$$f(x)g(x) = \sum_{n'=0}^{\infty}(x-a)^{n'}\sum_{m=0}^{n'} c_m d_{n'-m}$$

따라서 증명을 마무리한다. ■

4.5 지수함수와 로그함수

지금까지 살펴본 내용을 이용하여 수학에 자주 사용되는 여러 표준 함수를 엄밀하게 정의하자. 먼저 지수함수부터 알아보자.

정의 4.5.1 지수함수(exponential function)

모든 실수 x에 대해 **지수함수** $\exp(x)$를 다음과 같이 정의한다.

$$\exp(x) := \sum_{n=0}^{\infty}\frac{x^n}{n!}$$

정리 4.5.2 지수함수의 기본 성질

(a) 모든 실수 x에 대해 급수 $\sum_{n=0}^{\infty} \frac{x^n}{n!}$은 절대수렴한다. 특히 모든 $x \in \mathbb{R}$에 대해 $\exp(x)$는 존재하며 실수이다. 멱급수 $\sum_{n=0}^{\infty} \frac{x^n}{n!}$은 무한 수렴반경을 가지고 $\exp$는 $(-\infty, \infty)$에서 실해석함수이다.

(b) $\exp$는 $\mathbb{R}$에서 미분가능하고, 모든 $x \in \mathbb{R}$에 대해 $\exp'(x) = \exp(x)$이다.

(c) $\exp$는 $\mathbb{R}$에서 연속이고, 모든 구간 $[a, b]$에 대해 $\int_{[a,b]} \exp(x)\ dx = \exp(b) - \exp(a)$이다.

(d) 모든 $x, y \in \mathbb{R}$에 대해 $\exp(x + y) = \exp(x)\exp(y)$이다.

(e) $\exp(0) = 1$이다. 또한 모든 $x \in \mathbb{R}$에 대해 $\exp(x)$는 양수이고, $\exp(-x) = \frac{1}{\exp(x)}$이다.

(f) $\exp$는 순증가함수이다. 즉 x, y가 실수일 때 $\exp(y) > \exp(x)$일 필요충분조건은 $y > x$이다.

정리 4.5.2의 증명은 연습문제 1로 남긴다.

지수함수는 **오일러 수** 혹은 **자연로그의 밑**으로 잘 알려진 $e = 2.71828183\cdots$을 이용해 더 간단하게 표현할 수 있다.

정의 4.5.3 오일러 수(Euler's number)

오일러 수 e는 다음과 같이 정의한다.

$$e := \exp(1) = \sum_{n=0}^{\infty} \frac{1}{n!} = \frac{1}{0!} + \frac{1}{1!} + \frac{1}{2!} + \frac{1}{3!} + \cdots$$

명제 4.5.4 모든 실수 x에 대해 $\exp(x) = e^x$이다.

명제 4.5.4의 증명은 연습문제 3으로 남긴다. 명제 4.5.4에 의해 e^x과 $\exp(x)$를 동시에 사용한다.

$e > 1$이므로(그 이유는?) $x \to +\infty$일 때 $e^x \to +\infty$이고, $x \to -\infty$일 때 $e^x \to 0$이다. 이 사실과 중간값정리(『TAO 해석학 I』의 정리 9.7.1)에 의해 함수 $\exp$의 치역은 $(0, \infty)$이다. $\exp$가 순증가하여 단사함수이므로 $\exp$는 $\mathbb{R}$에서 $(0, \infty)$로 가는 전단사함수이다. 따라서 $(0, \infty)$에서 $\mathbb{R}$로 가는 지수함수의 역함수가 존재한다. 이 역함수를 다음과 같이 정의한다.

정의 4.5.5 로그함수(logarithm function)

지수함수의 역함수로 **자연로그함수(natural logarithm function)** $\log : (0,\infty) \to \mathbb{R}$을 정의하며, $\ln$으로 표기하기도 한다. 따라서 $\exp(\log(x)) = x$이고 $\log(\exp(x)) = x$이다.

『TAO 해석학 I』의 명제 9.8.3에 의해 exp는 연속인 순증가함수이므로 log도 연속인 순증가함수임을 알 수 있다. exp는 미분가능하고 도함수가 0이 아니므로 역함수 정리(『TAO 해석학 I』의 정리 10.4.2)에 의해 log도 미분가능하다. 자연로그함수에 관한 몇 가지 성질을 살펴보자.

정리 4.5.6 자연로그함수의 기본 성질

(a) 모든 $x \in (0,\infty)$에 대해 $\ln'(x) = \frac{1}{x}$이다. 특히 미분적분학의 기본정리에 의해 $(0,\infty)$의 임의의 구간 $[a,b]$에 대해 $\int_{[a,b]} \frac{1}{x}\,dx = \ln(b) - \ln(a)$이다.

(b) 모든 $x, y \in (0,\infty)$에 대해 $\ln(xy) = \ln(x) + \ln(y)$이다.

(c) $\ln(1) = 0$이고, 모든 $x \in (0,\infty)$에 대해 $\ln\left(\frac{1}{x}\right) = -\ln(x)$이다.

(d) 모든 $x \in (0,\infty)$와 $y \in \mathbb{R}$에 대해 $\ln(x^y) = y\ln(x)$이다.

(e) 모든 $x \in (-1,1)$에 대해 다음이 성립한다.

$$\ln(1-x) = -\sum_{n=1}^{\infty} \frac{x^n}{n}$$

특히 ln은 1에서 실해석적이며 수렴반경이 1이고 $x \in (0,2)$에서 다음과 같은 멱급수 전개를 갖는다.

$$\ln(x) = \sum_{n=1}^{\infty} \frac{(-1)^{n+1}}{n}(x-1)^n$$

정리 4.5.6의 증명은 연습문제 5로 남긴다.

EX 4.5.7 아벨 정리(정리 4.3.1)의 일반적인 적용을 제시한다. 교대급수 판정법에 의해 급수 $\sum_{n=1}^{\infty} \frac{(-1)^{n+1}}{n}$은 수렴한다. 그러면 아벨 정리에 의해 다음이 성립한다.

$$\begin{aligned}\sum_{n=1}^{\infty} \frac{(-1)^{n+1}}{n} &= \lim_{x\to 2} \sum_{n=1}^{\infty} \frac{(-1)^{n+1}}{n}(x-1)^n \\ &= \lim_{x\to 2} \ln(x) = \ln(2)\end{aligned}$$

그리고 다음과 같은 공식을 얻는다.

$$\ln(2) = 1 - \frac{1}{2} + \frac{1}{3} - \frac{1}{4} + \frac{1}{5} - \cdots$$

4.5 연습문제

1. 정리 4.5.2를 증명하라.

힌트 (a)는 비 판정법을 이용하고, (b)와 (c)는 정리 4.1.6을 이용하고, (d)는 정리 4.4.1을 이용하고, (e)는 (d)를 이용하고, (f)는 (d)를 이용하며 x가 양수일 때 $\exp(x) > 1$임을 보임으로써 증명할 수 있다. 『TAO 해석학 I』의 7.1절 연습문제 4에서 살펴본 이항정리를 유용하게 사용할 수 있다.

2. 모든 정수 $n \geq 3$에 대해 다음이 성립함을 보여라.

$$0 < \frac{1}{(n+1)!} + \frac{1}{(n+2)!} + \cdots < \frac{1}{n!}$$

힌트 먼저 모든 $k = 1, 2, 3, \cdots$에 대해 $(n+k)! > 2^k n!$임을 보인다.

모든 정수 $n \geq 3$에 대해 $n!e$가 정수가 아님을 보여라. 이 사실로부터 e가 무리수임을 증명하라.

힌트 귀류법을 사용한다.

3. 명제 4.5.4를 증명하라.

힌트 먼저 x가 자연수인 경우에 대해 증명하고 정수인 경우로 확장한다. 다음으로 x가 유리수인 경우를 증명한다. 실수는 유리수의 극한이라는 사실을 이용해 실수인 경우도 증명한다. 지수법칙(『TAO 해석학 I』의 명제 6.7.3)을 유용하게 사용할 수 있다.

4. $x > 0$일 때 $f(x) := \exp\left(-\frac{1}{x}\right)$이고, $x \leq 0$일 때 $f(x) := 0$인 함수 $f : \mathbb{R} \to \mathbb{R}$을 생각하자. f가 무한 미분가능함을 증명하고, 모든 정수 $k \geq 0$에 대해 $f^{(k)}(0) = 0$이지만 f가 0에서 실해석함수가 아님을 증명하라.

5. 정리 4.5.6을 증명하라.

힌트 역함수 정리(『TAO 해석학 I』의 정리 10.4.2) 또는 연쇄법칙(『TAO 해석학 I』의 정리 10.1.15)을 이용해 (a)를 증명한다. 그리고 정리 4.5.2와 지수법칙(『TAO 해석학 I』의 명제 6.7.3)을 이용해 (b), (c), (d)를 증명한다. 마지막으로 기하급수 공식(『TAO 해석학 I』의 보조정리 7.3.3)을 적용하고 정리 4.1.6을 이용해 적분하여 (e)를 증명한다.

6. 자연로그함수가 $(0, +\infty)$에서 실해석적임을 증명하라.

7. 모든 $x \in \mathbb{R}$에서 $f'(x) = f(x)$를 만족하는 양의 실해석함수 $f : \mathbb{R} \to (0, \infty)$를 생각하자. 적당한 양수 C에 대해 $f(x) = Ce^x$임을 보여라.

힌트 기본적으로 세 가지 증명 방법이 있다. 로그함수를 이용하는 방법, 함수 e^{-x}을 이용하는 방법, 멱급수를 이용하는 방법이다. 물론 세 가지 중 하나로만 증명해도 문제를 해결할 수 있다.

8. 정수 $m > 0$에 대해 다음이 성립함을 보여라.

$$\lim_{x \to +\infty} \frac{e^x}{x^m} = +\infty$$

힌트 $x \to +\infty$일 때 $\frac{e^{x+1}}{(x+1)^m}$과 $\frac{e^x}{x^m}$ 사이의 비율에 어떤 일이 발생하는지 생각한다.

9. 다항식 $P(x)$와 $c > 0$을 생각하자. 모든 $x > N$에 대해 양의 실수 $N > 0$이 존재하여 $e^{cx} > |P(x)|$가 성립함을 보여라. 따라서 증가율 c가 아무리 작더라도 증가하는 지수함수는 언젠가 주어진 다항식 $P(x)$보다 커짐을 알 수 있다.

힌트 연습문제 8을 사용한다.

10. $f(x, y) := x^y$으로 정의한 지수함수 $f : (0, +\infty) \times \mathbb{R} \to \mathbb{R}$을 생각하자. f가 연속임을 보여라.

힌트 『TAO 해석학 I』의 명제 9.4.10과 명제 9.4.11을 사용하면 f가 각 변수에 대해 연속임을 알 수 있는데 이 내용으로는 부족하다(2.2절 연습문제 11 참고). 가장 쉬운 방법은 $f(x, y) = \exp(y \ln x)$라 하고 $\exp()$와 $\ln()$의 연속성을 이용하는 것이다. 좀 더 어려운 방법을 시도한다면 로그함수를 이용하지 않고 문제를 증명할 수 있다.

4.6 복소수에 관한 여담

더 나아가 학습하려면 실수체계 $\mathbb{R}$을 확장한 복소수체계 $\mathbb{C}$가 필요하다. 수체계에 대해 완벽히 논의하려면 이 책의 범위를 넘어선다.[9] 이 책에서는 4.5절에서 도입한 실수 지수함수 $x \mapsto \exp(x)$를 일반화한 **복소 지수함수**(complex exponential function) $z \mapsto \exp(z)$를 알아야 하므로 복소수체계가 필요하다. 복소 지수함수는 매우 유용한 수학 연산이다.

9 이와 관련한 논의는 **복소해석학**(complex analysis)에서 다룬다.

이제 복소수의 간단한 정의를 알아보자.

정의 4.6.1 복소수의 간단한 정의

실수 a, b와 -1의 제곱근 i(즉 $i^2 = -1$)에 대해 복소수 $\mathbb{C}$는 $a + bi$ 형태의 수들의 집합이다.

그러나 이 정의에는 두 복소수의 덧셈, 곱셈이나 비교와 같은 설명이 없기 때문에 형식적 정의로는 약간 부족하다. 『TAO 해석학 I』의 4장에서는 정수 $\mathbb{Z}$를 구성하기 위해 필요한 실제 차 $a - b$를 소개하기 전에 형식적 차의 개념인 a—b를 만들었고, 유리수를 구성하기 위해 필요한 실제 나눗셈 a/b를 소개하기 전에 형식적 몫의 개념인 $a//b$를 만들었으며, 실수를 구성하기 위해 필요한 일반적인 극한 $\lim_{n\to\infty} a_n$을 소개하기 전에 형식적 극한 $\text{LIM}_{n\to\infty} a_n$을 만들었다. 이처럼 복소수를 엄밀하게 구성하려면 복소수 $a + bi$의 **형식적** 형태가 필요하며 이를 임의로 (a, b)로 표기한다.

정의 4.6.2 복소수의 형식적 정의

실수 a, b에 대해 (a, b) 형태의 임의의 순서쌍을 **복소수(complex number)**라고 한다. 따라서 $(2, 4)$는 복소수이다. 두 복소수 (a, b)와 (c, d)가 같을 필요충분조건은 $a = c$이고 $b = d$이다.[10] 복소수 집합은 $\mathbb{C}$로 표기한다.

이 단계에서 복소수 $\mathbb{C}$는 데카르트 곱 $\mathbb{R}^2 = \mathbb{R} \times \mathbb{R}$[11]과 구별할 수 없다. 그러나 복소수의 연산인 **복소수의 곱셈**을 알면 복소수 $\mathbb{C}$와 데카르트 평면 $\mathbb{R}^2$을 구분할 수 있다. 복소수 $\mathbb{C}$는 데카르트 평면 $\mathbb{R}^2$에 몇 가지 대수적 구조를 추가한 집합이라고 생각하면 된다. 먼저 덧셈과 부정의 개념부터 시작하자. 복소수의 간단한 정의를 사용하면 다음이 성립한다고 기대할 수 있다.

$$(a, b) + (c, d) = (a + bi) + (c + di) = (a + c) + (b + d)i = (a + c, b + d)$$

$$-(a, b) = -(a + bi) = (-a) + (-b)i = (-a, -b)$$

위 식은 복소수의 간단한 정의를 사용한 결과이므로 아직 엄밀히 입증되지는 않았다. 위 규칙에 따라 덧셈과 부정의 개념을 정의함으로써 복소수체계에 이 항등식을 포함한다.

정의 4.6.3 복소수의 덧셈, 부정, 영

두 복소수 $z = (a, b)$와 $w = (c, d)$의 **덧셈(sum)** $z + w$는 복소수 $z + w := (a + c, b + d)$로 정의한다. 예를 들어 $(2, 4) + (3, -1) = (5, 3)$이다. z의 **부정(negation)** $-z$는 복소수 $-z := (-a, -b)$로 정의한다. 예를 들어 $-(3, -1) = (-3, 1)$이다. 또한 복소수에서 **영(zero)** $0_{\mathbb{C}}$는 복소수 $0_{\mathbb{C}} = (0, 0)$으로 정의한다.

10 예를 들어 $(2 + 1, 3 + 4) = (3, 7)$이지만, $(2, 1) \neq (1, 2)$이고 $(2, 4) \neq (2, -4)$이다.

11 **데카르트 평면**(Cartesian plane)이라고도 한다.

$z = z'$ 이고 $w = w'$ 이면 $z + w = z' + w'$ 임을 쉽게 확인하여 덧셈이 잘 정의됨을 보일 수 있다. 유사하게 부정도 잘 정의됨을 확인할 수 있다. 복소수의 덧셈, 부정, 영 연산은 일반적인 대수 법칙을 잘 따른다.

보조정리 4.6.4 복소수는 덧셈군(additive group)이다

z_1, z_2, z_3 가 복소수이면 다음이 성립한다.

- $z_1 + z_2 = z_2 + z_1$ (교환법칙)
- $(z_1 + z_2) + z_3 = z_1 + (z_2 + z_3)$ (결합법칙)
- $z_1 + 0_{\mathbb{C}} = 0_{\mathbb{C}} + z_1 = z_1$ 을 만족하는 항등원 $0_{\mathbb{C}}$ 가 존재한다.
- 복소수 z_1 에 대해 $z_1 + (-z_1) = (-z_1) + z_1 = 0_{\mathbb{C}}$ 를 만족하는 역원 $-z_1$ 이 존재한다.

보조정리 4.6.4의 증명은 연습문제 1로 남긴다.

다음으로 복소수의 곱셈과 역수에 대해 정의한다. 복소수의 간단한 정의에서 $i^2 = -1$ 이므로 다음이 성립하리라 예측할 수 있다.

$$\begin{aligned}(a, b) \cdot (c, d) &= (a + bi)(c + di)\\ &= ac + adi + bic + bidi\\ &= (ac - bd) + (ad + bc)i\\ &= (ac - bd, ad + bc)\end{aligned}$$

따라서 복소수의 곱셈을 다음과 같이 정의한다.

정의 4.6.5 복소수의 곱셈

두 복소수 $z = (a, b)$ 와 $w = (c, d)$ 에 대해 두 수의 **곱셈(product)** zw 는 복소수 $zw := (ac - bd, ad + bc)$ 로 정의한다. 또한 $1_{\mathbb{C}} := (1, 0)$ 을 **항등원**(complex identity)이라 한다.

곱셈 연산 역시 잘 정의되며 일반적인 대수 법칙을 따른다.

보조정리 4.6.6 z_1, z_2, z_3 가 복소수이면 다음이 성립한다.

- $z_1 z_2 = z_2 z_1$ (교환법칙)
- $(z_1 z_2) z_3 = z_1 (z_2 z_3)$ (결합법칙)
- $z_1 1_{\mathbb{C}} = 1_{\mathbb{C}} z_1 = z_1$ 을 만족하는 항등원 $1_{\mathbb{C}}$ 가 존재한다.
- $z_1(z_2 + z_3) = z_1 z_2 + z_1 z_3$, $(z_2 + z_3) z_1 = z_2 z_1 + z_3 z_1$ (분배법칙)

보조정리 4.6.6의 증명은 연습문제 2로 남긴다.

보조정리 4.6.4와 보조정리 4.6.6은 $\mathbb{C}$가 가환환(commutative ring)이라는 말로 더 간단히 설명할 수 있다. 평소처럼 $z+(-w)$를 간단히 $z-w$로 표기하자.

지금부터 임의의 실수 x를 복소수 $(x,0)$으로, 즉 $x \equiv (x,0)$으로 생각함으로써 실수 $\mathbb{R}$을 복소수 $\mathbb{C}$의 부분집합으로 생각한다. 이 항등식은 상등[12], 덧셈[13], 부정[14], 곱셈[15]의 정의가 변하지 않게 만드므로 더 이상 '실수의 덧셈'과 '복소수의 덧셈'을 구별하지 않아도 된다. 상등, 부정, 곱셈에 대해서도 비슷한 결과가 성립한다. 예를 들어 $3(2,4)$의 계산의 경우 실수 3을 복소수 $(3,0)$에 대응함으로써 $(3,0)(2,4) = (3\times 2 - 0\times 4, 3\times 4 + 0\times 2) = (6,12)$로 계산할 수 있다. 또한 $0 \equiv 0_{\mathbb{C}}$이고 $1 \equiv 1_{\mathbb{C}}$이므로 영 0과 항등원 1에서 $\mathbb{C}$라는 아래첨자를 제거할 수 있다.

i를 복소수 $i := (0,1)$로 정의하자. 그러면 복소수의 간단한 정의를 아래 보조정리처럼 재구성할 수 있다.

> **보조정리 4.6.7** 모든 복소수 $x \in \mathbb{C}$는 정확히 한 쌍의 실수 a, b에 대해 $z = a + bi$로 나타낼 수 있다. 또한 $i^2 = -1$이고 $-z = (-1)z$이다.

보조정리 4.6.7의 증명은 연습문제 3으로 남긴다.

보조정리 4.6.7에 따라 복소수의 형식적 기호인 (a,b)를 버리고, 보다 일반적인 $a+bi$라는 기호를 사용한다.

정의 4.6.8 실수부(real part)와 허수부(imaginary part)
실수 a와 b에 대해 z가 $z = a+bi$로 표현되는 복소수이면 a는 z의 **실수부**라 하고 $\Re(z) := a$로 표기한다. 또한 b는 z의 **허수부**라 하고 $\Im(z) := b$로 표기한다. 예를 들어 $\Re(3+4i) = 3$이고 $\Im(3+4i) = 4$이며, 일반적으로 $z = \Re(z) + i\Im(z)$가 성립한다. z가 실수일 필요충분조건은 $\Im(z) = 0$이고, z가 **허수(imaginary)**일 필요충분조건은 $\Re(z) = 0$이다. 예를 들어 $4i$는 허수이지만 $3+4i$는 실수와 허수가 모두 아니다. 또한 0은 실수와 허수 모두이다. z의 **켤레복소수(complex conjugate)** $\overline{z}$는 $\overline{z} := \Re(z) - i\Im(z)$로 정의한다. 예를 들어 $\overline{3+4i} = 3-4i$, $\overline{i} = -i$, $\overline{3} = 3$이다.

12 $x = y$일 필요충분조건이 $(x,0) = (y,0)$이다.
13 $x_1 + x_2 = x_3$일 필요충분조건이 $(x_1,0)+(x_2,0) = (x_3,0)$이다.
14 $x = -y$일 필요충분조건이 $(x,0) = -(y,0)$이다.
15 $x_1x_2 = x_3$일 필요충분조건이 $(x_1,0)(x_2,0) = (x_3,0)$이다.

켤레복소수의 연산에 관한 몇 가지 성질을 알아보자.

보조정리 4.6.9 켤레복소수의 성질

복소수 z와 w에 대해 다음이 성립한다.

- $\overline{z+w} = \overline{z} + \overline{w}$, $\overline{-z} = -\overline{z}$
- $\overline{zw} = \overline{z}\,\overline{w}$, $\overline{\overline{z}} = z$
- $\overline{z} = \overline{w}$일 필요충분조건은 $z = w$이다.
- $\overline{z} = z$일 필요충분조건은 z가 실수인 것이다.

보조정리 4.6.9의 증명은 연습문제 4로 남긴다.

『TAO 해석학 I』의 정의 4.3.1에서는 유리수 x의 절댓값 $|x|$의 개념을 정의하였고 이 개념을 명백하게 실수로 확장하였다. 그러나 복소수는 양수도 아니고 음수도 아니므로[16] 절댓값 개념을 복소수로 직접 확장할 수는 없다. 그러나 『TAO 해석학 I』의 5.6절 연습문제 4에서 살펴본 공식 $|x| = \sqrt{x^2}$을 일반화하여 절댓값을 정의할 수 있다.

정의 4.6.10 복소수 절댓값

$z = a + bi$가 복소수이면 z의 **절댓값(absolute value)** $|z|$는 다음과 같은 실수로 정의한다.

$$|z| := \sqrt{a^2 + b^2} = (a^2 + b^2)^{1/2}$$

『TAO 해석학 I』의 5.6절 연습문제 4에 따르면 복소수 절댓값 개념은 실수 절댓값 개념을 일반화한 것임을 알 수 있다. 절댓값의 몇 가지 좋은 성질을 알아보자.

보조정리 4.6.11 복소수 절댓값의 성질

복소수 z와 w에 대해 다음이 성립한다.

- $|z|$는 음이 아닌 실수이다.
- $|z| = 0$일 필요충분조건은 $z = 0$이다.
- 항등식 $z\overline{z} = |z|^2$, $|z| = \sqrt{z\overline{z}}$가 성립한다.
- $|zw| = |z||w|$이고 $|\overline{z}| = |z|$이다.
- **삼각부등식** $|z + w| \leq |z| + |w|$가 성립한다.
- 부등식 $-|z| \leq \Re(z) \leq |z|$, $-|z| \leq \Im(z) \leq |z|$, $|z| \leq |\Re(z)| + |\Im(z)|$가 성립한다.

보조정리 4.6.11의 증명은 연습문제 6으로 남긴다.

16 예를 들어 i는 양수나 음수로 판단할 수 없다. 그 이유는 연습문제 11에서 확인한다.

절댓값의 개념을 이용하여 역수의 개념을 정의할 수 있다.

정의 4.6.12 복소수의 역수

z가 영이 아닌 복소수이면 z의 **역수(reciprocal)** z^{-1}는 $z^{-1} := |z|^{-2}\overline{z}$를 만족하는 수이다.[17] 예를 들어 $(1+2i)^{-1} = |1+2i|^{-2}(1-2i) = (1^2+2^2)^{-1}(1-2i) = \frac{1}{5} - \frac{2}{5}i$이다. 만약 $z=0$이면 0의 역수 0^{-1}는 정의하지 않는다.

정의 4.6.12와 보조정리 4.6.11에 의해 다음이 성립한다.

$$zz^{-1} = z^{-1}z = |z|^{-2}\overline{z}z = |z|^{-2}|z|^2 = 1$$

따라서 실제로 z^{-1}가 z의 역수이다. $w \neq 0$인 임의의 두 복소수 z와 w에 대해 몫 $\frac{z}{w}$의 개념은 일반적으로 $\frac{z}{w} := zw^{-1}$로 정의한다. 추상대수학의 언어로 표현하면, 이 사실과 보조정리 4.6.6은 복소수가 유리수나 실수처럼 체(field)를 형성함을 보여준다.

두 복소수 사이의 거리는 $d(z,w) = |z-w|$로 정의한다.

보조정리 4.6.13 거리 d를 갖는 복소수 $\mathbb{C}$는 거리공간을 형성한다. $(z_n)_{n=1}^{\infty}$이 복소수 수열이고 z가 다른 복소수이면 거리공간에서 $\lim_{n\to\infty} z_n = z$일 필요충분조건은 $\lim_{n\to\infty} \Re(z_n) = \Re(z)$와 $\lim_{n\to\infty} \Im(z_n) = \Im(z)$가 성립하는 것이다.

보조정리 4.6.13의 증명은 연습문제 9로 남긴다.

지금까지 다룬 정의를 관찰하면 복소수 공간 $\mathbb{C}$는 유클리드평면 $\mathbb{R}^2$과 (거리공간으로서) 동일하다. 왜냐하면 두 복소수 (a,b)와 (a',b') 사이의 복소거리는 두 점 사이의 유클리드거리 $\sqrt{(a-a')^2+(b-b')^2}$과 정확히 같기 때문이다. 따라서 $\mathbb{R}^2$에서 성립하는 모든 거리공간의 성질이 $\mathbb{C}$에서도 성립한다. 예를 들어 $\mathbb{C}$는 완비공간이며 연결공간이지만 콤팩트 공간은 아니다.

또한 다음과 같은 일반적인 극한 법칙도 성립한다.

보조정리 4.6.14 복소수의 극한 법칙

수렴하는 복소수 수열 $(z_n)_{n=1}^{\infty}$, $(w_n)_{n=1}^{\infty}$과 복소수 c를 생각하자. 그러면 수열 $(z_n+w_n)_{n=1}^{\infty}$, $(z_n-w_n)_{n=1}^{\infty}$, $(cz_n)_{n=1}^{\infty}$, $(z_nw_n)_{n=1}^{\infty}$, $(\overline{z_n})_{n=1}^{\infty}$도 수렴하고 다음이 성립한다.

$$\lim_{n\to\infty}(z_n+w_n) = \lim_{n\to\infty} z_n + \lim_{n\to\infty} w_n$$

17 보조정리 4.6.11과 $|z|$가 양의 실수라는 사실에 따라 $|z|^{-2}$은 양의 실수로 잘 정의된다.

$$\lim_{n\to\infty}(z_n - w_n) = \lim_{n\to\infty} z_n - \lim_{n\to\infty} w_n$$
$$\lim_{n\to\infty} cz_n = c\lim_{n\to\infty} z_n$$
$$\lim_{n\to\infty} z_n w_n = \left(\lim_{n\to\infty} z_n\right)\left(\lim_{n\to\infty} w_n\right)$$
$$\lim_{n\to\infty} \overline{z_n} = \overline{\lim_{n\to\infty} z_n}$$

또한 w_n이 모두 영이 아니고 $\lim_{n\to\infty} w_n$도 영이 아니면 수열 $\left(\dfrac{z_n}{w_n}\right)_{n=1}^{\infty}$도 수렴하며 다음이 성립한다.

$$\lim_{n\to\infty}\frac{z_n}{w_n} = \frac{\lim_{n\to\infty} z_n}{\lim_{n\to\infty} w_n}$$

보조정리 4.6.14의 증명은 연습문제 10으로 남긴다.

실수체계와 복소수체계가 유사한 대수 법칙을 만족하고, 거리공간으로서의 구조를 갖는 등 매우 닮음을 관찰할 수 있다. 실제로 이 책에서 실숫값함수에 대해 증명한 많은 결과가 복소숫값함수에서도 여전히 성립한다. 증명도 '실수'를 '복소수'로 바꾸기만 하면 세부적인 증명 과정은 바꾸지 않아도 된다. 또는 복소숫값함수 f를 실수부 $\Re(f)$와 허수부 $\Im(f)$로 분리하여 $f = \Re(f) + i\Im(f)$로 나타낼 수 있다. 이 방법을 이용해 복소숫값함수 f에 대한 결과를 실숫값함수 $\Re(f)$, $\Im(f)$에 대응하는 결과로 나누어 유도할 수 있다. 예를 들어 3장의 점별수렴과 균등수렴에 관한 이론이나 이번 장에서 다룬 멱급수에 관한 이론은 별다른 어려움 없이 복소숫값함수로 확장할 수 있다. 특히 실수와 같은 방법으로 복소 지수함수를 정의할 수 있다.

정의 4.6.15 복소 지수함수(complex exponential function)

z가 복소수이면 함수 $\exp(z)$를 다음과 같이 정의한다.

$$\exp(z) := \sum_{n=0}^{\infty}\frac{z^n}{n!}$$

명제 4.5.4에서 영감을 받아 $\exp(z)$와 e^z을 서로 바꾸어 사용할 수 있다. 더불어 복소수 z와 다른 실수 $a > 0$에 대해 a^z을 정의할 수 있지만 이 책에서는 이 정의를 사용하지 않는다.

복소수 수열에 대한 비 판정법을 만들고 증명할 수 있다. 그리고 비 판정법을 이용해 모든 z에 대해 $\exp(z)$가 수렴함을 보일 수 있다. 예를 들어 $\exp(z+w) = \exp(z)\exp(w)$가 성립하는 등 정리 4.5.2의 많은 성질이 복소수에서도 성립함을 확인할 수 있다. 연습문제 12를 참고한다.[18] 또 다른

18 다른 성질은 복소 미분과 복소 적분이 필요하지만 그 내용은 이 책의 범위를 넘어서므로 다루지 않는다.

유용한 사실은 $\overline{\exp(z)} = \exp(\overline{z})$이다. 이 결과는 부분합 $\sum_{n=0}^{N} \frac{z^n}{n!}$의 켤레복소수에 극한 $N \to \infty$를 취하여 얻을 수 있다.

exp는 더 이상 가역함수가 아니고, 로그에 대한 다양한 멱급수는 (수렴반경이 무한인 exp와 달리) 유한 수렴반경을 가지므로 복소 로그함수는 좀 더 미묘하다. 이러한 민감한 문제는 이 책의 범위를 벗어나므로 여기서 논의하지 않는다.

4.6 연습문제

1. 보조정리 4.6.4를 증명하라.

2. 보조정리 4.6.6을 증명하라.

3. 보조정리 4.6.7을 증명하라.

4. 보조정리 4.6.9를 증명하라.

5. z가 복소수이면 $\Re(z) = \frac{z+\overline{z}}{2}$이고 $\Im(z) = \frac{z-\overline{z}}{2i}$임을 보여라.

6. 보조정리 4.6.11을 증명하라.

힌트 삼각부등식을 증명하기 위해 먼저 $\Re(z\overline{w}) \leq |z||w|$임을 증명한다. 그러면 연습문제 5에 의해 $z\overline{w} + \overline{z}w \leq 2|z||w|$이다. 다음으로 이 부등식의 양변에 $|z|^2 + |w|^2$을 더한다.

7. z와 w가 복소수이고 $w \neq 0$이면 $\left|\frac{z}{w}\right| = \frac{|z|}{|w|}$임을 보여라.

8. 영이 아닌 복소수 z와 w를 생각하자. 그러면 $|z+w| = |z| + |w|$일 필요충분조건은 적당한 양의 실수 $c > 0$가 존재하여 $z = cw$가 성립하는 것임을 보여라.

9. 보조정리 4.6.13을 증명하라.

10. 보조정리 4.6.14를 증명하라.

힌트 z_n과 w_n을 실수부와 허수부로 나눈 다음 극한 법칙(『TAO 해석학 I』의 정리 6.1.19)과 보조정리 4.6.13을 함께 사용한다.

11. 이 문제의 목적은 복소수가 양수도 아니고 음수도 아닌 이유를 설명하는 것이다. 다음과 같은 합리적인 공리(『TAO 해석학 I』의 명제 4.2.9 참고)를 만족하는 '양의 복소수'와 '음의 복소수'가 존재한다고 가정하자.

- **삼분법** : 모든 복소수 z에 대해 'z는 양수이다', 'z는 음수이다', 'z는 영이다' 중 정확히 한 명제만 참이다.
- **부정** : z가 양의 복소수이면 $-z$는 음수이다. 그리고 z가 음의 복소수이면 $-z$는 양수이다.
- **덧셈** : z와 w가 양의 복소수이면 $z+w$도 양수이다.
- **곱셈** : z와 w가 양의 복소수이면 zw도 양수이다.

이 네 가지 공리는 함께 성립할 수 없음을 보여라. 즉 이 공리들이 모두 성립하면 모순이 발생함을 보여라.

힌트 먼저 주어진 공리를 이용해 1이 양수임을 보이고 -1이 음수라고 결론짓는다. 다음으로 삼분법을 $z=i$에 적용해 어떤 경우라도 모순이 발생함을 보인다.

12. 복소수 수열에 대한 비 판정법을 증명하고, 이 결과를 이용해 복소 지수함수를 정의하는 데 사용한 급수가 절대수렴함을 보여라. 그리고 모든 복소수 z와 w에 대해 $\exp(z+w)=\exp(z)\exp(w)$가 성립함을 보여라.

4.7 삼각함수

지수함수와 로그함수에 이어 아주 중요한 함수인 삼각함수에 대해 논의한다. 쌍곡선함수, 초기하함수, 감마함수, 제타함수, 타원함수와 같이 수학에서 유용한 여러 함수가 있지만 드물게 사용되므로 이 책에서는 다루지 않는다.

종종 삼각함수는 원, 삼각형, 각이라는 기하적 개념을 이용해 정의한다. 그러나 삼각함수는 (복소) 지수함수를 활용한 해석적 개념을 이용해 정의할 수도 있다.

정의 4.7.1 삼각함수(trigonometric function)

z가 복소수이면 **코사인함수(cosine function)** cos를 다음과 같이 정의한다.

$$\cos(z) := \frac{e^{iz}+e^{-iz}}{2}$$

그리고 **사인함수(sine function)** sin을 다음과 같이 정의한다.

$$\sin(z) := \frac{e^{iz}-e^{-iz}}{2i}$$

위 공식은 복소 지수함수와 삼각함수 사이의 관계를 관찰한 레온하르트 오일러(Leonhard Euler, 1707-1783)가 1748년에 발견하였다. 사인함수와 코사인함수가 복소수 z에서 정의되었으므로 실수 x에 대한 정의도 바로 알 수 있다. 사실 삼각함수의 응용에서는 대부분 실수에 대한 삼각함수를 이용한다.

exp의 멱급수 정의에 의해 다음이 성립한다.

$$e^{iz} = 1 + iz - \frac{z^2}{2!} - \frac{iz^3}{3!} + \frac{z^4}{4!} + \cdots$$
$$e^{-iz} = 1 - iz - \frac{z^2}{2!} + \frac{iz^3}{3!} + \frac{z^4}{4!} - \cdots$$

따라서 삼각함수의 정의에 의해 다음이 성립한다.

$$\cos(z) = 1 - \frac{z^2}{2!} + \frac{z^4}{4!} - \cdots = \sum_{n=0}^{\infty} \frac{(-1)^n z^{2n}}{(2n)!}$$
$$\sin(z) = z - \frac{z^3}{3!} + \frac{z^5}{5!} - \cdots = \sum_{n=0}^{\infty} \frac{(-1)^n z^{2n+1}}{(2n+1)!}$$

특히 x가 실수이면 $\cos(x)$와 $\sin(x)$는 항상 실수이다. 비 판정법에 의해 모든 x에 대하여 두 멱급수 $\sum_{n=0}^{\infty} \frac{(-1)^n x^{2n}}{(2n)!}$과 $\sum_{n=0}^{\infty} \frac{(-1)^n x^{2n+1}}{(2n+1)!}$은 절대수렴하므로, $\sin(x)$와 $\cos(x)$는 0에서 실해석적이며 무한 수렴반경을 갖는다. 4.2절 연습문제 8에 따르면 사인함수와 코사인함수는 모든 실수 $\mathbb{R}$에서 실해석적이다.[19] 특히 사인함수와 코사인함수는 연속이며 미분가능하다.

정리 4.7.2에서는 사인함수와 코사인함수에 관한 몇 가지 기본 성질을 나열하였다.

19 사인함수와 코사인함수는 모든 복소수 $\mathbb{C}$에서도 복소해석적이지만 이와 관련한 내용을 이 책에서는 다루지 않는다.

정리 4.7.2 삼각함수의 항등식

실수 x와 y를 생각하자.

(a) $\sin^2 x + \cos^2 x = 1$

또한 모든 $x \in \mathbb{R}$에 대해 $\sin(x) \in [-1, 1]$이고 $\cos(x) \in [-1, 1]$이다.

(b) $\sin'(x) = \cos(x)$, $\cos'(x) = -\sin(x)$

(c) $\sin(-x) = -\sin(x)$, $\cos(-x) = \cos(x)$

(d) $\cos(x + y) = \cos(x)\cos(y) - \sin(x)\sin(y)$

$\sin(x + y) = \sin(x)\cos(y) + \cos(x)\sin(y)$

(e) $\sin(0) = 0$, $\cos(0) = 1$

(f) $e^{ix} = \cos(x) + i\sin(x)$, $e^{-ix} = \cos(x) - i\sin(x)$

$\cos(x) = \Re(e^{ix})$, $\sin(x) = \Im(e^{ix})$

정리 4.7.2의 증명은 연습문제 1로 남긴다.

sin과 cos의 몇 가지 다른 성질을 살펴보자.

보조정리 4.7.3 $\sin(x) = 0$인 양수 x가 존재한다.

증명

귀류법을 이용해 모든 $x \in (0, \infty)$에 대해 $\sin(x) \neq 0$이라 가정하자. 정리 4.7.2(d)에 의해 $\cos(x) = 0$이면 $\sin(2x) = 0$이므로(그 이유는?) 모든 $x \in (0, \infty)$에 대해 $\cos(x) \neq 0$이다. $\cos(0) = 1$이므로 중간값정리(『TAO 해석학 I』의 정리 9.7.1)에 의해 모든 $x > 0$에 대하여 $\cos(x) > 0$이다(그 이유는?). 또한 $\sin(0) = 0$이고 $\sin'(0) = 1 > 0$이므로 0의 근방에서 sin은 순증가한다. 따라서 0의 오른쪽에서 sin은 양수이다. 다시 한 번 중간값정리를 적용하면 모든 $x > 0$에 대해 $\sin(x) > 0$임을 확인할 수 있다. 만약 그렇지 않다면 sin은 $(0, \infty)$에서 근을 갖기 때문이다.

이제 코탄젠트함수를 $\cot(x) := \frac{\cos(x)}{\sin(x)}$로 정의하면 $(0, \infty)$인 모든 x에서 $\cot(x)$는 양수이고 미분 가능하다. 몫의 미분법(『TAO 해석학 I』의 정리 10.1.13(h))과 정리 4.7.2에 따라 $\cot(x)$의 도함수는 $\frac{-1}{\sin^2 x}$이다(그 이유는?). 특히 모든 $x > 0$에 대해 $\cot'(x) \leq -1$이 성립한다. 미분적분학의 제1기본정리(『TAO 해석학 I』의 정리 11.9.1)에 의해 모든 $x > 0$와 $s > 0$에 대하여 $\cot(x+s) \leq \cot(x) - s$가 참이다. 이때 $s \to \infty$이면 cot가 $(0, \infty)$에서 양수라는 사실에 대해 모순이 발생한다(그 이유는?). ■

집합 $E := \{x \in (0, +\infty) : \sin(x) = 0\}$을 생각하자. 즉 집합 E는 $(0, +\infty)$에서의 sin의 근의 집합이다. 보조정리 4.7.3에 의해 E는 공집합이 아니다. $\sin'(0) > 0$이므로 적당한 $c > 0$가 존재하여 $E \subseteq [c, +\infty)$이다(연습문제 2 참고). 또한 sin이 $[c, +\infty)$에서 연속이므로 E는 $[c, +\infty]$에서 닫혀있다(정리 2.1.5(d) 참고). $[c, +\infty)$가 $\mathbb{R}$에서 닫혀있으므로 E도 $\mathbb{R}$에서 닫혀있다. 따라서 E는 자신의 모든 밀착점을 포함하고 $\inf(E)$도 포함한다. 따라서 다음과 같은 정의를 얻는다.

정의 4.7.4 수 π를 다음과 같이 정의한다.

$$\pi := \inf\{x \in (0, \infty) : \sin(x) = 0\}$$

따라서 $\pi \in E \subseteq [c, +\infty)$이므로 $\pi > 0$이고 $\sin(\pi) = 0$이다. π의 정의에 의해 sin은 $(0, \pi)$에서 어떠한 근도 가질 수 없고 $(0, \pi)$에서 항상 양수여야 한다(중간값정리를 이용한 보조정리 4.7.3의 논법을 참고한다). $\cos'(x) = -\sin(x)$이므로 $\cos(x)$는 $(0, \pi)$에서 순감소함을 알 수 있다. $\cos(0) = 1$이므로 $\cos(\pi) < 1$이고, $\sin^2(\pi) + \cos^2(\pi) = 1$이며 $\sin(\pi) = 0$이어서 $\cos(\pi) = -1$이다. 이를 통해 다음과 같이 유명한 오일러 공식을 확인할 수 있다.

$$e^{\pi i} = \cos(\pi) + i\sin(\pi) = -1$$

다음으로 사인함수와 코사인함수의 또 다른 성질을 살펴보자.

정리 4.7.5 삼각함수의 주기성

실수 x를 생각하자.

(a) $\cos(x + \pi) = -\cos(x)$이고 $\sin(x + \pi) = -\sin(x)$이다. 또한 $\cos(x + 2\pi) = \cos(x)$이고 $\sin(x + 2\pi) = \sin(x)$이다. 즉 sin과 cos의 주기는 2π이다.

(b) $\sin(x) = 0$일 필요충분조건은 $\dfrac{x}{\pi}$가 정수인 것이다.

(c) $\cos(x) = 0$일 필요충분조건은 $\dfrac{x}{\pi}$가 정수에 $\dfrac{1}{2}$을 더한 값인 것이다.

정리 4.7.5의 증명은 연습문제 3으로 남긴다.

물론 탄젠트, 코탄젠트, 시컨트, 코시컨트와 같은 다른 삼각함수를 정의할 수 있고 익숙한 항등식들도 만들 수 있다. 이와 관련한 몇 가지 예를 연습문제에서 제시한다.

4.7 연습문제

1. 정리 4.7.2를 증명하라.

힌트 가능한 모든 것을 지수 형태로 작성한다.

2. $f : \mathbb{R} \to \mathbb{R}$이 $f(x_0) = 0$이고 $f'(x_0) \neq 0$이며 x_0에서 미분가능한 함수라고 하자. 적당한 $c > 0$가 존재하여 $0 < |x_0 - y| < c$일 때마다 $f(y)$가 영이 아님을 보여라. 그리고 이 사실을 이용해 적당한 $c > 0$가 존재하여 $0 < x < c$인 모든 x에 대해 $\sin(x) \neq 0$임을 확인하라.

3. 정리 4.7.5를 증명하라.

힌트 (c)를 증명하기 위해 먼저 $\sin\left(\frac{\pi}{2}\right)$와 $\cos\left(\frac{\pi}{2}\right)$를 계산하고 $\cos(x)$와 $\sin\left(x + \frac{\pi}{2}\right)$를 연결한다.

4. $x^2 + y^2 = 1$을 만족하는 실수 x와 y를 생각하자. $x = \sin(\theta)$와 $y = \cos(\theta)$를 만족하는 실수 θ가 $(-\pi, \pi]$에 유일하게 존재함을 보여라.

힌트 x와 y가 양수인 경우, 음수인 경우, 0인 경우로 나누어 생각한다.

5. r, s가 양의 실수이고 θ, α가 $re^{i\theta} = se^{i\alpha}$을 만족하는 실수이면 $r = s$이고 적당한 정수 k에 대해 $\theta = \alpha + 2\pi k$임을 보여라.

6. 영이 아닌 복소수 z를 생각하자. 연습문제 4를 이용해 $r > 0$, $\theta \in (\pi, \pi]$와 $z = re^{i\theta}$을 만족하는 실수 r, θ가 정확히 한 쌍 존재함을 보여라. 참고로 이 표현은 z의 **극좌표 표현**(standard polar representation)으로 알려져 있다.

7. 임의의 실수 θ와 정수 n에 대해 다음과 같은 **드 므와브르 항등식**(de Moivre identity)을 증명하라.

$$\cos(n\theta) = \Re((\cos\theta + i\sin\theta)^n), \quad \sin(n\theta) = \Im((\cos\theta + i\sin\theta)^n)$$

8. 탄젠트함수 $\tan : \left(-\frac{\pi}{2}, \frac{\pi}{2}\right) \to \mathbb{R}$을 $\tan(x) := \frac{\sin(x)}{\cos(x)}$로 정의하자. tan가 미분가능하고 단조증가하며 $\frac{d}{dx}\tan(x) = 1 + \tan^2 x$임을 보여라. 그리고 $\lim_{x \to \pi/2} \tan(x) = +\infty$이며 $\lim_{x \to -\pi/2} \tan(x) = -\infty$임을 보여라. 이 사실을 이용해 tan가 $\left(-\frac{\pi}{2}, \frac{\pi}{2}\right) \to \mathbb{R}$인 전단사함수

임을 보이고, 역함수 $\tan^{-1} : \mathbb{R} \to \left(-\frac{\pi}{2}, \frac{\pi}{2}\right)$가 존재함을 보여라. 이 역함수를 **역탄젠트함수** (arctangent function)라고 한다. 그리고 $\tan^{-1}$가 미분가능하며 $\frac{d}{dx}\tan^{-1}(x) = \frac{1}{1+x^2}$ 임을 보여라.

9. 연습문제 8의 역탄젠트함수 $\tan^{-1}$를 생각하자. 정리 4.5.6(**e**)의 증명을 수정하여 모든 $x \in (-1.1)$에 대해 다음 항등식이 성립함을 보여라.

$$\tan^{-1}(x) = \sum_{n=0}^{\infty} \frac{(-1)^n x^{2n+1}}{2n+1}$$

또한 아벨 정리(정리 4.3.1)를 이용해 이 항등식이 $x = 1$인 경우에도 성립함을 보이고, 다음 식이 성립함을 확인하라.

$$\pi = 4 - \frac{4}{3} + \frac{4}{5} - \frac{4}{7} + \cdots = 4\sum_{n=0}^{\infty} \frac{(-1)^n}{2n+1}$$

이 급수는 『TAO 해석학 I』의 명제 7.2.11에서 살펴본 교대급수 판정법에 의해 수렴한다. 이 식을 이용해 $4 - \frac{4}{3} < \pi < 4$임을 확인하라. 참고로 누군가는 $\pi = 3.1415926\cdots$ 보다 더 정확한 근삿값을 계산할 수도 있다. 그러나 이 문제에서 제시한 식은 매우 느리게 수렴하므로 다른 형태의 공식을 사용하면 더 편리하다.

10. $f : \mathbb{R} \to \mathbb{R}$을 다음과 같은 함수라 할 때 주어진 물음에 답하라.

$$f(x) := \sum_{n=1}^{\infty} 4^{-n} \cos(32^n \pi x)$$

(a) 주어진 급수가 균등수렴하고 f가 연속임을 보여라.

(b) 임의의 정수 j와 $m \geq 1$에 대해 다음이 성립함을 보여라.

$$\left| f\left(\frac{j+1}{32^m}\right) - f\left(\frac{j}{32^m}\right) \right| \geq 4^{-m}$$

힌트 특정한 수열 a_n에 관한 다음 항등식을 사용한다.

$$\sum_{n=1}^{\infty} a_n = \left(\sum_{n=1}^{m-1} a_n\right) + a_m + \sum_{n=m+1}^{\infty} a_n$$

또한 코사인함수의 주기가 2π라는 사실과 임의의 $|r| < 1$에 대해 $\sum_{n=0}^{\infty} r^n = \frac{1}{1-r}$인 기하급수 공식을 사용한다. 끝으로 임의의 실수 x와 y에 관한 부등식 $|\cos(x) - \cos(y)| \leq |x - y|$이 필요하다. 이 부등식을 증명하기 위해 평균값정리(『TAO 해석학 I』의 따름정리 10.2.9)와 미분적분학의 제2기본정리(『TAO 해석학 I』의 정리 11.9.4)가 필요하다.

(c) (b)를 이용해 모든 실수 x_0에서 f가 미분불가능함을 보여라.

힌트 『TAO 해석학 I』의 5.4절 연습문제 3에 따르면 적당한 정수 j가 존재하여 모든 x_0와 $m \geq 1$에 대해 $j \leq 32^m x_0 \leq j+1$이 성립한다.

(d) (c)의 결과가 따름정리 3.7.3에 위배되지 않는 이유를 간략히 설명하라.

5

푸리에 급수
Fourier series

3장과 4장에서 연속인 콤팩트 지지함수와 같은 특정 형태의 함수가 어떻게 다항식으로 근사하는지 논의하였다. 이후에는 실해석함수처럼 다른 함수들을 (근사식이 아니라) 정확히 무한 다항식으로, 좀 더 정확히 말하면 멱급수로 표현할 수 있는지 살펴보았다.

멱급수는 앞서 설명한 지수함수, 삼각함수와 같은 특수한 함수를 다룰 때 특히 유용하다. 그러나 멱급수가 유용하지 않은 몇 가지 상황이 존재한다. 예를 들면 모든 곳에서 실해석함수가 아니라 모든 점의 주위에서 멱급수가 존재하지 않는 $\sqrt{x}$와 같은 함수를 다루는 경우이다.

다행히도 **푸리에 급수**(Fourier series)라고 하는 또 다른 급수 표현법이 존재한다. 푸리에 급수는 용도가 약간 다르지만 해석학에서 매우 강력한 도구이다. 콤팩트 지지함수를 분석하는 대신 **주기함수**(periodic function)를 분석하며, 다항식으로 나누는 대신 **삼각다항식**(trigonometric polynomial)으로 나눈다. 간략히 말하면 푸리에 급수의 이론은 모든 주기함수를 사인함수와 코사인함수의 (무한)합으로 분해하는 과정을 설명한다.

참고 5.0.1 조제프 푸리에(Joseph Fourier, 1768–1830)는 나폴레옹의 이집트 침공 당시 동행한 행정관이었으며, 나폴레옹의 통치 기간에 프랑스 총독이었다. 나폴레옹 전쟁 이후에는 수학자로 돌아왔다. 푸리에는 1807년에 오늘날 열 방정식(heat equation)으로 알려진 방정식을 푼 중요한 논문에서 푸리에 급수를 소개하였다. 푸리에는 '모든 주기함수가 사인함수와 코사인함수의 합으로 표현된다'고 주장하였는데, 당시에 오일러와 같은 저명한 수학자들조차 이 주장은 불가능하다고 선언하였다. 비록 증명이 완벽히 엄밀하지 않고 거의 100년 동안 주장이 받아들여지지 않았지만 푸리에는 이 주장이 성립함을 보였다.

푸리에 급수와 멱급수의 이론 사이에는 몇 가지 유사점이 있으나 중요한 차이가 있다. 예를 들어 푸리에 급수는 일반적으로 균등거리(L^∞-거리)로 쟀을 때 수렴하지 않는다. 대신 푸리에 급수는 L^2-거리에서 수렴한다. 또한 멱급수에서는 간단한 역할만 했던 복소수를 푸리에 급수에서는 중요하게 사용한다.

푸리에 급수 이론과 관련 주제[1]는 굉장히 광범위하며 그 자체만으로 수업 하나를 진행할 수 있다. 푸리에 급수는 미분방정식, 신호처리, 전기공학, 물리학, 해석학과 직접 연관될 뿐 아니라 대수학과 정수론에도 적용되는 등 다양한 분야에서 사용된다. 그러나 이 책에서는 푸리에 급수 이론의 핵심만 살펴보고 응용은 거의 다루지 않을 것이다.

1 푸리에 적분(Fourier integral)이나 라플라스 변환(Laplace transform)이 있다.

5.1 주기함수

푸리에 급수 이론은 곧 정의할 **주기함수**의 분석에서 시작한다. 주기함수는 실숫값함수보다 복소숫값함수에서 작업하는 게 더 편리하다.

정의 5.1.1 주기함수(periodic function)
실수 $L > 0$을 생각하자. 모든 실수 x에 대해 함수 $f : \mathbb{R} \to \mathbb{C}$가 $f(x+L) = f(x)$를 만족하면 함수 f는 L을 주기로 갖는 **주기함수**[2]라고 한다.

EX 5.1.2 복소숫값함수 $f(x) = e^{ix}$과 같이 실숫값함수 $f(x) = \sin(x)$와 $f(x) = \cos(x)$는 주기가 2π인 주기함수이다. 이 함수들의 주기를 4π, 6π 등으로 말할 수도 있다(그 이유는?). 그러나 함수 $f(x) = x$는 주기함수가 아니다. 상수함수 $f(x) = 1$은 모든 수 L에 대해 L–주기함수이다.

참고 5.1.3 함수 f가 L–주기함수이면 모든 정수 k에 대해 $f(x+kL) = f(x)$가 성립한다.[3] 특히 함수 f가 1–주기함수이면 모든 $k \in \mathbb{Z}$에 대해 $f(x+k) = f(x)$가 성립한다. 이 결과에 따라 1–주기함수는 **$\mathbb{Z}$–주기함수**라고도 한다. 또한 L–주기함수는 **$L\mathbb{Z}$–주기함수**라고 한다.

EX 5.1.4 임의의 정수 n에 대해 함수 $\cos(2\pi nx)$, $\sin(2\pi nx)$, $e^{2\pi inx}$은 모두 $\mathbb{Z}$–주기함수이다(만약 n이 정수가 아니면 어떻게 될까?). 또 다른 $\mathbb{Z}$–주기함수의 예는 어떤 정수 n에 대해 $x \in \left[n, n+\frac{1}{2}\right)$이면 $f(x) := 1$이고, $x \in \left[n+\frac{1}{2}, n+1\right)$이면 $f(x) := 0$인 함수 $f : \mathbb{R} \to \mathbb{C}$이다. 이 함수는 **스퀘어 파동**(square wave)[4]의 예이다.

이제부터 간단한 논의를 위해 $\mathbb{Z}$–주기함수만 다룬다.[5] $\mathbb{Z}$–주기함수 $f : \mathbb{R} \to \mathbb{C}$를 살펴보기 위해서는 $[0, 1)$에서의 f의 함숫값만 결정하면 충분하다. 이 구간에서의 함숫값만 결정하면 다른 모든

---

2 **L–주기함수**(L–periodic function)라고도 한다.

3 이 사실을 보이려면 양수 k에 대해 귀납법을 적용하고 양수 k에 대한 결과를 음수 k에 대한 결과로 치환하여 변환한다. $k = 0$인 경우는 자명하다.

4 **(감수자)** 스퀘어 파동은 고정된 최댓값과 최솟값을 주기적으로 반복하는 파형으로, 최댓값과 최솟값의 전환이 순간적으로 일어나는 불연속파동이다. 따라서 파형의 그래프가 직사각형을 그린다.

5 L–주기함수의 푸리에 이론에 관한 내용은 5.5절 연습문제 6을 참고한다.

곳에서의 f의 함숫값이 결정되기 때문이다. 왜냐하면 모든 실수 x는 정수 k[6]와 실수 $y \in [0.1)$[7]에 대해 $x = k + y$로 나타낼 수 있기 때문이다. 연습문제 1을 참고하자. 이에 따라 $\mathbb{Z}$-주기함수 f를 구간 $[0,1)$에 대해서만 설명하기도 하며, 이와 같은 결과를 실수 $\mathbb{R}$로의 **주기적 확장**(extended periodically)이라고 한다. 즉 임의의 실수 x에 대해 $x = k+y$로 표현할 수 있으면 $f(x) := f(y)$로 설정함으로써 $f(x)$를 정의한다. 구간 $[0,1)$ 대신에 길이 1을 갖는 임의의 반열린구간으로 설정해도 괜찮지만 여기서는 그렇게 설정하지 않는다.

연속인 복소숫값 $\mathbb{Z}$-주기함수들의 공간을 $C(\mathbb{R}/\mathbb{Z};\mathbb{C})$로 표기하자.[8] '연속'이란 $\mathbb{R}$의 모든 점에서 연속임을 의미한다. 한편 $[0,1)$과 같은 구간에서 연속이라는 조건은 충분하지 않다. 왜냐하면 이 경우 1의 좌극한과 우극한 사이에서 불연속이 발생할 수 있기 때문이다(이와 같은 문제는 1이 아닌 다른 정수에 대해서도 발생할 수 있다). 예를 들어 함수 $\sin(2\pi nx)$, $\cos(2\pi nx)$, $e^{2\pi inx}$이나 상수함수는 $C(\mathbb{R}/\mathbb{Z};\mathbb{C})$의 원소이다. 그러나 앞에서 언급한 스퀘어 파동 함수는 연속이 아니므로 $C(\mathbb{R}/\mathbb{Z};\mathbb{C})$의 원소가 아니다. 또한 함수 $\sin(x)$는 $\mathbb{Z}$-주기함수가 아니므로 $C(\mathbb{R}/\mathbb{Z};\mathbb{C})$에 속하지 않는다.

보조정리 5.1.5 $C(\mathbb{R}/\mathbb{Z};\mathbb{C})$의 기본 성질

(a) **유계성** : $f \in C(\mathbb{R}/\mathbb{Z};\mathbb{C})$이면 f는 유계이다. 즉 모든 $x \in \mathbb{R}$에 대해 어떤 양의 실수 $M > 0$이 존재하여 $|f(x)| \le M$을 만족하면 f는 유계이다.

(b) **벡터공간과 대수적 성질** : $f, g \in C(\mathbb{R}/\mathbb{Z};\mathbb{C})$이면 함수 $f+g$, $f-g$, fg도 $C(\mathbb{R}/\mathbb{Z};\mathbb{C})$에 속한다. 또한 임의의 복소수 c에 대해 함수 cf도 $C(\mathbb{R}/\mathbb{Z};\mathbb{C})$에 속한다.

(c) **균등극한에 대해 닫혀있다** : $(f_n)_{n=1}^{\infty}$이 함수 $f:\mathbb{R}\to\mathbb{C}$로 균등수렴하는 $C(\mathbb{R}/\mathbb{Z};\mathbb{C})$의 함수열이면 f도 $C(\mathbb{R}/\mathbb{Z};\mathbb{C})$에 속한다.

보조정리 5.1.5의 증명은 연습문제 2로 남긴다.

균등수렴에서 익숙한 상한노름거리

$$d_{\infty}(f,g) = \sup_{x\in\mathbb{R}} |f(x)-g(x)| = \sup_{x\in[0,1)} |f(x)-g(x)|$$

를 다시 도입하면 $C(\mathbb{R}/\mathbb{Z};\mathbb{C})$를 거리공간으로 만들 수 있다. 위 식에서 왜 첫 번째 상한이 두 번째 상한과 같을까? 연습문제 3을 참고한다.

---

6 이 수는 x의 **정수부분**(integral part)이라 하고 기호 $[x]$로 표기한다.

7 이 수는 x의 **소수부분**(fractional part)이라 하고 기호 $\{x\}$로 표기한다.

8 기호 $\mathbb{R}/\mathbb{Z}$는 덧셈군(additive group) $\mathbb{R}$을 덧셈군 $\mathbb{Z}$로 나눈 몫군(quotient group)을 표기하는 대수학에서의 기호이다. 더 자세한 정보는 대수학 책을 참고한다.

5.1 연습문제

1. 임의의 실수 x를 $x = k + y$로 표현하는 방법이 유일함을 보여라. 단, k는 정수이고 $y \in [0, 1)$이다.

힌트 존재성을 증명하기 위해 $k := \sup\{l \in \mathbb{Z} : l \leq x\}$로 설정한다.

2. 보조정리 5.1.5를 증명하라.

힌트 (a)를 증명하기 위해 먼저 f가 $[0, 1]$에서 유계임을 보인다.

3. 상한노름거리 d_∞를 갖는 $C(\mathbb{R}/\mathbb{Z}; \mathbb{C})$가 거리공간임을 보여라. 추가로 $C(\mathbb{R}/\mathbb{Z}; \mathbb{C})$가 완비거리공간임을 보여라.

5.2 주기함수의 내적

보조정리 5.1.5에 따르면 연속인 주기함수의 덧셈, 뺄셈, 곱셈, 나눗셈, 극한 연산이 가능하다. 공간 $C(\mathbb{R}/\mathbb{Z}; \mathbb{C})$에는 여전히 몇 가지 연산이 더 필요하다. 첫 번째로 알아볼 연산은 내적이다.

정의 5.2.1 내적(inner product)

$f, g \in C(\mathbb{R}/\mathbb{Z}; \mathbb{C})$일 때, **내적** $\langle f, g\rangle$를 다음과 같이 정의한다.

$$\langle f, g\rangle = \int_{[0,1]} f(x)\overline{g(x)}\, dx$$

참고 5.2.2 복소숫값함수 $f(x) = g(x) + ih(x)$의 적분을 $\int_{[a,b]} f := \int_{[a,b]} g + i\int_{[a,b]} h$로 정의한다. 즉 함수 f를 실수부와 허수부로 분리하여 적분한다. 예를 들어 $\int_{[1,2]} (1 + ix)\, dx = \int_{[1,2]} 1\, dx + i\int_{[1,2]} x\, dx = 1 + \frac{3}{2}i$이다. 부분적분, 미분적분학의 기본정리, 치환적분 등 미분적분학의 모든 표준 성질이 실숫값함수 대신 복소숫값함수인 경우에도 여전히 성립함을 쉽게 확인할 수 있다.

EX 5.2.3 $f(x) := 1$로 정의한 상수함수 f와 $g(x) := e^{2\pi ix}$으로 정의한 함수 g를 생각하자. 그러면 다음이 성립한다.

$$\begin{aligned}\langle f, g\rangle &= \int_{[0,1]} 1\overline{e^{2\pi ix}}\, dx = \int_{[0,1]} e^{-2\pi ix}\, dx \\ &= \frac{e^{-2\pi ix}}{-2\pi i}\bigg|_{x=0}^{x=1} = \frac{e^{-2\pi i} - e^0}{-2\pi i} \\ &= \frac{1-1}{-2\pi i} = 0\end{aligned}$$

참고 5.2.4 일반적으로 내적 $\langle f, g\rangle$는 복소수이다. 두 함수가 모두 유계이고 연속이므로 $f(x)\overline{g(x)}$는 리만 적분가능하다.

간략히 말하면 공간 $C(\mathbb{R}/\mathbb{Z};\mathbb{C})$에서의 내적 $\langle f, g\rangle$는 $\mathbb{R}^n$과 같은 유클리드공간에서의 내적 $x \cdot y$와 같다. 다음 보조정리에서 내적의 기본 성질 몇 가지를 소개한다. 벡터공간의 내적에 대한 자세한 내용은 선형대수학 책에서 찾을 수 있지만 이 책의 범위를 넘어서는 내용이므로 생략한다.

보조정리 5.2.5 $f, g, h \in C(\mathbb{R}/\mathbb{Z};\mathbb{C})$를 생각하자.

(a) **에르미트 성질**(Hermitian property) : $\langle g, f\rangle = \overline{\langle f, g\rangle}$

(b) **양의 성질** : $\langle f, f\rangle \geq 0$이다. 또한 $\langle f, f\rangle = 0$일 필요충분조건은 $f = 0$이다. 즉 모든 실수 $x \in \mathbb{R}$에 대해 $f(x) = 0$이다.

(c) **첫 번째 변수의 선형성** : $\langle f + g, h\rangle = \langle f, h\rangle + \langle g, h\rangle$이다. 임의의 복소수 c에 대해 $\langle cf, g\rangle = c\langle f, g\rangle$이다.

(d) **두 번째 변수의 반선형성**(antilinearity) : $\langle f, g+h\rangle = \langle f, g\rangle + \langle f, h\rangle$이다. 임의의 복소수 c에 대해 $\langle f, cg\rangle = \overline{c}\langle f, g\rangle$이다.

보조정리 5.2.5의 증명은 연습문제 1로 남긴다.

보조정리 5.2.5의 양의 성질에 의해 함수 $f \in C(\mathbb{R}/\mathbb{Z};\mathbb{C})$의 L^2 노름 $\|f\|_2$를 다음과 같은 공식으로 정의한다.

$$\|f\|_2 := \sqrt{\langle f, f\rangle} = \left(\int_{[0,1]} f(x)\overline{f(x)}\, dx\right)^{1/2} = \left(\int_{[0,1]} |f(x)|^2\, dx\right)^{1/2}$$

그러면 모든 f에 대해 $\|f\|_2 \geq 0$이다. 노름 $\|f\|_2$는 f의 **제곱평균제곱근**(root mean square)이라고도 한다.

EX 5.2.6 $f(x)$가 함수 $e^{2\pi ix}$이면 다음이 성립한다.

$$\|f\|_2 = \left(\int_{[0,1]} e^{2\pi ix}e^{-2\pi ix}\ dx\right)^{1/2} = \left(\int_{[0,1]} 1\ dx\right)^{1/2} = 1^{1/2} = 1$$

L^2 노름은 L^∞ 노름인 $\|f\|_\infty := \sup_{x\in\mathbb{R}} |f(x)|$와 유사하지만 차이가 있다. 예를 들어 $f(x) = \sin(2\pi x)$이면 $\|f\|_\infty = 1$이지만 $\|f\|_2 = \dfrac{1}{\sqrt{2}}$이다. 일반적으로 $0 \le \|f\|_2 \le \|f\|_\infty$이다. 연습문제 3을 참고한다.

다음 보조정리에서 L^2 노름의 기본 성질을 소개한다.

보조정리 5.2.7 $f, g \in C(\mathbb{R}/\mathbb{Z};\mathbb{C})$를 생각하자.

(a) **비퇴화성** : $\|f\|_2 = 0$일 필요충분조건은 $f = 0$이다.

(b) **코시–슈바르츠 부등식** : $|\langle f, g\rangle| \le \|f\|_2\|g\|_2$

(c) **삼각부등식** : $\|f+g\|_2 \le \|f\|_2 + \|g\|_2$

(d) **피타고라스 정리** : $\langle f, g\rangle = 0$이면 $\|f+g\|_2^2 = \|f\|_2^2 + \|g\|_2^2$이다.

(e) **균질성**(homogeneity) : 모든 $c \in \mathbb{C}$에 대해 $\|cf\|_2 = |c|\|f\|_2$이다.

보조정리 5.2.7의 증명은 연습문제 2로 남긴다.

피타고라스 정리의 관점에서 f와 g가 **직교**(orthogonal)할 필요충분조건은 $\langle f, g\rangle = 0$이다.

다음으로 $C(\mathbb{R}/\mathbb{Z};\mathbb{C})$에서 $\boldsymbol{L^2}$**–거리** d_{L^2}를 다음과 같이 정의한다.

$$d_{L^2}(f, g) := \|f-g\|_2 = \left(\int_{[0,1]} |f(x)-g(x)|^2\ dx\right)^{1/2}$$

참고 5.2.8 d_{L^2}가 실제로 거리인지 증명할 수 있다(연습문제 4 참고). 실제로 L^2–거리는 유클리드공간 $\mathbb{R}^n$에서의 l^2–거리와 매우 유사하다. 이에 따라 두 거리의 기호가 비슷하다. 두 거리가 비슷함을 확인하려면 두 거리를 직접 비교해야 한다.

L^2–거리에서 $C(\mathbb{R}/\mathbb{Z};\mathbb{C})$의 함수열 f_n이 $n \to \infty$일 때 $d_{L^2}(f_n, f) \to 0$을 만족하면, 함수열 f_n은 $f \in C(\mathbb{R}/\mathbb{Z};\mathbb{C})$로 **수렴**한다. 즉 다음과 같다.

$$\lim_{n\to\infty} \int_{[0,1]} |f_n(x) - f(x)|^2\ dx = 0$$

참고 5.2.9 L^2–거리에서의 수렴 개념은 균등수렴이나 점별수렴과 다르다. 연습문제 6을 참고한다.

참고 5.2.10 L^2–거리는 L^∞–거리만큼 잘 작동하지 않는다. 예를 들어 공간 $C(\mathbb{R}/\mathbb{Z};\mathbb{C})$는 L^∞–거리에서 완비거리공간이지만, L^2–거리에서는 완비거리공간이 아니다. 연습문제 5를 참고한다.

5.2 연습문제

1. 보조정리 5.2.5를 증명하라.

힌트 (b)의 마지막 부분을 증명하기 위해 약간의 트릭이 필요하다. 귀류법을 이용해 f가 영함수가 아니라고 가정하고 $\int_{[0,1]} |f(x)|^2$이 양수임을 보인다. f와 $|f|$가 연속이라는 사실을 이용해야 한다.

2. 보조정리 5.2.7을 증명하라.

힌트 보조정리 5.2.5를 자주 사용한다. 코시–슈바르츠 부등식을 증명하기 위해 양의 성질 $\langle f, f\rangle \geq 0$에서 시작한다. 그러나 여기서 f 대신 함수 $f\|g\|_2^2 - \langle f, g\rangle g$를 사용하고 보조정리 5.2.5를 이용해 간단히 나타낸다. 또한 $\|g\|_2 = 0$인 경우를 구분해 다뤄야 할 수도 있다. 코시–슈바르츠 부등식을 이용해 삼각부등식을 증명한다.

3. 함수 $f \in C(\mathbb{R}/\mathbb{Z};\mathbb{C})$가 영함수가 아니면 $0 < \|f\|_2 \leq \|f\|_\infty$임을 보여라. 역으로 $0 < A \leq B$가 실수이면 $\|f\|_2 = A$이고 $\|f\|_\infty = B$인 영함수가 아닌 함수 $f \in C(\mathbb{R}/\mathbb{Z};\mathbb{C})$가 존재함을 보여라.

힌트 g가 $C(\mathbb{R}/\mathbb{Z};\mathbb{C})$에서 상수가 아니며 음이 아닌 실수값함수라고 하자. 실수 $c, d > 0$에 대해 $f = (c + dg)^{1/2}$ 형태의 함수 f를 생각한다.

4. $C(\mathbb{R}/\mathbb{Z};\mathbb{C})$에서의 L^2–거리 d_{L^2}가 실제로 $C(\mathbb{R}/\mathbb{Z};\mathbb{C})$를 거리공간을 만듦을 증명하라(1.1절 연습문제 6 참고).

5. L^2–거리에서 불연속인 주기함수로 수렴하는 연속인 주기함수열의 예를 찾으라(불연속함수의 L^2 노름도 연속함수와 마찬가지로 정의한다).

힌트 스퀘어 파동 함수로 수렴하는 함수를 찾는다.

6. $f \in C(\mathbb{R}/\mathbb{Z};\mathbb{C})$와 $C(\mathbb{R}/\mathbb{Z};\mathbb{C})$의 함수열 $(f_n)_{n=1}^{\infty}$을 생각하자. 다음 물음에 답하라.

(a) f_n이 f로 균등수렴하면 L^2-거리에서도 f_n이 f로 수렴함을 보여라.

(b) L^2-거리에서 f_n이 f로 수렴하지만, f_n이 f로 균등수렴하지 않는 예를 제시하라.

힌트 $f = 0$으로 두고, 함수열 f_n을 상한노름에서 크게 만든다.

(c) L^2-거리에서 f_n이 f로 수렴하지만, f_n이 f로 점별수렴하지 않는 예를 제시하라.

힌트 $f = 0$으로 두고, 함수열 f_n을 한 점에서 크게 만든다.

(d) f_n이 f로 점별수렴하지만, L^2-거리에서 수렴하지 않는 예를 제시하라.

힌트 $f = 0$으로 두고, L^2-거리에서 함수 f_n을 크게 만든다.

5.3 삼각다항식

이제 **삼각다항식**을 정의한다. 다항식을 함수 x^n[9]의 조합으로 구성하였듯이, 삼각다항식은 함수 $e^{2\pi inx}$[10]의 조합으로 구성한다.

정의 5.3.1 삼각기저함수(character)

각 정수 n에 대해 $e_n \in C(\mathbb{R}/\mathbb{Z};\mathbb{C})$를 다음과 같은 함수로 표기하자.

$$e_n(x) := e^{2\pi inx}$$

이 함수는 종종 빈도 n을 갖는 **삼각기저함수**라고 한다.

정의 5.3.2 삼각다항식(trigonometric polynomial)

$C(\mathbb{R}/\mathbb{Z};\mathbb{C})$의 함수 f를 어떤 정수 $N \geq 0$과 복소수 $(c_n)_{n=-N}^{N}$에 대해 $f = \sum_{n=-N}^{N} c_n e_n$으로 표현할 수 있으면 f를 **삼각다항식**이라고 한다.

9 x^n을 **단항식**(monomial)이라고도 한다.

10 $e^{2\pi inx}$을 **삼각기저함수**(character)라고도 한다.

EX 5.3.3 함수 $f = 4e_{-2} + ie_{-1} - 2e_0 + 0e_1 - 3e_2$는 삼각다항식이다. 이 식을 다시 표현하면 다음과 같다.

$$f(x) = 4e^{-4\pi ix} + ie^{-2\pi ix} - 2 - 3e^{4\pi ix}$$

EX 5.3.4 임의의 정수 n에 대해 함수 $\cos(2\pi nx)$는 다음과 같으므로 삼각다항식이다.

$$\cos(2\pi nx) = \frac{e^{2\pi inx} + e^{-2\pi inx}}{2} = \frac{1}{2}e_{-n} + \frac{1}{2}e_n$$

비슷하게 함수 $\sin(2\pi nx) = \frac{-1}{2i}e_{-n} + \frac{1}{2i}e_n$도 삼각다항식이다. 사실 임의의 사인함수와 코사인함수의 선형결합도 삼각다항식이다. 예를 들면 $3 + i\cos(2\pi x) + 4i\sin(4\pi x)$는 삼각다항식이다.

푸리에 정리는 다항식에서의 멱급수처럼 $C(\mathbb{R}/\mathbb{Z};\mathbb{C})$의 모든 함수를 삼각다항식으로 구성된 푸리에 급수로 표현할 수 있다는 의미이다. 이를 보이기 위해 5.2절에서 살펴본 내적의 구조를 사용한다. 중요한 계산은 다음 보조정리와 같다.

보조정리 5.3.5 삼각기저함수는 정규직교한다

임의의 정수 n과 m에 대해 $n = m$이면 $\langle e_n, e_m \rangle = 1$이고, $n \neq m$이면 $\langle e_n, e_m \rangle = 0$이다. 또한 $\|e_n\|_2 = 1$이다.

보조정리 5.3.5의 증명은 연습문제 2로 남긴다.

결과적으로 삼각다항식의 계수에 관한 다음 공식을 얻는다.

따름정리 5.3.6 삼각다항식 $f = \sum_{n=-N}^{N} c_n e_n$을 생각하자. 그러면 $-N \leq n \leq N$을 만족하는 모든 정수 n에 대해 다음이 성립한다.

$$c_n = \langle f, e_n \rangle$$

또한 $n > N$이거나 $n < -N$이면 $0 = \langle f, e_n \rangle$이 성립한다. 끝으로 다음 공식이 성립한다.

$$\|f\|_2^2 = \sum_{n=-N}^{N} |c_n|^2$$

따름정리 5.3.6의 증명은 연습문제 3으로 남긴다.

따름정리 5.3.6의 결론을 다른 방법으로 다시 표현해보자.

정의 5.3.7 푸리에 변환(Fourier transform)

임의의 함수 $f \in C(\mathbb{R}/\mathbb{Z};\mathbb{C})$와 정수 $n \in \mathbb{Z}$에 대해 f의 n번째 **푸리에 계수(Fourier coefficient)** $\hat{f}(n)$은 다음과 같다.

$$\hat{f}(n) := \langle f, e_n \rangle = \int_{[0,1]} f(x)e^{-2\pi inx}\,dx$$

함수 $\hat{f}: \mathbb{Z} \to \mathbb{C}$는 f의 **푸리에 변환**이라고 한다.

따름정리 5.3.6에 의해 $f = \sum_{n=-N}^{N} c_n e_n$이 삼각다항식이면

$$f = \sum_{n=-N}^{N} \langle f, e_n \rangle e_n = \sum_{n=-\infty}^{\infty} \langle f, e_n \rangle e_n$$

이고, 다음과 같은 **푸리에 역변환 공식**(Fourier inversion formula)이 성립한다.

$$f = \sum_{n=-\infty}^{\infty} \hat{f}(n) e_n$$

다시 말해 다음이 성립한다.

$$f(x) = \sum_{n=-\infty}^{\infty} \hat{f}(n) e^{2\pi inx}$$

위 식의 우변을 f의 **푸리에 급수**(Fourier series)라고 한다. 또한 따름정리 5.3.6의 두 번째 공식에 의해 다음과 같은 **플랑셰렐 공식**(Plancherel formula)이 성립한다.

$$\|f\|_2^2 = \sum_{n=-\infty}^{\infty} |\hat{f}(n)|^2$$

참고 5.3.8 f가 삼각다항식인 경우에 대해서만 푸리에 역변환과 플랑셰렐 공식을 증명했다는 점을 다시 한 번 강조한다. 이 경우 푸리에 계수 $\hat{f}(n)$은 대부분 0임에 유의한다(실제로 $-N \le n \le N$인 경우에만 0이 아니다). 따라서 이 무한합은 사실상 유한합에 불과하다. 이 합은 유한합이므로 점별수렴하고 균등수렴하는 동시에 L^2-거리로도 수렴한다. 따라서 위에서 언급한 급수가 어떤 의미로 수렴하는지 신경쓰지 않아도 된다.

이후 몇 개의 절에서는 푸리에 역변환과 플랑셰렐 공식을 삼각다항식에서만이 아닌 $C(\mathbb{R}/\mathbb{Z};\mathbb{C})$의 일반적인 함수로 확장할 것이다(사실 이 식을 스퀘어 파동과 같은 불연속함수로 확장할 수 있지만 이 책에서는 다루지 않는다). 이렇게 확장하기 위해서는 **삼각**다항식에 의해 연속인 주기함수를 균등근사하는 바이어슈트라스 근사정리의 다른 버전이 필요하다. 다항식의 바이어슈트라스 근사정리의 증명에 합성곱을 사용한 것처럼 주기함수에 맞게 조정된 합성곱의 개념이 필요하다.

5.3 연습문제

1. 두 삼각다항식의 합과 곱이 삼각다항식임을 보여라.

2. 보조정리 5.3.5를 증명하라.

3. 따름정리 5.3.6을 증명하라.

힌트 보조정리 5.3.5를 사용한다. 따름정리 5.3.6의 두 번째 공식을 증명하기 위해 피타고라스 정리와 귀납법을 사용하거나, $f = \sum_{n=-N}^{N} c_n e_n$으로 치환하여 모든 결과를 확장한다.

5.4 주기적 합성곱

이 절의 목표는 삼각다항식에 대한 바이어슈트라스 근사정리를 증명하는 것이다.

정리 5.4.1 $f \in C(\mathbb{R}/\mathbb{Z};\mathbb{C})$와 $\varepsilon > 0$에 대해 어떤 삼각다항식 P가 존재하여 $\|f - P\|_\infty \le \varepsilon$을 만족한다.

정리 5.4.1은 모든 연속인 주기함수가 삼각다항식으로 균등근사함을 보여준다. 다르게 말하면 $P(\mathbb{R}/\mathbb{Z};\mathbb{C})$를 삼각다항식의 공간이라 할 때, L^∞–거리에서 $P(\mathbb{R}/\mathbb{Z};\mathbb{C})$의 폐포가 $C(\mathbb{R}/\mathbb{Z};\mathbb{C})$이다.

이 정리를 다항식의 바이어슈트라스 근사정리(정리 3.8.3)로부터 바로 증명할 수 있다. 사실 정리 3.8.3과 정리 5.4.1은 보다 일반적인 정리인 **스톤–바이어슈트라스 정리**(Stone-Weierstrass theorem)의 특수한 경우이다. 스톤-바이어슈트라스 정리는 이 책에서 다루지 않는다. 그러나 주기적 합성곱과 같은 몇 가지 흥미로운 개념을 도입하기 위해 정리 5.4.1을 처음부터 증명한다. 이 증명은 정리 3.8.3을 증명할 때 사용한 논증을 떠올리게 할 것이다.

정의 5.4.2 주기적 합성곱(periodic convolution)

$f, g \in C(\mathbb{R}/\mathbb{Z}; \mathbb{C})$에 대해 f와 g의 **주기적 합성곱** $f * g: \mathbb{R} \to \mathbb{C}$를 다음과 같이 정의한다.

$$f * g(x) := \int_{[0,1]} f(y) g(x-y)\, dy$$

참고 5.4.3 정의 5.4.2의 식은 정의 3.8.9에서 정의한 콤팩트 지지함수의 합성곱과 약간 다르다. 왜냐하면 $\mathbb{R}$ 전체가 아니라 $[0,1]$에서만 적분하기 때문이다. 따라서 기호 $f * g$는 두 가지 다른 의미를 갖는다. 그러나 영함수가 아닌 함수가 주기함수이면서 콤팩트 지지함수일 수는 없으므로 혼란이 발생하지는 않을 것이다(연습문제 1 참고).

보조정리 5.4.4 주기적 합성곱의 기본 성질

$f, g, h \in C(\mathbb{R}/\mathbb{Z}; \mathbb{C})$를 생각하자.

(a) **폐포** : 합성곱 $f * g$는 연속인 $\mathbb{Z}$–주기함수이다. 즉 $f * g \in C(\mathbb{R}/\mathbb{Z}; \mathbb{C})$이다.

(b) **교환법칙** : $f * g = g * f$

(c) **쌍선형성**(bilinearity) : $f * (g+h) = f * g + f * h$이고 $(f+g) * h = f * h + g * h$이다. 임의의 복소수 c에 대해 $c(f * g) = (cf) * g = f * (cg)$이다.

보조정리 5.4.4의 증명은 연습문제 2로 남긴다.

이제 흥미로운 공식을 살펴보자. 임의의 $f \in C(\mathbb{R}/\mathbb{Z}; \mathbb{C})$와 정수 n에 대해 다음이 성립한다.

$$f * e_n = \hat{f}(n) e_n$$

이 식을 증명하기 위해 다음을 계산한다.

$$\begin{aligned} f * e_n(x) &= \int_{[0,1]} f(y) e^{2\pi i n(x-y)}\, dy \\ &= e^{2\pi i n x} \int_{[0,1]} f(y) e^{-2\pi i n y}\, dy = \hat{f}(n) e^{2\pi i n x} = \hat{f}(n) e_n(x) \end{aligned}$$

좀 더 일반적으로 보조정리 5.4.4(c)에 의해 임의의 삼각다항식 $P = \sum_{n=-N}^{N} c_n e_n$에 대해 다음이 성립한다.

$$f * P = \sum_{n=-N}^{n=N} c_n (f * e_n) = \sum_{n=-N}^{n=N} \hat{f}(n) c_n e_n$$

따라서 $C(\mathbb{R}/\mathbb{Z}; \mathbb{C})$의 모든 함수에 관한 삼각다항식의 주기적 합성곱은 삼각다항식이다. 이 결과를 보조정리 3.8.13과 비교하자.

다음으로 주기함수에서 '항등원으로의 근사'와 유사한 개념을 소개한다.

정의 5.4.5 주기함수에서의 항등원으로의 근사

$\varepsilon > 0$과 $0 < \delta < \dfrac{1}{2}$을 생각하자. 함수 $f \in C(\mathbb{R}/\mathbb{Z};\mathbb{C})$가 다음 명제들을 만족하면, f를 주기함수에서의 (ε, δ)–**항등원으로의 근사(approximation to the identity)**라고 한다.

(a) 모든 $x \in \mathbb{R}$에 대해 $f(x) \geq 0$이고, $\int_{[0,1]} f = 1$이다.

(b) 모든 $\delta \leq |x| \leq 1 - \delta$에 대해 $f(x) < \varepsilon$이다.

다음으로 보조정리 3.8.8과 유사한 보조정리를 살펴보자.

보조정리 5.4.6 임의의 양수 $\varepsilon > 0$과 $0 < \delta < \dfrac{1}{2}$에 대해, (ε, δ)–항등원으로의 근사인 삼각다항식 P가 존재한다.

증명

여기서는 증명을 개략적으로만 살펴보고 연습문제 3에서 마무리한다. 정수 $N \geq 1$을 생각하자. **페제르 핵**(Fejér kernel) F_N을 다음 함수로 정의한다.

$$F_N = \sum_{n=-N}^{N} \left(1 - \frac{|n|}{N}\right) e_n$$

F_N은 분명히 삼각다항식이다. 또한 다음 공식이 성립한다(그 이유는?).

$$F_N = \frac{1}{N} \left| \sum_{n=0}^{N-1} e_n \right|^2$$

기하급수 공식(『TAO 해석학 I』의 7.3절 연습문제 2)에 의해 x가 정수가 아닐 때 다음이 성립한다(그 이유는?).

$$\sum_{n=0}^{N-1} e_n(x) = \frac{e_N(x) - e_0(x)}{e_1(x) - e_0(x)} = \frac{e^{\pi i(N-1)x} \sin(\pi N x)}{\sin(\pi x)}$$

따라서 다음 공식을 얻는다.

$$F_N(x) = \frac{\sin(\pi N x)^2}{N \sin(\pi x)^2}$$

x가 정수일 때 기하급수 공식을 적용할 수 없지만 $F_N(x) = N$이 성립한다. 이때 임의의 x에 대해 $F_N(x) \geq 0$이다. 또한 다음이 성립한다(그 이유는?).

$$\int_{[0,1]} F_N(x)\, dx = \sum_{n=-N}^{N} \left(1 - \frac{|n|}{N}\right) \int_{[0,1]} e_n = \left(1 - \frac{|0|}{N}\right) 1 = 1$$

끝으로 $\sin(\pi N x) \le 1$이므로 $\delta < |x| < 1-\delta$일 때 다음이 성립한다.

$$F_N(x) \le \frac{1}{N\sin(\pi x)^2} \le \frac{1}{N\sin(\pi\delta)^2}$$

왜냐하면 sin이 $\left[0, \frac{\pi}{2}\right]$에서 증가하고 $\left[\frac{\pi}{2}, \pi\right]$에서 감소하기 때문이다. 따라서 충분히 큰 N을 선택하면 모든 $\delta < |x| < 1-\delta$에 대해 $F_N(x) \le \varepsilon$이 성립한다. ■

이제 정리 5.4.1을 증명해보자.

정리 5.4.1의 증명

$C(\mathbb{R}/\mathbb{Z};\mathbb{C})$의 임의의 원소 f를 생각하자. f가 유계이므로 모든 $x \in \mathbb{R}$에 대해 어떤 $M > 0$이 존재하여 $|f(x)| \le M$을 만족한다.

임의의 수 $\varepsilon > 0$을 생각하자. f가 균등연속이므로 어떤 $\delta > 0$가 존재하여 $|x-y| \le \delta$일 때마다 $|f(x) - f(y)| \le \varepsilon$을 만족한다. 다음으로 보조정리 5.4.6을 이용해 (ε, δ)–항등원으로의 근사인 삼각다항식 P를 찾을 수 있다. 따라서 $f * P$도 삼각다항식이다. 이제 $\|f - f * P\|_\infty$를 계산하자.

임의의 실수 x에 대해 다음이 성립한다.

$$\begin{aligned}
|f(x) - f*P(x)| &= |f(x) - P*f(x)| \\
&= \left| f(x) - \int_{[0,1]} f(x-y)P(y)\, dy \right| \\
&= \left| \int_{[0,1]} f(x)P(y)\, dy - \int_{[0,1]} f(x-y)P(y)\, dy \right| \\
&= \left| \int_{[0,1]} (f(x) - f(x-y))P(y)\, dy \right| \\
&\le \int_{[0,1]} |f(x) - f(x-y)|P(y)\, dy
\end{aligned}$$

위 식의 우변은 다음과 같이 나눌 수 있다.

$$\begin{aligned}
\int_{[0,\delta]} |f(x) - f(x-y)|P(y)\, dy &+ \int_{[\delta,1-\delta]} |f(x) - f(x-y)|P(y)\, dy \\
&+ \int_{[1-\delta,1]} |f(x) - f(x-y)|P(y)\, dy
\end{aligned}$$

앞에서 나눈 식은 다음을 만족한다.

$$\begin{aligned}
\int_{[0,\delta]} |f(x)-f(x-y)|P(y)\,dy &+ \int_{[\delta,1-\delta]} |f(x)-f(x-y)|P(y)\,dy \\
&+ \int_{[1-\delta,1]} |f(x)-f(x-y)|P(y)\,dy \\
&\le \int_{[0,\delta]} \varepsilon P(y)\,dy + \int_{[\delta,1-\delta]} 2M\varepsilon\,dy \\
&\qquad + \int_{[1-\delta,1]} |f(x-1)-f(x-y)|P(y)\,dy \\
&\le \int_{[0,\delta]} \varepsilon P(y)\,dy + \int_{[\delta,1-\delta]} 2M\varepsilon\,dy + \int_{[1-\delta,1]} \varepsilon P(y)\,dy \\
&\le \varepsilon + 2M\varepsilon + \varepsilon \\
&= (2M+2)\varepsilon
\end{aligned}$$

따라서 위 식은 위로 유계이다. 그러므로 $\|f - f * P\|_\infty \le (2M+2)\varepsilon$이다. M이 고정된 수이고 ε이 임의의 수이므로, 상한노름거리에서 f에 한없이 가까워지는 $f * P$를 만들 수 있다. 이로써 주기적 바이어슈트라스 근사정리의 증명을 마친다. ■

5.4 연습문제

1. $f : \mathbb{R} \to \mathbb{C}$가 콤팩트 지지함수이면서 $\mathbb{Z}$-주기함수이면 함수 f는 0임을 보여라.

2. 보조정리 5.4.4를 증명하라.

힌트 $f*g$가 연속임을 보이기 위해 f가 유계이고 g가 균등연속이라는 사실을 사용하거나, 그 반대의 경우를 사용할 필요도 있다. $f*g = g*f$를 증명하기 위해 주기성을 이용해 구간 $[0,1]$을 '잘라내고 붙여넣을' 필요가 있다.

3. 보조정리 5.4.6의 증명에서 (그 이유는?)이라고 표시한 명제가 모두 참임을 보여라.

힌트 첫 번째 공식을 보이기 위해 공식 $|z|^2 = z\overline{z}$, $\overline{e_n} = e_{-n}$, $e_n e_m = e_{n+m}$을 사용한다.

5.5 푸리에 정리와 플랑셰렐 공식

바이어슈트라스 근사정리(정리 5.4.1)를 이용해 임의의 연속인 주기함수에 대한 푸리에 정리와 플랑셰렐 공식을 일반화할 수 있다.

정리 5.5.1 푸리에 정리(Fourier theorem)
임의의 $f \in C(\mathbb{R}/\mathbb{Z};\mathbb{C})$에 대해 L^2-거리에서 급수 $\sum_{n=-\infty}^{\infty} \hat{f}(n)e_n$은 f로 수렴한다. 즉 다음이 성립한다.

$$\lim_{N\to\infty} \left\| f - \sum_{n=-N}^{N} \hat{f}(n)e_n \right\|_2 = 0$$

증명

$\varepsilon > 0$을 생각하자. 충분히 큰 수 N에 대해 어떤 N_0가 존재하여 $\left\| f - \sum_{n=-N}^{N} \hat{f}(n)e_n \right\|_2 \le \varepsilon$을 만족한다. 바이어슈트라스 근사정리(정리 5.4.1)에 의해 적당한 $N_0 > 0$에 대해 $\|f - P\|_\infty \le \varepsilon$을 만족하는 삼각다항식 $P = \sum_{n=-N_0}^{N_0} c_n e_n$을 찾을 수 있다. 특히 $\|f - P\|_2 \le \varepsilon$이 성립한다.

$N > N_0$와 $F_N := \sum_{n=-N}^{N} \hat{f}(n)e_n$을 생각하자. 이제 $\|f - F_N\|_2 \le \varepsilon$이 성립함을 보인다. 먼저 임의의 $|m| \le N$에 대해 보조정리 5.3.5를 사용하면 다음을 얻는다.

$$\langle f - F_N, e_m\rangle = \langle f, e_m\rangle - \sum_{n=-N}^{N} \hat{f}(n)\langle e_n, e_m\rangle = \hat{f}(m) - \hat{f}(m) = 0$$

특히 $|m| \le N$에 대해 e_m의 선형결합으로 $F_N - P$를 나타낼 수 있어서 다음이 성립한다.

$$\langle f - F_N, F_N - P\rangle = 0$$

피타고라스 정리에 의해 다음과 같다.

$$\|f - P\|_2^2 = \|f - F_N\|_2^2 + \|F_N - P\|_2^2$$

특히 다음이 성립하므로 이로써 증명을 마친다.

$$\|f - F_N\|_2 \le \|f - P\|_2 \le \varepsilon$$

■

참고 **5.5.2** L^2–거리에서 f에 대한 푸리에 급수 $\sum_{n=-\infty}^{\infty} \hat{f}(n)e_n$의 수렴에 대한 결과만 얻었음에 주목하자. 누군가는 이 급수가 균등수렴하거나 점별수렴하는지 궁금할 수 있다. 다소 의외일 수 있지만 이 급수는 균등수렴하지도 점별수렴하지도 않을 수 있다. 그러나 함수 f가 연속일 뿐 아니라 미분가능하다고 가정하면 점별수렴할 수 있다. 만약 함수 f가 연속적으로 미분가능하면 균등수렴도 성립한다. 이 결과는 이 책의 범위를 넘어서므로 여기서 증명하지는 않는다. 그러나 L^2 수렴을 균등수렴으로 확장하는 경우에 대한 다음 정리를 증명한다.

> **정리 5.5.3** $f \in C(\mathbb{R}/\mathbb{Z};\mathbb{C})$에 대해 급수 $\sum_{n=-\infty}^{\infty} |\hat{f}(n)|$이 절대수렴한다고 하자. 그러면 급수 $\sum_{n=-\infty}^{\infty} \hat{f}(n)e_n$은 f로 균등수렴한다. 즉 다음이 성립한다.
>
> $$\lim_{N\to\infty} \left\| f - \sum_{n=-N}^{N} \hat{f}(n)e_n \right\|_{\infty} = 0$$

증명

바이어슈트라스 M–판정법(정리 3.5.7)에 의해 $\sum_{n=-\infty}^{\infty} \hat{f}(n)e_n$은 **어떤** 함수 F로 수렴하고, 보조정리 5.1.5(c)에 의해 함수 F는 연속이고 $\mathbb{Z}$–주기함수이다. 엄밀히 말하면 바이어슈트라스 M–판정법은 $n = 1$에서 $n = \infty$까지 다룬다. 하지만 이 판정법은 $n = -\infty$에서 $n = +\infty$까지인 경우에도 사용할 수 있다. 왜냐하면 주어진 무한급수를 두 개의 조각(즉 두 개의 무한급수)으로 분리할 수 있기 때문이다. 따라서 다음이 성립한다.

$$\lim_{N\to\infty} \left\| F - \sum_{n=-N}^{N} \hat{f}(n)e_n \right\|_{\infty} = 0$$

L^2–거리는 항상 L^∞–거리보다 작거나 같으므로 다음이 성립한다.

$$\lim_{N\to\infty} \left\| F - \sum_{n=-N}^{N} \hat{f}(n)e_n \right\|_{2} = 0$$

푸리에 정리에 의해 L^2–거리에서 급수 $\sum_{n=-N}^{N} \hat{f}(n)e_n$은 f로 수렴하고, $F = f$이면 L^2–거리에서 F로 유일하게 수렴한다(명제 1.1.20 참고). 그러므로 $F = f$이고 다음이 성립한다.

$$\lim_{N\to\infty} \left\| f - \sum_{n=-N}^{N} \hat{f}(n)e_n \right\|_{\infty} = 0$$

따라서 주어진 정리가 성립한다. ■

푸리에 정리의 따름정리로 다음 정리를 얻는다.

정리 5.5.4 플랑셰렐 정리(Plancherel theorem)

임의의 $f \in C(\mathbb{R}/\mathbb{Z}; \mathbb{C})$에 대해 급수 $\displaystyle\sum_{n=-\infty}^{\infty} |\hat{f}(n)|^2$은 절대수렴하고 다음이 성립한다.

$$\|f\|_2^2 = \sum_{n=-\infty}^{\infty} |\hat{f}(n)|^2$$

플랑셰렐 정리는 **파세발 정리**(Parseval's theorem)라고도 한다.

증명

$\varepsilon > 0$을 생각하자. (ε에 의존하는) N이 충분이 크면 푸리에 정리에 의해 다음이 성립한다.

$$\left\| f - \sum_{n=-N}^{N} \hat{f}(n) e_n \right\|_2 \le \varepsilon$$

특히 삼각부등식에 의해 다음이 성립한다.

$$\|f\|_2 - \varepsilon \le \left\| \sum_{n=-N}^{N} \hat{f}(n) e_n \right\|_2 \le \|f\|_2 + \varepsilon$$

반면에 따름정리 5.3.6에 의해 다음이 성립한다.

$$\left\| \sum_{n=-N}^{N} \hat{f}(n) e_n \right\|_2 = \left(\sum_{n=-N}^{N} |\hat{f}(n)|^2 \right)^{1/2}$$

그러므로 다음이 성립한다.

$$\max(\|f\|_2 - \varepsilon, 0)^2 \le \sum_{n=-N}^{N} |\hat{f}(n)|^2 \le (\|f\|_2 + \varepsilon)^2$$

위 식에 상극한을 취하면 다음과 같다.

$$\max(\|f\|_2 - \varepsilon, 0)^2 \le \limsup_{N\to\infty} \sum_{n=-N}^{N} |\hat{f}(n)|^2 \le (\|f\|_2 + \varepsilon)^2$$

ε은 임의의 수이므로 조임정리에 의해 다음이 성립한다.

$$\limsup_{N\to\infty} \sum_{n=-N}^{N} |\hat{f}(n)|^2 = \|f\|_2^2$$

이로써 증명을 마친다. ■

푸리에 변환의 또 다른 성질이 많이 존재하지만 여기서는 다루지 않는다. 연습문제에서 푸리에 정리와 플랑셰렐 정리의 몇 가지 응용을 살펴본다.

5.5 연습문제

1. $C(\mathbb{R}/\mathbb{Z};\mathbb{C})$의 함수 f를 생각하고, $n=0,1,2,3,\cdots$에 대한 **삼각 푸리에 계수**(trigonometric Fourier coefficient) a_n과 b_n을 다음과 같이 정의하자.

$$a_n := 2\int_{[0,1]} f(x)\cos(2\pi nx)\ dx, \quad b_n := 2\int_{[0,1]} f(x)\sin(2\pi nx)\ dx$$

다음 물음에 답하라.

(a) L^2-거리에서 다음 급수가 f로 수렴함을 보여라.

$$\frac{1}{2}a_0 + \sum_{n=1}^{\infty}(a_n\cos(2\pi nx) + b_n\sin(2\pi nx))$$

힌트 푸리에 정리를 사용한다. 이때 지수함수를 사인함수와 코사인함수의 합으로 써서 재정렬한다. 그리고 n개의 양수항과 n개의 음수항을 결합한다.

(b) 급수 $\sum_{n=1}^{\infty} a_n$과 $\sum_{n=1}^{\infty} b_n$이 절대수렴하면 (a)의 급수는 L^2-거리에서 f로 수렴할 뿐 아니라, f로 균등수렴함을 보여라.

힌트 정리 5.5.3을 사용한다.

2. $f(x)$가 $x\in[0,1)$일 때 $f(x)=(1-2x)^2$이고, x가 나머지 실수인 경우에 대해 $\mathbb{Z}$-주기함수가 되도록 확장한 함수라고 하자. 다음 물음에 답하라.

(a) 연습문제 1을 이용해 다음 급수가 f로 균등수렴함을 보여라.

$$\frac{1}{3} + \sum_{n=1}^{\infty}\frac{4}{\pi^2 n^2}\cos(2\pi nx)$$

(b) $\sum_{n=1}^{\infty}\frac{1}{n^2} = \frac{\pi^2}{6}$임을 보여라.

힌트 $x=0$일 때 주어진 급수를 계산한다.

(c) $\sum_{n=1}^{\infty}\frac{1}{n^4} = \frac{\pi^4}{90}$임을 보여라.

힌트 지수함수의 항 중 코사인 부분을 전개하고 플랑셰렐 정리를 사용한다.

3. $f \in C(\mathbb{R}/\mathbb{Z}; \mathbb{C})$ 이고 P가 삼각다항식이면 모든 정수 n에 대해 다음이 성립함을 보여라.

$$\widehat{f * P}(n) = \hat{f}(n) c_n = \hat{f}(n) \hat{P}(n)$$

더 일반적으로 $f, g \in C(\mathbb{R}/\mathbb{Z}; \mathbb{C})$ 이면 모든 정수 n에 대해 다음이 성립함을 보여라.

$$\widehat{f * g}(n) = \hat{f}(n) \hat{g}(n)$$

참고로 이 결과는 푸리에 변환이 합성곱과 곱셈을 서로 **얽히게** 한다고 표현한다.

4. $f \in C(\mathbb{R}/\mathbb{Z}; \mathbb{C})$ 가 미분가능하고 도함수 f' 도 연속인 함수라고 하자. 참고로 복소숫값함수의 도함수는 실숫값함수와 정확히 같은 방법으로 정의한다. f' 이 $C(\mathbb{R}/\mathbb{Z}; \mathbb{C})$ 에 속함을 보이고, 모든 정수 n에 대해 $\widehat{f'}(n) = 2\pi i n \hat{f}(n)$ 이 성립함을 보여라.

5. $f, g \in C(\mathbb{R}/\mathbb{Z}; \mathbb{C})$ 를 생각하자. 다음 **파세발 공식**(Parseval identity)이 성립함을 증명하라.

$$\Re \int_0^1 f(x) \overline{g(x)} \, dx = \Re \sum_{n \in \mathbb{Z}} \hat{f}(n) \overline{\hat{g}(n)}$$

힌트 플랑셰렐 정리를 $f + g$와 $f - g$에 적용하고 두 결과를 뺀다.

또한 실수부를 제거할 수 있음을 보이고, 다음이 성립함을 보여라.

$$\int_0^1 f(x) \overline{g(x)} \, dx = \sum_{n \in \mathbb{Z}} \hat{f}(n) \overline{\hat{g}(n)}$$

힌트 첫 번째 공식에서 f를 if로 바꾼다.

6. 이 문제의 목표는 푸리에 급수와 관련한 정리를 임의의 고정된 주기 L을 갖는 함수로 확장하는 것이다. $L > 0$에 대해 연속이고 L–주기함수인 복소숫값함수 $f : \mathbb{R} \to \mathbb{C}$를 생각하자. 그리고 모든 정수 n에 대해 c_n을 다음과 같이 정의하자.

$$c_n := \frac{1}{L} \int_{[0,L]} f(x) e^{-2\pi i n x / L} \, dx$$

다음 물음에 답하라.

(a) L^2–거리에서 다음 급수가 f로 수렴함을 보여라.

$$\sum_{n=-\infty}^{\infty} c_n e^{2\pi i n x / L}$$

그리고 좀 더 정확히 다음이 성립함을 보여라.

$$\lim_{N\to\infty}\int_{[0,L]}\left|f(x)-\sum_{n=-N}^{N}c_n e^{2\pi inx/L}\right|^2\,dx=0$$

힌트 푸리에 정리를 함수 $f(Lx)$에 적용한다.

(b) 급수 $\displaystyle\sum_{n=-\infty}^{\infty}|c_n|$이 절대수렴하면 다음 급수가 f로 균등수렴함을 보여라.

$$\sum_{n=-\infty}^{\infty}c_n e^{2\pi inx/L}$$

(c) 다음이 성립함을 보여라.

$$\frac{1}{L}\int_{[0,L]}|f(x)|^2\,dx=\sum_{n=-\infty}^{\infty}|c_n|^2$$

힌트 플랑셰렐 정리를 함수 $f(Lx)$에 적용한다.

6

다변수 미분적분학

Several variable differential calculus

6.1 선형변환

이제 다변수 미분적분학이라는 주제로 전환한다. 더 정확히는 유클리드공간에서 다른 공간으로 가는 사상 $f : \mathbb{R}^n \to \mathbb{R}^m$을 다루고, 이 사상의 도함수가 무엇인지 이해한다.

그 전에 선형대수학에서 가장 중요한 선형변환과 행렬에 관한 몇 가지 개념을 알아야 한다. 이 책에서는 비교적 간단하게 설명하므로 더 자세한 자료를 보고 싶다면 선형대수학 책을 보면 된다.

정의 6.1.1 행벡터(row vector)

정수 $n \geq 1$에 대해 $\mathbb{R}^n$의 원소를 **n차원 행벡터(n–dimensional row vector)**라고 한다. 전형적인 n차원 행벡터는 $x = (x_1, x_2, \cdots, x_n)$이라 하고 간단히 $(x_i)_{1 \leq i \leq n}$로 표기한다. 당연히 $x_1, x_2, \cdots, x_n$은 실수이다. 만약 $(x_i)_{1 \leq i \leq n}$와 $(y_i)_{1 \leq i \leq n}$가 n차원 행벡터이면 두 벡터의 덧셈을 다음과 같이 정의한다.

$$(x_i)_{1 \leq i \leq n} + (y_i)_{1 \leq i \leq n} := (x_i + y_i)_{1 \leq i \leq n}$$

그리고 임의의 스칼라 $c \in \mathbb{R}$에 대해 스칼라곱 $c(x_i)_{1 \leq i \leq n}$를 다음과 같이 정의한다.

$$c(x_i)_{1 \leq i \leq n} := (cx_i)_{1 \leq i \leq n}$$

당연히 $\mathbb{R}^m$에서도 유사한 연산을 정의할 수 있다. 그러나 $n \neq m$이면 $\mathbb{R}^n$의 벡터와 $\mathbb{R}^m$의 벡터 사이에 어떠한 벡터의 덧셈도 정의할 수 없다(예를 들어 $(2, 3, 4) + (5, 6)$은 정의되지 않는다). 또한 $\mathbb{R}^n$의 벡터 $(0, \cdots, 0)$을 **영벡터(zero vector)**라 하고 0으로 표기한다. 엄밀하게는 $\mathbb{R}^n$의 영벡터를 $0_{\mathbb{R}^n}$으로 표기해야 한다. 이렇게 표기하면 기술적으로 숫자 0과 구분되지만 여기서는 이러한 차이에 주목하지 않는다. 또한 $(-1)x$는 간단히 $-x$로 표기한다.

벡터의 덧셈과 스칼라곱 같은 연산은 다음과 같은 몇 가지 기본 성질을 갖는다.

보조정리 6.1.2 $\mathbb{R}^n$은 벡터공간이다

$\mathbb{R}^n$의 벡터 x, y, z와 실수 c, d에 대해 다음이 성립한다.

- 교환법칙 : $x + y = y + x$
- 덧셈에 대한 결합법칙 : $(x + y) + z = x + (y + z)$
- 덧셈에 대한 항등원 : $x + 0 = 0 + x = x$

- 덧셈에 대한 역원 : $x + (-x) = (-x) + x = 0$
- 곱셈에 대한 결합법칙 : $(cd)x = c(dx)$
- 분배법칙 : $c(x + y) = cx + cy$
- 곱셈에 대한 항등원 : $1x = x$

보조정리 6.1.2의 증명은 연습문제 1로 남긴다.

정의 6.1.3 전치(transpose)

n차원 행벡터 $(x_i)_{1\le i\le n} = (x_1, x_2, \cdots, x_n)$의 **전치** $(x_i)^T_{1\le i\le n}$를 다음과 같이 정의한다.

$$(x_i)^T_{1\le i\le n} = (x_1, x_2, \cdots, x_n)^T := \begin{pmatrix} x_1 \\ x_2 \\ \vdots \\ x_n \end{pmatrix}$$

$(x_i)^T_{1\le i\le n}$와 같은 형태의 객체를 **n차원 열벡터(n-dimensional column vector)**라고 한다.

참고 6.1.4 행벡터와 열벡터 사이에 기능적인 차이는 존재하지 않는다. 예를 들어 정의 6.1.1에서 정의한 행벡터의 덧셈과 스칼라곱은 열벡터에서도 동일하게 적용할 수 있다. 그러나 이후에 살펴볼 행렬의 곱셈 규칙을 일관되게 유지하려면 다소 귀찮더라도 행벡터를 열벡터로 전치해야 할 필요가 있다. 따라서 행벡터와 열벡터를 서로 다른 공간에 존재하는 벡터로 간주함에 주의한다. 예를 들어 같은 수의 원소를 갖더라도 행벡터와 열벡터의 합을 정의하지 않는다.

정의 6.1.5 표준기저 행벡터(standard basis row vector)

$\mathbb{R}^n$에 속한 n개의 특별한 벡터 $e_1, \cdots, e_n$을 **표준기저 행벡터**라고 한다. $1 \le j \le n$인 각 j에 대해 e_j는 j번째 성분만 1이고 이를 제외한 나머지 성분이 모두 0인 벡터이다.

예를 들어 $\mathbb{R}^3$에서 $e_1 = (1, 0, 0)$, $e_2 = (0, 1, 0)$, $e_3 = (0, 0, 1)$이다. $\mathbb{R}^n$의 벡터 $x = (x_j)_{1\le j\le n}$에 대해 다음이 성립한다.

$$x = x_1e_1 + x_2e_2 + \cdots + x_ne_n = \sum_{j=1}^{n} x_je_j$$

즉 $\mathbb{R}^n$의 모든 벡터는 표준기저 벡터 $e_1, \cdots, e_n$의 **선형결합**(linear combination)이다.[1] 물론 모든

1 벡터의 덧셈 연산은 교환법칙과 결합법칙이 성립하므로 기호 $\sum_{j=1}^{n} x_je_j$가 모호하지는 않다.

행벡터가 표준기저 행벡터의 선형결합인 것처럼, 모든 열벡터는 표준기저 열벡터의 선형결합이다.

$$x^T = x_1e_1^T + x_2e_2^T + \cdots + x_ne_n^T = \sum_{j=1}^{n} x_je_j^T$$

$\mathbb{R}^n$의 기저를 형성하는 다른 방법이 많이 존재하지만 선형대수학의 주제이므로 여기서는 더 다루지 않는다.

정의 6.1.6 선형변환(linear transformation)

유클리드공간 $\mathbb{R}^n$에서 $\mathbb{R}^m$으로 가는 임의의 함수 $T : \mathbb{R}^n \to \mathbb{R}^m$이 다음 두 공리를 만족하면 T를 **선형변환**이라고 한다.

(a) **가법성**(additivity) : 모든 $x, x' \in \mathbb{R}^n$에 대해 $T(x + x') = Tx + Tx'$이다.

(b) **균질성**(homogeneity) : 모든 $x \in \mathbb{R}^n$과 $c \in \mathbb{R}$에 대해 $T(cx) = cTx$이다.

EX 6.1.7 $T_1x := 5x$로 정의한 **확대변환**(dilation operator) $T_1 : \mathbb{R}^3 \to \mathbb{R}^3$은 선형변환이다.[2] 왜냐하면 임의의 $x, x' \in \mathbb{R}^3$에 대해 $5(x + x') = 5x + 5x'$이고, 임의의 $x \in \mathbb{R}^3$과 $c \in \mathbb{R}$에 대해 $5(cx) = c(5x)$이기 때문이다.

EX 6.1.8 원점을 기준으로 반시계 방향으로 $\frac{\pi}{2}$ 라디안만큼 회전하는 것으로 정의한 **회전변환**(rotation operator) $T_2 : \mathbb{R}^2 \to \mathbb{R}^2$은 선형변환이다.[3] 이 사실은 해석적인 방법보다 기하적으로 살펴보면 더 쉽고 명확하게 이해할 수 있다.

EX 6.1.9 $T_3(x, y, z) := (x, y)$로 정의한 **사영변환**(projection operator) $T_3 : \mathbb{R}^3 \to \mathbb{R}^2$은 선형변환이다(그 이유는?). 또한 $T_4(x, y) := (x, y, 0)$으로 정의한 **포함변환**(inclusion operator) $T_4 : \mathbb{R}^2 \to \mathbb{R}^3$도 선형변환이다(그 이유는?). 끝으로 $I_nx := x$로 정의한 **항등변환**(identity operator) $I_n : \mathbb{R}^n \to \mathbb{R}^n$도 선형변환이다(그 이유는?).

곧 알겠지만 선형변환과 행렬 사이에 연관성이 존재한다.

2 T_1은 각 벡터 x를 5배 확대한다.

3 $T_2(1, 0) = (0, 1)$, $T_2(0, 1) = (-1, 0)$ 등이 성립한다.

정의 6.1.10 행렬(matrix)

다음과 같은 형태의 객체 A를 $m \times n$ **행렬**이라고 한다.

$$A = \begin{pmatrix} a_{11} & a_{12} & \dots & a_{1n} \\ a_{21} & a_{22} & \dots & a_{2n} \\ \vdots & \vdots & \ddots & \vdots \\ a_{m1} & a_{m2} & \dots & a_{mn} \end{pmatrix}$$

행렬 A는 다음과 같이 간단히 표기한다.

$$A = (a_{ij})_{1 \le i \le m; 1 \le j \le n}$$

특히 n차원 행벡터는 $1 \times n$ 행렬이고 n차원 열벡터는 $n \times 1$ 행렬이다.

정의 6.1.11 행렬의 곱셈(matrix product)

$m \times n$ 행렬 A와 $n \times p$ 행렬 B에 대해 **행렬의 곱셈** AB는 다음과 같이 정의된 $m \times p$ 행렬이다.

$$(a_{ij})_{1 \le i \le m; 1 \le j \le n}(b_{jk})_{1 \le j \le n; 1 \le k \le p} := \left(\sum_{j=1}^{n} a_{ij} b_{jk} \right)_{1 \le i \le m; 1 \le k \le p}$$

특히 $x^T = (x_j)^T_{1 \le j \le n}$가 n차원 열벡터이고 $A = (a_{ij})_{1 \le i \le m; 1 \le j \le n}$가 $m \times n$ 행렬이면 Ax^T는 다음과 같은 m차원 열벡터이다.

$$Ax^T = \left(\sum_{j=1}^{n} a_{ij} x_j \right)^T_{1 \le i \le m}$$

이제 선형변환과 행렬의 관계를 살펴보자. A가 $m \times n$ 행렬이면 변환 $L_A : \mathbb{R}^n \to \mathbb{R}^m$을 다음 공식으로 정의할 수 있다.

$$(L_A x)^T := Ax^T$$

EX 6.1.12 행렬 $A = \begin{pmatrix} 1 & 2 & 3 \\ 4 & 5 & 6 \end{pmatrix}$와 3차원 행벡터 $x = (x_1, x_2, x_3)$에 대해 $L_A x$는

$$(L_A x)^T = \begin{pmatrix} 1 & 2 & 3 \\ 4 & 5 & 6 \end{pmatrix} \begin{pmatrix} x_1 \\ x_2 \\ x_3 \end{pmatrix} = \begin{pmatrix} x_1 + 2x_2 + 3x_3 \\ 4x_1 + 5x_2 + 6x_3 \end{pmatrix}$$

또는

$$L_A(x_1, x_2, x_3) = (x_1 + 2x_2 + 3x_3, 4x_1 + 5x_2 + 6x_3)$$

로 정의한 2차원 행벡터이다.

더 일반적으로

$$A = \begin{pmatrix} a_{11} & a_{12} & \dots & a_{1n} \\ a_{21} & a_{22} & \dots & a_{2n} \\ \vdots & \vdots & \ddots & \vdots \\ a_{m1} & a_{m2} & \dots & a_{mn} \end{pmatrix}$$

이면 다음이 성립한다.

$$L_A(x_j)_{1\le j\le n} = \left(\sum_{j=1}^{n} a_{ij}x_j\right)_{1\le i\le m}$$

임의의 $m \times n$ 행렬 A에 대해 변환 L_A는 자동으로 선형변환이다. 왜냐하면 임의의 n차원 행벡터 x, y와 스칼라 c에 대해 $L_A(x+y) = L_A x + L_A y$이고 $L_A(cx) = c(L_A x)$임을 쉽게 확인할 수 있기 때문이다(그 이유는?).

놀랍게도 EX 6.1.12에 앞서 살펴본 명제의 역도 참이다. 즉 $\mathbb{R}^n$에서 $\mathbb{R}^m$으로 가는 임의의 선형변환은 행렬로 주어진다. 다음 보조정리를 통해 살펴보자.

보조정리 6.1.13 선형변환 $T: \mathbb{R}^n \to \mathbb{R}^m$을 생각하자. 그러면 $T = L_A$를 만족하는 $m \times n$ 행렬 A가 정확히 한 개 존재한다.

증명

$T: \mathbb{R}^n \to \mathbb{R}^m$을 선형변환이라 가정하고, $e_1, e_2, \cdots, e_n$을 $\mathbb{R}^n$의 표준기저 행벡터라고 하자. 그러면 $Te_1, Te_2, \cdots, Te_n$은 $\mathbb{R}^m$의 벡터이다. $1 \le j \le n$인 각 j에 대해 Te_j를 다음과 같은 좌표로 나타내자.

$$Te_j = (a_{1j}, a_{2j}, \cdots, a_{mj}) = (a_{ij})_{1\le i\le m}$$

즉 a_{ij}를 Te_j의 i번째 성분으로 정의한다. 그러면 임의의 n차원 행벡터 $x = (x_1, \cdots, x_n)$에 대해 다음과 같다.

$$Tx = T\left(\sum_{j=1}^{n} x_j e_j\right)$$

이때 T가 선형이므로 다음이 성립한다.

$$\begin{aligned} Tx &= T\left(\sum_{j=1}^{n} x_j e_j\right) \\ &= \sum_{j=1}^{n} T(x_j e_j) \end{aligned}$$

$$
\begin{aligned}
&= \sum_{j=1}^{n} x_j T e_j \\
&= \sum_{j=1}^{n} x_j (a_{ij})_{1 \le i \le m} \\
&= \sum_{j=1}^{n} (a_{ij} x_j)_{1 \le i \le m} \\
&= \left(\sum_{j=1}^{n} a_{ij} x_j \right)_{1 \le i \le m}
\end{aligned}
$$

한편 A를 다음과 같은 행렬이라고 하면 앞서 살펴본 벡터 Tx는 $L_A x$와 같다.

$$
A = \begin{pmatrix} a_{11} & a_{12} & \dots & a_{1n} \\ a_{21} & a_{22} & \dots & a_{2n} \\ \vdots & \vdots & \ddots & \vdots \\ a_{m1} & a_{m2} & \dots & a_{mn} \end{pmatrix}
$$

따라서 임의의 n차원 벡터 x에 대해 $Tx = L_A x$이므로 $T = L_A$이다.

이제 행렬 A가 유일함을 보이자. 즉 $T = L_B$를 만족하는 다음과 같은 다른 행렬 B가 존재하지 않음을 보여야 한다.

$$
B = \begin{pmatrix} b_{11} & b_{12} & \dots & b_{1n} \\ b_{21} & b_{22} & \dots & b_{2n} \\ \vdots & \vdots & \ddots & \vdots \\ b_{m1} & b_{m2} & \dots & b_{mn} \end{pmatrix}
$$

귀류법을 이용하기 위해 $T = L_B$를 만족하는 행렬 A와 다른 행렬 B가 있다고 가정하자. 즉 $L_A = L_B$이다. 특히 $1 \le j \le n$인 모든 j에 대해 $L_A e_j = L_B e_j$가 성립한다. 그러나 L_A의 정의에 의해 다음과 같다.

$$
L_A e_j = (a_{ij})_{1 \le i \le m}
$$

$$
L_B e_j = (b_{ij})_{1 \le i \le m}
$$

따라서 $1 \le i \le m$이고 $1 \le j \le n$인 모든 i와 j에 대해 $a_{ij} = b_{ij}$이다. 그러므로 A와 B가 동일하므로 가정에 모순이다. ■

참고 6.1.14 보조정리 6.1.13은 선형변환과 행렬 사이에 일대일 대응 관계가 성립함을 보여준다. 이 사실은 선형대수학에서 행렬이 매우 중요한 근본적인 이유 중 하나이다. 누군가는 왜 항상 행렬로 작업하지 않고 선형변환을 다루는지 질문할 수 있다. 그 이유는 간혹 표준기저 $e_1, \cdots, e_n$이 아닌 다른 기저를 사용하고 싶을 수 있기 때문이다. 이 경우에 선형변환과 행렬 사이의 대응 관계가 변한다. 따라서 선형변환과 행렬의 개념을 구별하는 것은 여전히 중요하다. 다소 미묘한 이 문제에 대한 더 많은 이야기는 선형대수학 책에서 찾을 수 있다.

참고 6.1.15 $T = L_A$이면 A는 종종 T의 **행렬표현**(matrix representation)이라 하고 $A = [T]$로 표기한다. 그러나 이 책에서는 해당 기호를 사용하지 않는다.

두 선형변환 T, S의 합성 $T \circ S$는 여전히 선형변환이다(연습문제 2 참고). 선형대수학에서는 관습적으로 합성 $T \circ S$를 단순하게 TS로 표기한다. 다음 보조정리는 선형변환의 합성 연산이 행렬의 곱셈과 관련 있음을 보여준다.

보조정리 6.1.16 $m \times n$ 행렬 A와 $n \times p$ 행렬 B에 대해 $L_A L_B = L_{AB}$이다.

보조정리 6.1.16의 증명은 연습문제 3으로 남긴다.

6.1 연습문제

1. 보조정리 6.1.2를 증명하라.

2. $T\colon \mathbb{R}^n \to \mathbb{R}^m$과 $S\colon \mathbb{R}^p \to \mathbb{R}^n$이 선형변환이면 $TS(x) := T(S(x))$로 정의한 두 변환의 합성 $TS\colon \mathbb{R}^p \to \mathbb{R}^m$도 선형변환임을 보여라.

힌트 괄호를 많이 이용하여 $TS(x+y)$와 $TS(cx)$를 전개한다.

3. 보조정리 6.1.16을 증명하라.

4. 선형변환 $T\colon \mathbb{R}^n \to \mathbb{R}^m$을 생각하자. 모든 $x \in \mathbb{R}^n$에 대해 적당한 수 $M > 0$이 존재하여 $\|Tx\| \le M\|x\|$를 만족함을 보여라. 이때 $\|x\|$는 (l^2–거리로 측정된) x의 길이이다.

힌트 보조정리 6.1.13을 이용하여 행렬 A를 통해 선형변환 T를 표현하고, M을 행렬 A의 모든 성분의 절댓값의 합으로 설정한다. 삼각부등식을 자주 이용하면 제곱근 등의 복잡한 계산보다 더 쉬울 것이다.

위 결과를 이용해 $\mathbb{R}^n$에서 $\mathbb{R}^m$으로 가는 모든 선형변환이 연속임을 보여라.

6.2 다변수 미분적분학에서의 도함수

앞서 선형대수학의 내용을 점검했으므로 이번 장의 주요 주제인 $f\colon \mathbb{R}^n \to \mathbb{R}^m$ 형태의 함수[4]의 도함수를 알아보자. 예를 들어 다음과 같이 정의한 함수 $f\colon \mathbb{R}^3 \to \mathbb{R}^4$의 도함수를 구해보자.

$$f(x, y, z) = (xy, yz, xz, xyz)$$

일변수 미분적분학에서 x_0를 포함한 $\mathbb{R}$의 부분집합 E가 있을 때, 함수 $f : E \to \mathbb{R}$을 점 x_0에서 미분한다면 그 도함숫값은 다음과 같았다.

$$f'(x_0) := \lim_{x \to x_0; x \in E \setminus \{x_0\}} \frac{f(x) - f(x_0)}{x - x_0}$$

E가 $\mathbb{R}^n$의 부분집합일 때 다변수함수 $f : E \to \mathbb{R}^m$의 도함수도 이처럼 정의하고자 한다. 그러면 $f(x) - f(x_0)$는 $\mathbb{R}^m$의 원소이고 $x - x_0$는 $\mathbb{R}^n$의 원소인데, 이때 m차원 벡터를 n차원 벡터로 나누는 방법을 알지 못하는 문제가 발생한다.

이 문제를 해결하기 위해 (일차원에서) 벡터의 나눗셈을 이용하지 않는 방법으로 도함수의 개념을 다시 표현하고자 한다. 대신 x_0에서의 f의 미분가능성을 f가 x_0 근방에서 '근사적으로 선형함수'라는 관점으로 생각할 것이다.

보조정리 6.2.1 $\mathbb{R}$의 부분집합 E, 함수 $f : E \to \mathbb{R}$, $L \in \mathbb{R}$과 E의 집적점 $x_0 \in E$를 생각하자. 그러면 다음 두 명제는 동치이다.

(a) f는 x_0에서 미분가능하고 $f'(x_0) = L$이다.

(b) $$\lim_{x \to x_0; x \in E - \{x_0\}} \frac{|f(x) - (f(x_0) + L(x - x_0))|}{|x - x_0|} = 0$$

보조정리 6.2.1의 증명은 연습문제 1로 남긴다.

보조정리 6.2.1의 관점에서 매우 작은 수인 $|x - x_0|$로 나누더라도 x는 x_0가 되는 경향이 있으므로 $|f(x) - (f(x_0) + L(x - x_0))|$가 작은 수일 때의 L로 도함수 $f'(x_0)$를 해석할 수 있다. 간단히 말하면 도함수는 근삿값 관계 $f(x) - f(x_0) \approx L(x - x_0)$를 갖도록 하는 값 L이다. 이 사실은 일반적인 도함수의 개념과 크게 다르지 않아 보이지만, 더 이상 $x - x_0$로 나누지 않는다는 점이 핵심이다(여전히 $|x - x_0|$로는 나누고 있지만 문제 없음이 밝혀졌다). $E \subseteq \mathbb{R}^n$일 때 다변수함수 $f\colon E \to \mathbb{R}^m$의 경우로 상황을 바꿔보자. 이때 $f(x) - f(x_0) \approx L(x - x_0)$를 만족하는 L을

4 유클리드공간에서 다른 유클리드공간으로 가는 함수이다.

도함숫값으로 갖길 원한다. 그러나 $f(x)-f(x_0)$가 m차원 벡터이고 $x-x_0$가 n차원 벡터이므로 L은 더 이상 스칼라값이 아니고 선형변환일 것이다. 좀 더 정확히 말하면 다음 정의와 같다.

정의 6.2.2 미분가능성

$\mathbb{R}^n$의 부분집합 E, 함수 $f : E \to \mathbb{R}^m$와 E의 집적점 $x_0 \in E$, 선형변환 $L : \mathbb{R}^n \to \mathbb{R}^m$을 생각하자. 만약 다음이 성립하면 f는 x_0에서 도함수 L을 가지는 **미분가능한(differentiable)** 함수라고 한다.

$$\lim_{x\to x_0;x\in E-\{x_0\}} \frac{\|f(x)-(f(x_0)+L(x-x_0))\|}{\|x-x_0\|}=0$$

이때 $\|x\|$는 (l^2-거리로 측정된) x의 길이이다. 즉 다음과 같다.

$$\|(x_1,x_2,\cdots,x_n)\|=(x_1^2+x_2^2+\cdots+x_n^2)^{1/2}$$

그림 6.1처럼 E의 집적점이 $(x_0,y_0)\in E$인 경우 다음이 성립하면 f는 (x_0,y_0)에서 도함수 L을 가지는 미분가능한 함수이다.

$$\lim_{(x,y)\to(x_0,y_0);(x,y)\in E-\{(x_0,y_0)\}} \frac{\big\|f(x,y)-f(x_0,y_0)+L\big((x,y)-(x_0,y_0)\big)\big\|}{\|(x,y)-(x_0,y_0)\|}=0$$

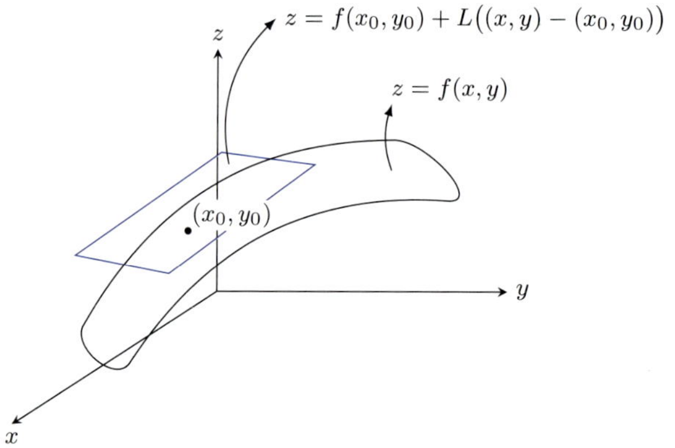

[그림 6.1] (x_0,y_0)에서의 함수 f의 미분가능성

EX 6.2.3 $f(x,y):=(x^2,y^2)$으로 정의한 사상 $f:\mathbb{R}^2\to\mathbb{R}^2$, 점 $x_0:=(1,2)$와 $L(x,y):=(2x,4y)$로 정의한 사상 $L:\mathbb{R}^2\to\mathbb{R}^2$을 생각하자. f가 x_0에서 도함수 L을 갖는 미분가능한 함수임을 보인다. 이를 보이기 위해 먼저 다음을 계산한다.

$$\lim_{(x,y)\to(1,2);(x,y)\neq(1,2)} \frac{\|f(x,y)-(f(1,2)+L((x,y)-(1,2)))\|}{\|(x,y)-(1,2)\|}$$

$(x, y) = (1, 2) + (a, b)$로 변수를 변환하면 다음과 같다.

$$\lim_{(a,b)\to(0,0);(a,b)\neq(0,0)} \frac{\|f(1+a, 2+b) - (f(1,2) + L(a,b))\|}{\|(a,b)\|}$$

위 식에 f와 L에 관한 식을 대입하면 다음과 같다.

$$\lim_{(a,b)\to(0,0);(a,b)\neq(0,0)} \frac{\|((1+a)^2, (2+b)^2) - (1,4) - (2a, 4b))\|}{\|(a,b)\|}$$

위 식을 간단히 나타내면 다음과 같다.

$$\lim_{(a,b)\to(0,0);(a,b)\neq(0,0)} \frac{\|(a^2, b^2)\|}{\|(a,b)\|}$$

이제 조임정리를 사용하자. 식 $\frac{\|(a^2, b^2)\|}{\|(a,b)\|}$은 명백히 0이 아니고, 삼각부등식에 의해 다음이 성립한다.

$$\|(a^2, b^2)\| \leq \|(a^2, 0)\| + \|(0, b^2)\| = a^2 + b^2$$

따라서 다음이 성립한다.

$$\frac{\|(a^2, b^2)\|}{\|(a,b)\|} \leq \sqrt{a^2 + b^2}$$

$(a, b) \to 0$일 때 $\sqrt{a^2 + b^2} \to 0$이므로, 조임정리에 의해 주어진 극한은 존재하고 그 값은 0이다. 따라서 f는 x_0에서 도함수 L을 갖는 미분가능한 함수이다.

보다시피 도함수가 주어지고 함수가 미분가능한지 확인하는 작업은 다소 지루할 수 있다. 미분가능성은 나중에 확인하고 도함수를 계산하는 더 좋은 방법을 찾아보자.

더 진행하기 전에 함수의 정의역의 임의의 내부점에서 도함수를 최대 한 개 가질 수 있다는 기본적인 사실을 확인해야 한다.

> **보조정리 6.2.4 도함수의 유일성**
>
> $\mathbb{R}^n$의 부분집합 E, 함수 $f : E \to \mathbb{R}^m$, E의 내부점 $x_0 \in E$와 두 선형변환 $L_1 : \mathbb{R}^n \to \mathbb{R}^m$과 $L_2 : \mathbb{R}^n \to \mathbb{R}^m$을 생각하자. f가 x_0에서 도함수 L_1을 갖는 미분가능한 함수이며 동시에 도함수 L_2를 갖는 미분가능한 함수라고 가정하면 $L_1 = L_2$이다.

보조정리 6.2.4의 증명은 연습문제 2로 남긴다.

보조정리 6.2.4에 의해 나오는 도함수를 $f'(x_0)$로 표기한다. 보조정리 6.2.4에 의해 내부점 x_0에서의 f의 도함수가 유일함을 이야기할 수 있으며, 이 도함수를 $f'(x_0)$로 표기한다. 따라서 $f'(x_0)$는 다음을 만족하는 $\mathbb{R}^n$에서 $\mathbb{R}^m$으로 가는 유일한 선형변환이다.

$$\lim_{x\to x_0;x\neq x_0} \frac{\|f(x) - (f(x_0) + f'(x_0)(x - x_0))\|}{\|x - x_0\|} = 0$$

간단히 말하면 앞의 결과는 도함수 $f'(x_0)$가

$$f(x) - f(x_0) \approx f'(x_0)(x - x_0)$$

또는

$$f(x) \approx f(x_0) + f'(x_0)(x - x_0)$$

를 만족하는 선형변환임을 의미한다.[5]

보조정리 6.2.4의 또 다른 결과는 모든 $x \in E$에 대해 $f(x) = g(x)$이며 f와 g가 x_0에서 미분가능하면 E의 모든 **내부**점에서 $f'(x_0) = g'(x_0)$가 성립한다는 것이다. 그러나 x_0가 E의 경계점이면 이는 참이 아니다. 예를 들어 경계점 집합 $E = \{(x, 0) : x \in \mathbb{R}\}$을 생각하면 $f(x_0) = g(x_0)$라는 단순한 사실이 $f'(x_0) = g'(x_0)$임을 의미하지 않는다. 여기서는 경계점에서의 상황은 다루지 않고, 정의역의 내부점에서의 도함수만 계산할 것이다.

다음 절에서 살펴볼 편도함수나 방향도함수의 개념과 구별하기 위해 f'을 f의 **전미분**(total derivative)이라고도 한다. f의 전미분은 다음 절에서 정의할 **미분 행렬**(derivative matrix) Df와 밀접한 관련이 있다.

6.2 연습문제

1. 보조정리 6.2.1을 증명하라.

2. 보조정리 6.2.4를 증명하라.

힌트 귀류법을 사용한다. $L_1 \neq L_2$이면 $L_1 v \neq L_2 v$인 벡터 v가 존재한다. 이 벡터는 영벡터가 아니다(그 이유는?). 이제 도함수의 정의를 적용하고 적당한 스칼라 t에 대해 $x = x_0 + tv$인 경우를 구체화한다. 그다음 모순점을 찾는다.

3. $\mathbb{R}^n$의 부분집합 E에 대해 함수 $f : E \to \mathbb{R}^m$을 생각하자. x_0가 E의 내부점이고 $f_1, \cdots, f_m : E \to \mathbb{R}$이 f의 성분함수일 때, 함수 f가 x_0에서 미분가능할 필요충분조건은 각 $f_1, \cdots, f_m$이 x_0에서 미분가능한 것임을 증명하라.

5 이 선형변환은 **뉴턴 근사**(Newton's approximation)로 알려져 있다. 『TAO 해석학 I』의 명제 10.1.7과 비교해보자.

6.3 편도함수와 방향도함수

이제 미분가능성의 개념을 편도함수와 방향도함수의 개념과 연결해보자.

정의 6.3.1 방향도함수(directional derivative)

$\mathbb{R}^n$ 의 부분집합 E, 함수 $f : E \to \mathbb{R}^m$, E 의 내부점 x_0 와 $\mathbb{R}^n$ 의 벡터 v 를 생각하자. 만약 다음 극한이 존재하면 f 는 x_0 에서 **v 방향으로 미분가능(differentiable in the direction v)**하다고 한다.

$$\lim_{t\to 0; t>0, x_0+tv\in E} \frac{f(x_0+tv)-f(x_0)}{t}$$

그리고 위 극한을 $D_v f(x_0)$ 로 표기한다. 즉 다음과 같다.

$$D_v f(x_0) := \lim_{t\to 0; t>0} \frac{f(x_0+tv)-f(x_0)}{t}$$

참고 6.3.2 정의 6.3.1을 정의 6.2.2와 비교할 수 있다. 여기서는 벡터가 아닌 스칼라 t 로 나눈다는 점에 유의한다. 이에 따라 정의 6.3.1은 의미가 있고 $D_v f(x_0)$ 는 $\mathbb{R}^m$ 의 벡터이다. 벡터 v 가 '내부' 방향을 가리키는 경우[6] E 의 경계에서 방향도함수를 정의할 수도 있다. 그러나 여기서는 이 문제를 다루지 않는다.

EX 6.3.3 $f : \mathbb{R} \to \mathbb{R}$ 이 함수이면 $D_{+1}f(x)$ 는 $f(x)$ 의 우미분과 같고(우미분이 존재할 경우), $D_{-1}f(x)$ 는 $f(x)$ 의 좌미분과 같다(좌미분이 존재할 경우).

EX 6.3.4 EX 6.2.3에서 $f(x,y) := (x^2, y^2)$ 으로 정의한 함수 $f : \mathbb{R}^2 \to \mathbb{R}^2$ 을 생각하자. $x_0 := (1,2)$, $v := (3,4)$ 라고 하면 다음이 성립한다.

$$\begin{aligned} D_v f(x_0) &= \lim_{t\to 0; t>0} \frac{f(1+3t, 2+4t) - f(1,2)}{t} \\ &= \lim_{t\to 0; t>0} \frac{(1+6t+9t^2, 4+16t+16t^2)-(1,4)}{t} \\ &= \lim_{t\to 0; t>0} (6+9t, 16+16t) = (6,16) \end{aligned}$$

---

6 일변수 미분적분학에서의 좌미분과 우미분 개념을 일반화한 경우이다.

방향도함수와 전미분은 다음과 같이 연결할 수 있다.

> **보조정리 6.3.5** $\mathbb{R}^n$의 부분집합 E에 대해 함수 $f : E \to \mathbb{R}^m$과 E의 내부점 x_0와 $\mathbb{R}^n$의 벡터 v를 생각하자. 만약 f가 x_0에서 미분가능하면 f는 x_0에서 v 방향으로 미분가능하고 다음을 만족한다.
>
> $$D_v f(x_0) = f'(x_0)v$$

보조정리 6.3.5의 증명은 연습문제 1로 남긴다.

참고 **6.3.6** 보조정리 6.3.5는 전미분가능성이 방향미분가능성을 의미함을 보여준다. 그러나 그 역은 성립하지 않는다. 연습문제 3을 참고한다.

방향도함수와 밀접한 관련이 있는 개념은 편도함수이다.

정의 6.3.7 편도함수(partial derivative)

$\mathbb{R}^n$의 부분집합 E, 함수 $f : E \to \mathbb{R}^m$, E의 내부점 x_0와 $1 \le j \le n$을 생각하자. 그러면 f의 x_0에서의 변수 x_j에 대한 **편도함수** $\frac{\partial f}{\partial x_j}(x_0)$는 다음과 같이 정의한다(당연히 극한이 존재할 때만 정의하고, 존재하지 않으면 $\frac{\partial f}{\partial x_j}(x_0)$는 정의하지 않는다).

$$\frac{\partial f}{\partial x_j}(x_0) := \lim_{t \to 0; t \neq 0, x_0 + te_j \in E} \frac{f(x_0 + te_j) - f(x_0)}{t} = \frac{d}{dt} f(x_0 + te_j)|_{t=0}$$

만약 편도함수 $\frac{\partial f}{\partial x_1}, \cdots, \frac{\partial f}{\partial x_n}$가 존재하며 E에서 연속이면 f는 **연속 미분가능(continuously differentiable)**하다고 한다.

간단히 말하면 편도함수는 x_j를 제외한 다른 모든 변수를 고정하고 변수 x_j에 일변수 미분적분학을 적용하여 얻을 수 있다. 만약 f가 $\mathbb{R}^m$의 값을 가지면 $\frac{\partial f}{\partial x_j}$도 마찬가지로 $\mathbb{R}^m$의 값을 갖는다. 실제로 f를 $f = (f_1, \cdots, f_m)$처럼 성분으로 표현한다면 다음이 성립함을 쉽게 확인할 수 있다(그 이유는?).

$$\frac{\partial f}{\partial x_j}(x_0) = \left(\frac{\partial f_1}{\partial x_j}(x_0), \cdots, \frac{\partial f_m}{\partial x_j}(x_0) \right)$$

즉 벡터값함수의 도함수는 각 성분별로 분리해서 미분하면 구할 수 있다.

종종 $\frac{\partial f}{\partial x_j}$에서 변수 x_j를 다른 기호로 대체하기도 한다. 예를 들어 함수 $f(x, y) = (x^2, y^2)$을 다룰 때 $\frac{\partial f}{\partial x_1}$와 $\frac{\partial f}{\partial x_2}$ 대신 $\frac{\partial f}{\partial x}$와 $\frac{\partial f}{\partial y}$를 사용하기도 한다. 이 경우 $\frac{\partial f}{\partial x}(x, y) = (2x, 0)$이고 $\frac{\partial f}{\partial y}(x, y) = (0, 2y)$이다. 그러나 어떤 기호가 첫 번째 변수이고 어떤 기호가 두 번째 변수인지가

절대적으로 명확한 경우에만 변수의 이름을 다시 지정할 수 있음에 주의해야 한다. 그렇지 않으면 의도치 않게 혼란스러운 상황이 발생할 수 있기 때문이다. 앞서 예로 든 함수를 보면 $\frac{\partial f}{\partial x}(x, x)$는 $(2x, 0)$이다. 그러나 다음과 같이 계산 실수를 할 가능성이 있다.

$$\frac{\partial f}{\partial x}(x, x) = \frac{\partial}{\partial x}(x^2, x^2) = (2x, 2x)$$

이런 일이 발생하는 이유는 기호 x가 f의 첫 번째 변수가 아닌 것으로도 사용되기 때문이다. 반면에 $\frac{d}{dx}f(x, x)$는 $(2x, 2x)$와 같다. 따라서 전미분 연산 $\frac{d}{dx}$는 편도함수 연산 $\frac{\partial}{\partial x}$와 다르다.

보조정리 6.3.5(와 『TAO 해석학 I』의 명제 9.5.3)에 따르면, 함수 f가 x_0에서 미분가능할 때 x_0에서 모든 편도함수 $\frac{\partial f}{\partial x_j}$가 존재하고 다음이 성립한다.

$$\frac{\partial f}{\partial x_j}(x_0) = D_{e_j} f(x_0) = -D_{-e_j} f(x_0) = f'(x_0)e_j$$

또한 $v = (v_1, \cdots, v_n) = \sum_j v_j e_j$이면 $f'(x_0)$가 선형이므로 다음이 성립한다.

$$D_v f(x_0) = f'(x_0) \sum_j v_j e_j = \sum_j v_j f'(x_0) e_j$$

그러므로 다음이 성립한다.

$$D_v f(x_0) = \sum_j v_j \frac{\partial f}{\partial x_j}(x_0)$$

따라서 함수가 어떤 점에서 실제로 **미분가능하다면** 방향도함수를 편도함수의 형태로 쓸 수 있다.

단지 편도함수가 점 x_0에서 존재한다고 해서 함수가 미분가능하다는 결론을 내릴 수는 없다(연습문제 3 참고). 그러나 편도함수가 존재할 뿐만 아니라 연속이라면 다음과 같은 편리한 정리에 의해 실제로 미분가능하다는 결론을 내릴 수 있다.

> **정리 6.3.8** $\mathbb{R}^n$의 부분집합 E, 함수 $f : E \to \mathbb{R}^m$, E의 부분집합 F, F의 내부점 x_0를 생각하자. 모든 편도함수 $\frac{\partial f}{\partial x_j}$가 F에 존재하며 x_0에서 연속이면 f는 x_0에서 미분가능하고, 다음과 같이 선형변환 $f'(x_0) : \mathbb{R}^n \to \mathbb{R}^m$을 정의할 수 있다.
>
> $$f'(x_0)(v_j)_{1 \le j \le n} = \sum_{j=1}^{n} v_j \frac{\partial f}{\partial x_j}(x_0)$$

증명

다음과 같은 선형변환 $L : \mathbb{R}^n \to \mathbb{R}^m$을 생각하자.

$$L(v_j)_{1 \le j \le n} := \sum_{j=1}^{n} v_j \frac{\partial f}{\partial x_j}(x_0)$$

이제 다음이 성립함을 증명해야 한다.

$$\lim_{x\to x_0;x\in E-\{x_0\}} \frac{\|f(x)-(f(x_0)+L(x-x_0))\|}{\|x-x_0\|}=0$$

$\varepsilon>0$과 모든 $x\in B(x_0,\delta)\backslash\{x_0\}$에 대해 다음을 만족하는 반지름 $\delta>0$을 찾으면 충분하다.

$$\frac{\|f(x)-(f(x_0)+L(x-x_0))\|}{\|x-x_0\|}\le\varepsilon$$

즉 모든 $x\in B(x_0,\delta)\backslash\{x_0\}$에 대해 다음이 성립함을 보여야 한다.

$$\|f(x)-f(x_0)-L(x-x_0)\|\le\varepsilon\|x-x_0\|$$

x_0가 F의 내부점이므로 F 안에 포함되는 구 $B(x_0,r)$이 존재한다. 각 편도함수 $\dfrac{\partial f}{\partial x_j}$가 F에 존재하며 x_0에서 연속이므로, 모든 $x\in B(x_0,\delta_j)$에 대해 어떤 $0<\delta_j<r$이 존재하여 $\left\|\dfrac{\partial f}{\partial x_j}(x)-\dfrac{\partial f}{\partial x_j}(x_0)\right\|\le\dfrac{\varepsilon}{nm}$을 만족한다. 만약 $\delta=\min(\delta_1,\cdots,\delta_n)$이면 모든 $x\in B(x_0,\delta)$와 모든 $1\le j\le n$에 대해 $\left\|\dfrac{\partial f}{\partial x_j}(x)-\dfrac{\partial f}{\partial x_j}(x_0)\right\|\le\dfrac{\varepsilon}{nm}$이 성립한다.

$x\in B(x_0,\delta)$를 생각하자. 그러면 적당한 스칼라 $v_1,\cdots,v_n$에 대해 $x=x_0+v_1e_1+v_2e_2+\cdots+v_ne_n$으로 나타낼 수 있다. 이때 다음이 성립함에 주목하자.

$$\|x-x_0\|=\sqrt{v_1^2+v_2^2+\cdots+v_n^2}$$

그러면 모든 $1\le j\le n$에 대해 $|v_j|\le\|x-x_0\|$이다. 이제 다음이 성립함을 보여야 한다.

$$\left\|f(x_0+v_1e_1+\cdots+v_ne_n)-f(x_0)-\sum_{j=1}^{n}v_j\frac{\partial f}{\partial x_j}(x_0)\right\|\le\varepsilon\|x-x_0\|$$

f를 $f=(f_1,f_2,\cdots,f_m)$과 같이 성분으로 표현하자. 즉 각 f_i는 E에서 $\mathbb{R}$로 가는 함수이다. 변수 x_1에 대한 평균값정리에 의해 0과 v_1 사이의 적당한 수 t_i에 대해 다음이 성립한다.

$$f_i(x_0+v_1e_1)-f_i(x_0)=\frac{\partial f_i}{\partial x_1}(x_0+t_ie_1)v_1$$

그러나

$$\left|\frac{\partial f_i}{\partial x_j}(x_0+t_ie_1)-\frac{\partial f_i}{\partial x_j}(x_0)\right|\le\left\|\frac{\partial f}{\partial x_j}(x_0+t_ie_1)-\frac{\partial f}{\partial x_j}(x_0)\right\|\le\frac{\varepsilon}{nm}$$

이므로 다음과 같다.

$$\left|f_i(x_0+v_1e_1)-f_i(x_0)-\frac{\partial f_i}{\partial x_1}(x_0)v_1\right|\le\frac{\varepsilon|v_1|}{nm}$$

앞의 식을 모든 $1 \leq i \leq m$에 대해 더하고 삼각부등식에 의해 $\|(y_1, \ldots, y_m)\| \leq |y_1| + \cdots + |y_m|$임에 주목하면 다음이 성립한다.

$$\left\| f(x_0 + v_1 e_1) - f(x_0) - \frac{\partial f}{\partial x_1}(x_0) v_1 \right\| \leq \frac{\varepsilon |v_1|}{n}$$

$|v_1| \leq \|x - x_0\|$이므로 다음과 같다.

$$\left\| f(x_0 + v_1 e_1) - f(x_0) - \frac{\partial f}{\partial x_1}(x_0) v_1 \right\| \leq \frac{\varepsilon \|x - x_0\|}{n}$$

비슷한 논법으로 다음이 성립한다.

$$\left\| f(x_0 + v_1 e_1 + v_2 e_2) - f(x_0 + v_1 e_1) - \frac{\partial f}{\partial x_2}(x_0) v_2 \right\| \leq \frac{\varepsilon \|x - x_0\|}{n}$$

이를 반복하면 다음과 같은 n번째 부등식까지 모두 성립한다.

$$\left\| f(x_0 + v_1 e_1 + \cdots + v_n e_n) - f(x_0 + v_1 e_1 + \cdots + v_{n-1} e_{n-1}) - \frac{\partial f}{\partial x_n}(x_0) v_n \right\| \leq \frac{\varepsilon \|x - x_0\|}{n}$$

이와 같은 n개의 부등식을 더하고 삼각부등식 $\|x + y\| \leq \|x\| + \|y\|$를 적용하면 망원급수에 의해 다음과 같이 간단히 표현할 수 있다.

$$\left\| f(x_0 + v_1 e_1 + \cdots + v_n e_n) - f(x_0) - \sum_{j=1}^{n} \frac{\partial f}{\partial x_j}(x_0) v_j \right\| \leq \varepsilon \|x - x_0\|$$ ■

정리 6.3.8과 보조정리 6.3.5에 의해 함수 $f : E \to \mathbb{R}^m$의 편도함수가 존재하고 어떤 집합 F에서 연속이면, F의 임의의 내부점 x_0에서 모든 방향도함수도 존재하고 다음과 같은 공식을 얻는다.

$$D_{(v_1, \cdots, v_n)} f(x_0) = \sum_{j=1}^{n} v_j \frac{\partial f}{\partial x_j}(x_0)$$

특히 $f : E \to \mathbb{R}$이 실숫값함수이고 x_0에서 f의 **기울기**(gradient) $\nabla f(x_0)$를 n차원 행벡터 $\nabla f(x_0) := \left(\frac{\partial f}{\partial x_1}(x_0), \cdots, \frac{\partial f}{\partial x_n}(x_0) \right)$로 정의한다면, x_0가 영역의 내부점이고 기울기가 존재하며 연속일 때 다음과 같은 익숙한 공식을 얻는다.

$$D_v f(x_0) = v \cdot \nabla f(x_0)$$

더 일반적으로 $f : E \to \mathbb{R}^m$이 $f = (f_1, \cdots, f_m)$처럼 $\mathbb{R}^m$의 값을 갖는 함수이고, x_0가 f의 편도함수가 존재하며 연속인 영역의 내부점이면 정리 6.3.8에 의해 다음과 같다.

$$\begin{aligned} f'(x_0)(v_j)_{1 \leq j \leq n} &= \sum_{j=1}^{n} v_j \frac{\partial f}{\partial x_j}(x_0) \\ &= \left(\sum_{j=1}^{n} v_j \frac{\partial f_i}{\partial x_j}(x_0) \right)_{1 \leq i \leq m} \end{aligned}$$

따라서 $Df(x_0)$가 $m \times n$ 행렬

$$Df(x_0) := \left(\frac{\partial f_i}{\partial x_j}(x_0)\right)_{1 \le i \le m; 1 \le j \le n}$$
$$= \begin{pmatrix} \dfrac{\partial f_1}{\partial x_1}(x_0) & \dfrac{\partial f_1}{\partial x_2}(x_0) & \cdots & \dfrac{\partial f_1}{\partial x_n}(x_0) \\ \dfrac{\partial f_2}{\partial x_1}(x_0) & \dfrac{\partial f_2}{\partial x_2}(x_0) & \cdots & \dfrac{\partial f_2}{\partial x_n}(x_0) \\ \vdots & \vdots & \ddots & \vdots \\ \dfrac{\partial f_m}{\partial x_1}(x_0) & \dfrac{\partial f_m}{\partial x_2}(x_0) & \cdots & \dfrac{\partial f_m}{\partial x_n}(x_0) \end{pmatrix}$$

이면 다음과 같이 다시 표현할 수 있다.

$$L_{Df(x_0)}(v_j)_{1 \le j \le n}$$

그러므로 다음과 같다.

$$(D_v f(x_0))^T = (f'(x_0)v)^T = Df(x_0)v^T$$

행렬 $Df(x_0)$는 f의 x_0에서의 **미분 행렬**(derivative matrix, differential matrix)이라고 하며, 이 행렬은 전미분 $f'(x_0)$와 밀접한 관련이 있다. 또한 Df를 다음과 같이 표현할 수도 있다.

$$Df(x_0) = \left(\frac{\partial f}{\partial x_1}(x_0)^T, \frac{\partial f}{\partial x_2}(x_0)^T, \cdots, \frac{\partial f}{\partial x_n}(x_0)^T\right)$$

즉 $Df(x_0)$의 각 열은 f의 편도함수 중 하나이며 열벡터로 표현할 수 있다. 또는 다음과 같이 나타낼 수 있다.

$$Df(x_0) = \begin{pmatrix} \nabla f_1(x_0) \\ \nabla f_2(x_0) \\ \vdots \\ \nabla f_m(x_0) \end{pmatrix}$$

즉 $Df(x_0)$의 행은 f의 각 성분의 기울기이다. 특히 f가 스칼라값(즉 $m = 1$)을 갖는다면 Df는 ∇f와 같다.

EX 6.3.9 $f(x, y) = (x^2 + xy, y^2)$으로 정의한 함수 $f : \mathbb{R}^2 \to \mathbb{R}^2$을 생각하자. 그러면 $\dfrac{\partial f}{\partial x} = (2x + y, 0)$이고 $\dfrac{\partial f}{\partial y} = (x, 2y)$이다. 이 편도함수들은 $\mathbb{R}^2$에서 연속이므로, f는 $\mathbb{R}^2$의 모든 점에서 미분가능하고 다음을 만족한다.

$$Df(x, y) = \begin{pmatrix} 2x + y & x \\ 0 & 2y \end{pmatrix}$$

예를 들어 (v, w) 방향으로의 방향도함수는 다음과 같다.

$$D_{(v,w)}f(x, y) = ((2x + y)v + xw, 2yw)$$

6.3 연습문제

1. 보조정리 6.3.5를 증명하라.

힌트 이 문제는 6.2절 연습문제 2와 유사하다.

2. $\mathbb{R}^n$의 부분집합 E, 함수 $f : E \to \mathbb{R}^m$, E의 내부점 x_0와 $1 \le j \le n$을 생각하자. $\dfrac{\partial f}{\partial x_j}(x_0)$가 존재할 필요충분조건은 $D_{e_j} f(x_0)$와 $D_{-e_j} f(x_0)$가 존재하며 서로 부호가 달라야 함(즉 $D_{e_j} f(x_0) = -D_{-e_j} f(x_0)$)을 보여라. 또한 이 경우에 $\dfrac{\partial f}{\partial x_j}(x_0) = D_{e_j} f(x_0)$가 성립한다.

3. $(x, y) \neq (0, 0)$일 때 $f(x, y) := \dfrac{x^3}{x^2 + y^2}$이고 $f(0, 0) := 0$인 함수 $f : \mathbb{R}^2 \to \mathbb{R}$을 생각하자. f가 $(0, 0)$에서 모든 $v \in \mathbb{R}^2$ 방향으로 미분가능(즉 방향도함수가 존재)함에도 불구하고 $(0, 0)$에서 미분불가능함을 보여라. 그리고 왜 이 결과가 정리 6.3.8에 모순이 아닌지 설명하라.

4. 모든 $x \in \mathbb{R}^n$에 대해 $f'(x) = 0$인 미분가능한 함수 $f : \mathbb{R}^n \to \mathbb{R}^m$이 상수함수임을 보여라.

힌트 일변수함수라면 평균값정리나 미분적분학의 기본정리를 사용할 수 있다. 그러나 다변수함수에 대해서는 이러한 정리와 직접적으로 유사한 정리가 없다는 점을 명심한다.

더 어려운 도전을 위해 정의역 $\mathbb{R}^n$을 $\mathbb{R}^n$의 열린 연결 부분집합 Ω로 바꾸어 증명한다.

6.4 다변수 미분적분학의 연쇄법칙

이제 다변수 미분적분학의 연쇄법칙을 살펴본다. 두 함수 $f : X \to Y$와 $g : Y \to Z$에 대해 모든 $x \in X$에서 $g \circ f(x) := g(f(x))$로 정의했던 합성 $g \circ f : X \to Z$를 생각해보자.

정리 6.4.1 다변수 미분적분학의 연쇄법칙

$\mathbb{R}^n$의 부분집합 E, $\mathbb{R}^m$의 부분집합 F와 서로 다른 함수 $f : E \to F$, $g : F \to \mathbb{R}^p$과 E의 내부점 x_0를 생각하자. f는 x_0에서 미분가능하고 $f(x_0)$는 F의 내부점이며, g는 $f(x_0)$에서 미분가능하다고 가정하자. 그러면 $g \circ f : E \to \mathbb{R}^p$도 x_0에서 미분가능하고 다음 식을 만족한다.

$$(g \circ f)'(x_0) = g'(f(x_0)) f'(x_0)$$

정리 6.4.1의 증명은 연습문제 3으로 남긴다.

이 정리를 일변수 연쇄법칙인 『TAO 해석학 I』의 정리 10.1.15와 비교해야 한다. 실제로 다변수에 대한 규칙의 결과로 일변수에 대한 규칙을 쉽게 유도할 수 있다.

직관적으로 다음과 같이 다변수 연쇄법칙을 생각할 수 있다. x_0에 가까운 수 x를 생각하자. 뉴턴 근사에 의해 다음이 성립한다.

$$f(x) - f(x_0) \approx f'(x_0)(x - x_0)$$

$f(x)$는 $f(x_0)$와 가깝다. g가 $f(x_0)$에서 미분가능하므로 뉴턴 근사를 다시 적용하면 다음과 같다.

$$g(f(x)) - g(f(x_0)) \approx g'(f(x_0))(f(x) - f(x_0))$$

위의 두 가지 식을 조합하면 $(g \circ f)'(x_0) = g'(f(x_0))f'(x_0)$일 때 다음을 얻는다.

$$g \circ f(x) - g \circ f(x_0) \approx g'(f(x_0))f'(x_0)(x - x_0)$$

이 주장은 다소 부정확하므로 더 정확하게 살펴보기 위해 극한을 엄밀하게 정당화할 필요가 있다. 연습문제 3을 참고하자.

연쇄법칙과 보조정리 6.1.16(과 보조정리 6.1.13)의 따름정리에 의해 다음이 성립한다.

$$D(g \circ f)(x_0) = Dg(f(x_0))Df(x_0)$$

즉 선형변환과 합성 대신에 행렬과 행렬의 곱셈 관점에서 연쇄법칙을 표현할 수 있다.

EX 6.4.2 미분가능한 두 함수 $f : \mathbb{R}^n \to \mathbb{R}$, $g : \mathbb{R}^n \to \mathbb{R}$에 대해 $h(x) := (f(x), g(x))$로 정의한 조합된 함수 $h : \mathbb{R}^n \to \mathbb{R}^2$을 생각하자. 그리고 $k(a, b) := ab$로 정의한 곱함수 $k : \mathbb{R}^2 \to \mathbb{R}$을 생각하자. 그러면 다음이 성립한다(그 이유는?)

$$Dk(a, b) = (b, a)$$

반면에 다음이 성립함에 주목한다.

$$Dh(x_0) = \begin{pmatrix} \nabla f(x_0) \\ \nabla g(x_0) \end{pmatrix}$$

연쇄법칙에 의해 다음이 성립한다.

$$D(k \circ h)(x_0) = (g(x_0), f(x_0)) \begin{pmatrix} \nabla f(x_0) \\ \nabla g(x_0) \end{pmatrix} = g(x_0)\nabla f(x_0) + f(x_0)\nabla g(x_0)$$

그러나 $k \circ h = fg$이고(그 이유는?) $D(fg) = \nabla(fg)$이다. 따라서 다음과 같은 **곱의 미분**(product rule)을 증명한 것이다.

$$\nabla(fg) = g\nabla f + f\nabla g$$

비슷한 논법으로 합의 미분 $\nabla(f+g) = \nabla f + \nabla g$과 차의 미분 $\nabla(f-g) = \nabla f - \nabla g$를 확인할 수 있고, 몫의 미분도 확인할 수 있다(연습문제 4 참고). 보다시피 다변수 연쇄법칙은 매우 강력하고 다른 미분 규칙을 추론하는 데 사용할 수 있다.

이제 연쇄법칙의 또 다른 유용한 응용을 살펴본다. 선형변환 $T: \mathbb{R}^n \to \mathbb{R}^m$을 생각하자. 연습문제 1에 의하면 T는 모든 점에서 연속 미분가능하고 모든 x에 대해 $T'(x) = T$이다.[7] 따라서 임의의 미분가능한 함수 $f : E \to \mathbb{R}^n$에 대해 $Tf : E \to \mathbb{R}^m$도 미분가능하고, 연쇄법칙에 의해 다음이 성립한다.

$$(Tf)'(x_0) = T(f'(x_0))$$

위 식은 일변수 미분적분학에서 임의의 상수 c에 대해 $(cf)' = c(f')$인 사실을 일반화한 결과이다.

연쇄법칙의 또 다른 유용하고 특별한 경우는 다음과 같다. $f : \mathbb{R}^n \to \mathbb{R}^m$이 미분가능한 함수이고 각 $j = 1, \cdots, n$에 대해 $x_j : \mathbb{R} \to \mathbb{R}$이 미분가능한 함수이면 다음이 성립한다.

$$\frac{d}{dt} f(x_1(t), x_2(t), \cdots, x_n(t)) = \sum_{j=1}^{n} x_j'(t) \frac{\partial f}{\partial x_j}(x_1(t), x_2(t), \cdots, x_n(t))$$

이 결과가 왜 연쇄법칙의 특별한 경우인가?

6.4 연습문제

1. 선형변환 $T : \mathbb{R}^n \to \mathbb{R}^m$을 생각하자. 모든 점에서 T가 연속 미분가능함을 보이고, 모든 x에 대해 $T'(x) = T$임을 보여라. DT는 무엇인가?

2. $\mathbb{R}^n$의 부분집합 E를 생각하자. 함수 $f : E \to \mathbb{R}^m$이 E의 내부점 x_0에서 미분가능하면 이 함수는 x_0에서 연속임을 보여라.

힌트 6.1절 연습문제 4를 사용한다.

3. 정리 6.4.1을 증명하라.

힌트 『TAO 해석학 I』의 정리 10.1.15인 일변수 미분적분학의 연쇄법칙에 대한 증명을 다시 살펴본다. 수열을 기반으로 한 극한의 정의(명제 3.1.5(b))와 6.1절 연습문제 4를 사용하는 것이 가장 쉬운 방법이다.

7 이 방정식이 약간 이상해 보일 수 있지만 $\frac{d}{dx}(Tx) = T$로 보면 이해하기 더 쉬울 것이다.

4. 다변수함수인 $\mathbb{R}^n$의 부분집합 E에 대한 함수 $f : E \to \mathbb{R}$에 관한 몫의 미분을 서술하고 증명하라. 다시 말해 $\dfrac{f}{g}$의 기울기에 대한 공식을 제시하고 그 공식을 『TAO 해석학 I』의 정리 10.1.13(h)와 비교하라. 제시한 모든 가정을 명백히 확인하라.

5. $\vec{x}: \mathbb{R} \to \mathbb{R}^3$이 미분가능한 함수이고, $\|\vec{x}\|$가 일반적인 l^2–거리에서 측정한 $\vec{x}$의 길이라고 할 때, $r : \mathbb{R} \to \mathbb{R}$은 $r(t) := \|\vec{x}(t)\|$로 정의된 함수이며 t_0는 실수라고 하자. 만약 $r(t_0) \neq 0$이면 r은 t_0에서 미분가능하며 다음을 만족함을 보여라.

$$r'(t_0) = \frac{\vec{x}'(t_0) \cdot \vec{x}(t_0)}{r(t_0)}$$

힌트 정리 6.4.1을 사용한다.

6.5 이계도함수와 클레로 정리

이제 함수를 두 번 미분하면 어떤 일이 발생하는지 알아보자.

정의 6.5.1 두 번 연속 미분가능

$\mathbb{R}^n$의 열린 부분집합 E와 함수 $f : E \to \mathbb{R}^m$을 생각하자. f가 연속 미분가능하고 편도함수 $\dfrac{\partial f}{\partial x_1}, \cdots, \dfrac{\partial f}{\partial x_n}$도 연속 미분가능하면 f는 **두 번 연속 미분가능한(twice continuously differentiable)** 함수라고 한다.

참고 6.5.2 연속 미분가능한 함수를 C^1 함수라 하고, 두 번 연속 미분가능한 함수를 C^2 함수라고 한다. 이러한 방법으로 C^3, C^4 등도 정의할 수 있지만 여기서는 다루지 않는다.

EX 6.5.3 $f(x, y) = (x^2 + xy, y^2)$으로 정의한 함수 $f: \mathbb{R}^2 \to \mathbb{R}^2$을 생각하자. 그러면 편도함수 $\dfrac{\partial f}{\partial x}(x, y) = (2x + y, 0)$과 $\dfrac{\partial f}{\partial y}(x, y) = (x, 2y)$가 존재하고 $\mathbb{R}^2$에서 연속이므로 f는 연속 미분가능하다. 또한 이계 편도함수 $\dfrac{\partial}{\partial x}\dfrac{\partial f}{\partial x}(x, y) = (2, 0)$, $\dfrac{\partial}{\partial y}\dfrac{\partial f}{\partial x}(x, y) = (1, 0)$, $\dfrac{\partial}{\partial x}\dfrac{\partial f}{\partial y}(x, y) = (1, 0)$, $\dfrac{\partial}{\partial y}\dfrac{\partial f}{\partial y}(x, y) = (0, 2)$가 모두 존재하고 연속이므로 f는 두 번 연속 미분가능하다.

정리 6.5.4 클레로 정리(Clairaut's theorem)

$\mathbb{R}^n$의 열린 부분집합 E와 E에서 두 번 연속 미분가능한 함수 $f : E \to \mathbb{R}^m$을 생각하자. 그러면 모든 $1 \leq i, j \leq n$에 대해 $\frac{\partial}{\partial x_j}\frac{\partial f}{\partial x_i}(x_0) = \frac{\partial}{\partial x_i}\frac{\partial f}{\partial x_j}(x_0)$이다.

증명

동시에 f의 한 성분으로 작업한다면 $m = 1$이라고 가정할 수 있다. $i = j$인 경우에는 주어진 정리가 명백히 성립하므로 $i \neq j$라고 가정하자. 여기서는 $x_0 = 0$인 경우를 증명한다. 일반적인 경우는 유사하게 증명할 수 있다. 사실 클레로 정리는 $x_0 = 0$인 경우만 증명하면 일반적인 x_0에 대해 $f(x)$ 대신 $f(x + x_0)$로 대체하여 곧바로 증명을 마무리할 수 있다.

$a := \frac{\partial}{\partial x_j}\frac{\partial f}{\partial x_i}(0)$으로 정의한 수 a와 $a' := \frac{\partial}{\partial x_i}\frac{\partial f}{\partial x_j}(0)$으로 정의한 수 a'을 생각하자. 이제 $a' = a$임을 보이자.

$\varepsilon > 0$에 대해 f의 이계도함수가 연속이므로 $\|x\| \leq 2\delta$일 때마다 다음을 만족하는 $\delta > 0$을 찾을 수 있다.

$$\left|\frac{\partial}{\partial x_j}\frac{\partial f}{\partial x_i}(x) - a\right| \leq \varepsilon$$

$$\left|\frac{\partial}{\partial x_i}\frac{\partial f}{\partial x_j}(x) - a'\right| \leq \varepsilon$$

다음 식을 생각해보자. e_i는 i번째 방향의 표준단위벡터라고 하며 $e_i = (0, 0, \cdots, 1, 0, \cdots, 0)$이다.

$$X := f(\delta e_i + \delta e_j) - f(\delta e_i) - f(\delta e_j) + f(0)$$

e_i 방향미분에 대해 미분적분학의 기본정리를 적용하면

$$f(\delta e_i + \delta e_j) - f(\delta e_j) = \int_0^\delta \frac{\partial f}{\partial x_i}(x_i e_i + \delta e_j)\, dx_i$$

이고

$$f(\delta e_i) - f(0) = \int_0^\delta \frac{\partial f}{\partial x_i}(x_i e_i)\, dx_i$$

이므로 다음이 성립한다.

$$X = \int_0^\delta \left(\frac{\partial f}{\partial x_i}(x_i e_i + \delta e_j) - \frac{\partial f}{\partial x_i}(x_i e_i)\right) dx_i$$

평균값정리에 의해 각 x_i에 대해 적당한 $0 \leq x_j \leq \delta$가 존재하여 다음이 성립한다.

$$\frac{\partial f}{\partial x_i}(x_i e_i + \delta e_j) - \frac{\partial f}{\partial x_i}(x_i e_i) = \delta \frac{\partial}{\partial x_j}\frac{\partial f}{\partial x_i}(x_i e_i + x_j e_j)$$

δ의 성질에 의해 다음을 얻는다.

$$\left|\frac{\partial f}{\partial x_i}(x_ie_i+\delta e_j)-\frac{\partial f}{\partial x_i}(x_ie_i)-\delta a\right|\le\varepsilon\delta$$

위 식을 0부터 δ까지 적분하면 다음과 같다.

$$|X-\delta^2 a|\le\varepsilon\delta^2$$

같은 논법을 i와 j의 역할을 바꾸어 한 번 더 적용하면 다음을 얻는다. 이때 X가 i와 j에 대해 대칭인 점에 유의한다.

$$|X-\delta^2 a'|\le\varepsilon\delta^2$$

삼각부등식에 의해 다음을 얻는다.

$$|\delta^2 a-\delta^2 a'|\le 2\varepsilon\delta^2$$

따라서 다음이 성립한다.

$$|a-a'|\le 2\varepsilon$$

이 식이 모든 $\varepsilon>0$에 대해 참이고 a와 a'이 ε에 대해 독립적이므로 $a=a'$이다. ■

이계도함수가 연속이라는 가정이 빠지면 클레로 정리는 성립하지 않을 수 있다. 연습문제 1에서 확인하자.

6.5 연습문제

1. $(x,y)\neq(0,0)$이면 $f(x,y):=\dfrac{xy^3}{x^2+y^2}$이고 $f(0,0):=0$인 함수 $f:\mathbb{R}^2\to\mathbb{R}$을 생각하자. f가 연속 미분가능하고 이계도함수 $\dfrac{\partial}{\partial y}\dfrac{\partial f}{\partial x}$와 $\dfrac{\partial}{\partial x}\dfrac{\partial f}{\partial y}$가 존재하지만 그 값이 $(0,0)$에서 서로 다름을 보여라. 왜 이 예시가 클레로 정리에 모순되지 않는지 설명하라.

6.6 축약사상 정리

역함수 정리로 알려진 다음 주제에 들어가기에 앞서 완비거리공간에서 유명한 정리인 축약사상 정리를 증명해보자.

정의 6.6.1 축약사상(contraction mapping)
거리공간 (X, d)와 사상 $f : X \to X$를 생각하자. 모든 $x, y \in X$에 대해 $d(f(x), f(y)) \leq d(x, y)$를 만족하면 f는 **축약사상**이라고 한다. 어떤 상수 $0 < c < 1$이 존재하여 모든 $x, y \in X$에 대해 $d(f(x), f(y)) \leq cd(x, y)$가 성립하면 f는 **순축약사상(strict contraction mapping)**이라고 한다. 이때 c를 f의 **축약상수(contraction constant)**라고 한다.

EX 6.6.2 $f(x) := x + 1$로 정의한 사상 $f : \mathbb{R} \to \mathbb{R}$은 축약사상이지만 순축약사상은 아니다. $f(x) := \dfrac{x}{2}$로 정의한 사상 $f : \mathbb{R} \to \mathbb{R}$은 순축약사상이다. 또한 $f(x) := x - x^2$으로 정의한 사상 $f : [0, 1] \to [0, 1]$은 축약사상이지만 순축약사상은 아니다. 이 명제들을 증명하는 과정은 연습문제 5를 참고한다.

정의 6.6.3 고정점(fixed point)
사상 $f : X \to X$와 $x \in X$를 생각하자. $f(x) = x$이면 x는 f의 **고정점**이라고 한다.

축약사상이라고 해서 반드시 고정점을 갖지는 않는다. 예를 들어 $f(x) = x + 1$로 정의한 사상 $f : \mathbb{R} \to \mathbb{R}$은 고정점을 갖지 않는다. 그러나 X가 완비공간일 경우 **순축약**사상은 고정점을 갖는다.

정리 6.6.4 축약사상 정리(contraction mapping theorem)
거리공간 (X, d)와 순축약사상 $f : X \to X$를 생각하자. 그러면 f는 최대 한 개의 고정점을 갖는다. 더불어 X가 공집합이 아닌 완비공간이면 f는 정확히 한 개의 고정점을 갖는다.

정리 6.6.4의 증명은 연습문제 7로 남긴다.

참고 6.6.5 축약사상 정리는 **고정점 정리**(fixed point theorem)[8]의 한 예이다. 유용한 다른 고정점 정리가 몇 가지 존재한다. 한 가지 재미있는 예는 **헤어리 볼 정리**(hairy ball theorem)이다. 이 정리는 구 $S^2 := \{(x, y, z) \in \mathbb{R}^3 : x^2 + y^2 + z^2 = 1\}$에서 자기 자신으로 가는 임의의 연속사상 $f : S^2 \to S^2$가 고정점을 갖거나 (구면 위의) 대척점(anti-fixed point)[9]을 갖는다는 것이다. 이 정리의 증명은 위상수학 책에서 찾을 수 있으며 이 책의 범위를 넘어서는 내용이므로 여기서는 다루지 않는다.

나중에 역함수 정리를 증명할 때 적용할 축약사상 정리의 한 결과를 살펴보자. 기본적으로 이 결과는 어떤 구 위의 임의의 사상 f가 항등사상에 '작은' 변형[10]을 더한 결과일 때, 사상 f는 일대일이고 구 내부에 어떠한 구멍도 만들 수 없음을 보여준다.

보조정리 6.6.6 $\mathbb{R}^n$에서 원점을 중심으로 갖는 구 $B(0, r)$과 $g(0) = 0$을 만족하는 사상 $g : B(0, r) \to \mathbb{R}^n$을 생각하자. 또한 모든 $x, y \in B(0, r)$에 대해 다음이 성립한다고 하자.

$$\|g(x) - g(y)\| \leq \frac{1}{2}\|x - y\|$$

이때 $\|x\|$는 $\mathbb{R}^n$에서 x의 길이이다. 그러면 $f(x) := x + g(x)$로 정의한 함수 $f : B(0, r) \to \mathbb{R}^n$은 일대일이며, 이 사상의 치역 $f(B(0, r))$은 구 $B\left(0, \frac{r}{2}\right)$을 포함한다.

증명

먼저 f가 일대일임을 보이자. 귀류법을 사용하여 $f(x) = f(y)$를 만족하는 서로 다른 두 점 $x, y \in B(0, r)$이 존재한다고 하자. 그러면 $x + g(x) = y + g(y)$이므로 다음과 같다.

$$\|g(x) - g(y)\| = \|x - y\|$$

가정 $\|g(x) - g(y)\| \leq \frac{1}{2}\|x - y\|$가 성립하기 위한 유일한 방법은 $\|x - y\| = 0$, 즉 $x = y$이다. 따라서 모순이 발생하므로 f는 일대일이다.

이제 $f(B(0, r))$이 $B\left(0, \frac{r}{2}\right)$을 포함함을 보이자. y가 $B\left(0, \frac{r}{2}\right)$의 임의의 점이라고 하자. 이제 $f(x) = y$, 즉 $x = y - g(x)$를 만족하는 점 $x \in B(0, r)$을 찾아야 한다. 따라서 사상 $x \mapsto y - g(x)$의 고정점을 찾는 문제로 바뀐다.

$F : B(0, r) \to B(0, r)$을 함수 $F(x) := y - g(x)$라고 하면 $x \in B(0, r)$일 때 다음을 만족한다.

$$\|F(x)\| \leq \|y\| + \|g(x)\| \leq \frac{r}{2} + \|g(x) - g(0)\| \leq \frac{r}{2} + \frac{1}{2}\|x - 0\| < \frac{r}{2} + \frac{r}{2} = r$$

8 이 정리는 특정한 조건 하에서 사상이 고정점을 갖는다는 의미이다.

9 대척점은 $f(x) = -x$를 만족하는 점 $x \in S^2$이다.

10 (옮긴이) 여기서 작은 변형이란 항등사상과 비교했을 때 약간만 변형한 함수를 의미한다.

그러므로 F는 $B(0,r)$에서 자기자신으로 가는 사상이다. 동일한 논법으로 충분히 작은 $\varepsilon > 0$에 대해 F는 닫힌구 $\overline{B(0,r-\varepsilon)}$에서 자기자신으로 가는 사상임을 보일 수 있다. 또한 임의의 $x, x' \in B(0,r)$에 대해 다음이 성립한다.

$$\|F(x) - F(x')\| = \|g(x') - g(x)\| \leq \frac{1}{2}\|x' - x\|$$

그러므로 F는 $B(0,r)$에서 순축약사상이다. 즉 F는 완비공간 $\overline{B(0,r-\varepsilon)}$에서 순축약사상이다. 축약사상 정리에 의해 F는 고정점을 갖는다. 즉 $x = y - g(x)$를 만족하는 x가 존재한다. 그러나 이 말은 $f(x) = y$를 의미하므로 증명을 마친다. ■

6.6 연습문제

1. 모든 $x \in [a,b]$에 대해 $|f'(x)| \leq 1$을 만족하는 미분가능한 일변수함수 $f : [a,b] \to [a,b]$를 생각하자. f가 축약사상임을 증명하라.

힌트 『TAO 해석학 I』의 따름정리 10.2.9인 평균값정리를 사용한다.

모든 $x \in [a,b]$에 대해 $|f'(x)| < 1$이며 f'이 연속이라는 조건이 추가되면 f가 순축약사상임을 보여라.

2. $f : [a,b] \to \mathbb{R}$이 미분가능한 축약사상이면 $|f'(x)| \leq 1$임을 보여라.

3. 서로 다른 $x, y \in [a,b]$에 대해 $|f(x) - f(y)| < |x - y|$를 만족하며 연속 미분가능하지만, 적어도 하나의 $x \in [a,b]$에 대해 $|f'(x)| = 1$을 만족하는 함수 $f : [a,b] \to \mathbb{R}$의 예를 제시하라.

4. 순축약이지만 적어도 하나의 점 $x \in [a,b]$에서 미분불가능한 함수 $f : [a,b] \to \mathbb{R}$의 예를 제시하라.

5. EX 6.6.2의 주장이 성립함을 보여라.

6. 거리공간 X에서의 모든 축약사상이 연속임을 보여라.

7. 정리 6.6.4를 증명하라.

힌트 고정점이 최대 한 개임을 증명하기 위해 귀류법을 사용한다. 고정점이 적어도 한 개 존재함을 보이기 위해 임의의 $x_0 \in X$를 고르고 재귀적으로 $x_1 = f(x_0)$, $x_2 = f(x_1)$, $x_3 = f(x_2)$ 등으로 정의한다. 귀납적으로 $d(x_{n+1}, x_n) \leq c^n d(x_1, x_0)$임을 증명하고, 『TAO 해석학 I』의 보조정리 7.3.3인 기하급수 공식을 사용하여 수열 $(x_n)_{n=0}^{\infty}$이 코시 수열임을 보인다. 그다음 이 수열의 극한이 f의 고정점임을 증명한다.

8. 완비거리공간 (X, d)에 대해 각각 축약상수 c와 c'을 갖는 X의 순축약사상 $f : X \to X$와 $g : X \to X$를 생각하자. 정리 6.6.4에 의해 f는 고정점 x_0를 갖고 g는 고정점 y_0를 갖는다. 어떤 $\varepsilon > 0$이 존재하여 모든 $x \in X$에 대해 $d(f(x), g(x)) \leq \varepsilon$이 성립한다고 가정하자(즉 균등거리에서 f와 g의 거리가 ε보다 작다고 가정하자). $d(x_0, y_0) \leq \dfrac{\varepsilon}{1 - \min(c, c')}$이 성립함을 보여라. 따라서 근처에서 축약이면 근처에서 고정점을 갖는다.

6.7 다변수 미분적분학의 역함수 정리

일변수 미분적분학의 역함수 정리(『TAO 해석학 I』의 정리 10.4.2)를 다시 생각해보자. 만약 함수 $f : \mathbb{R} \to \mathbb{R}$이 역함수를 갖고 미분가능하며 $f'(x_0)$가 0이 아니면 f^{-1}는 $f(x_0)$에서 미분가능하고 다음을 만족한다.

$$(f^{-1})'(f(x_0)) = \frac{1}{f'(x_0)}$$

사실 f'이 가역적이지 않다고 해도 f가 **연속** 미분가능하다는 사실을 알면 다음과 같은 이야기를 할 수 있다. $f'(x_0)$가 0이 아니고 순양수와 순음수 중 하나이면 f'이 연속이라는 가정에 의해 $f'(x)$는 x_0 근방의 x에서 순양수와 순음수 중 하나이다. 특히 f는 x_0 근방에서 순증가와 순감소 중 하나이다. 어떤 경우든 f의 정의역과 공역을 각각 x_0와 $f(x_0)$ 근방으로 충분히 작게 제한한다면 f는 가역적일 수 있다. 이를 전문적인 용어로 표현하면 f는 x_0 근방에서 **국소 가역적**(locally invertible)이라고 할 수 있다. f가 연속 미분가능하다는 조건은 중요하다. 연습문제 1을 참고한다.

비슷한 정리가 유클리드공간에서 같은 공간으로 가는 함수 $f : \mathbb{R}^n \to \mathbb{R}^n$에서도 성립한다. 그러나 $f'(x_0)$가 0이 아니라는 조건을 $f'(x_0)$가 **가역적**이라는 조건으로 반드시 바꾸어야 한다. 먼저 보조정리 6.7.1을 통해 선형변환의 역도 선형변환임에 주목하자.

보조정리 6.7.1 $T : \mathbb{R}^n \to \mathbb{R}^n$이 가역적인 선형변환이면 역변환 $T^{-1} : \mathbb{R}^n \to \mathbb{R}^n$도 선형변환이다.

보조정리 6.7.1의 증명은 연습문제 2로 남긴다.

이제 다변수 미분적분학에서 중요한 정리 중 하나인 역함수 정리를 증명할 수 있다.

정리 6.7.2 역함수 정리(inverse function theorem)
$\mathbb{R}^n$의 열린 부분집합 E에 대해 E에서 연속 미분가능한 함수 $f : E \to \mathbb{R}^n$을 생각하자. 그리고 선형변환 $f'(x_0) : \mathbb{R}^n \to \mathbb{R}^n$이 가역적인 점 $x_0 \in E$를 생각하자. 그러면 x_0를 포함하는 E의 열린집합 U와 $f(x_0)$를 포함하는 $\mathbb{R}^n$의 열린집합 V가 존재하여 함수 f는 U에서 V로 가는 전단사함수이다. 따라서 역함수 $f^{-1} : V \to U$가 존재하는데, 이는 $f(x_0)$에서 미분가능하고 다음을 만족한다.

$$(f^{-1})'(f(x_0)) = (f'(x_0))^{-1}$$

증명

먼저 역함수 f^{-1}가 미분가능하면 공식 $(f^{-1})'(f(x_0)) = (f'(x_0))^{-1}$가 자동으로 성립함을 관찰할 것이다. $I : \mathbb{R}^n \to \mathbb{R}^n$이 항등사상 $Ix := x$일 때, 다음과 같은 U에서의 항등식에서 시작해보자.

$$I = f^{-1} \circ f$$

연쇄법칙을 이용하여 x_0에서 이 항등식의 양변을 미분하면 다음을 얻는다.

$$I'(x_0) = (f^{-1})'(f(x_0))f'(x_0)$$

$I'(x_0) = I$이므로 $(f^{-1})'(f(x_0)) = (f'(x_0))^{-1}$가 성립한다.

이 논증에서 $f'(x_0)$가 가역적이지 **않으면**, 즉 $(f'(x_0))^{-1}$가 존재하지 않으면 $f(x_0)$에서 역함수 f^{-1}가 존재하며 미분가능할 수 있는 방법이 없음을 확인할 수 있다.

다음으로 추가된 가정 $f(x_0) = 0$ 아래에서 역함수 정리를 증명하는 것으로 충분하다는 사실을 관찰해보자. f를 새로운 함수 $\tilde{f}(x) := f(x) - f(x_0)$로 바꾸고 특별한 경우를 $\tilde{f}$에 적용하면, 이 특별한 경우에서 일반적인 경우를 바로 유도할 수 있다. 이때 V가 $f(x_0)$에 의해 이동함에 주목한다.

$f^{-1}(y) = \tilde{f}^{-1}(y - f(x_0))$가 성립한다(그 이유는?). 이제부터 항상 $f(x_0) = 0$이라고 가정한다. 비슷한 방법으로 $x_0 = 0$이라는 가정을 만들고자 한다. f를 새로운 함수 $\tilde{f}(x) := f(x + x_0)$로 바꾸고 특별한 경우를 $\tilde{f}$에 적용하면, 이 특별한 경우에서 일반적인 경우를 바로 유도할 수 있다. 이때 E와 U가 x_0에 의해 이동함에 주목한다.

$f^{-1}(y) = \tilde{f}^{-1}(y) + x_0$가 성립하므로(그 이유는?) 이제부터 항상 $x_0 = 0$이라고 가정한다. 그러므로 $f(0) = 0$이고 $f'(0)$은 가역적이라고 생각한다.

끝으로 $I : \mathbb{R}^n \to \mathbb{R}^n$이 항등변환 $Ix = x$일 때 $f'(0) = I$라고 가정할 수 있다. f를 $\tilde{f}(x) := f'(0)^{-1}f(x)$로 정의한 새로운 함수 $\tilde{f}: E \to \mathbb{R}^n$으로 바꾸면 이 특별한 경우에서 일반적인 경우를 바로 유도할 수 있다. 보조정리 6.7.1에 의해 $f'(0)^{-1}$는 선형변환이다. 특히 $\tilde{f}(0) = 0$이 성립하여 다음과 같다.

$$\tilde{f}'(0) = f'(0)^{-1}f'(0) = I$$

따라서 역함수 정리의 특별한 경우에 따라 각각 0을 포함하는 열린집합 U'과 V'이 존재하여 $\tilde{f}$는 U'에서 V'으로 가는 전단사함수이고, $\tilde{f}^{-1} : V' \to U'$은 0에서 미분가능하며 도함수로 I를 갖는다. 그러나 $f(x) = f'(0)\tilde{f}(x)$이므로 f는 U'에서 $f'(0)(V')$으로 가는 전단사함수이다. 이때 $f'(0)$ 역시 전단사함수이다. $f'(0)$과 $f'(0)$의 역함수가 동시에 연속이므로 $f'(0)(V')$은 0을 포함하는 열린집합이다. 이제 역함수 $f^{-1} : f'(0)(V') \to U'$을 생각하자. $f(x) = f'(0)\tilde{f}(x)$이므로 모든 $y \in f'(0)(V')$에 대해 $f^{-1}(y) = \tilde{f}^{-1}(f'(0)^{-1}y)$이다(그 이유는 무엇인가? $\tilde{f}$가 U'에서 V'으로 가는 전단사함수임을 이용하여 확인한다). 특히 f^{-1}는 0에서 미분가능함을 알 수 있다.

이제 $x_0 = 0$, $f(x_0) = 0$, $f'(x_0) = I$인 특별한 경우에 대한 역함수 정리를 증명해보자. $g(x) := f(x) - x$로 정의한 함수 $g : E \to \mathbb{R}^n$을 생각하자. 그러면 $g(0) = 0$이고 $g'(0) = 0$이다. 특히 각 $j = 1, \cdots, n$에 대해 다음이 성립한다.

$$\frac{\partial g}{\partial x_j}(0) = 0$$

g가 연속 미분가능하므로 모든 $x \in B(0, r)$에 대해 다음을 만족하며 E에 속하는 구 $B(0, r)$이 존재한다.[11]

$$\left\| \frac{\partial g}{\partial x_j}(x) \right\| \le \frac{1}{2n^2}$$

특히 모든 $x \in B(0, r)$과 $v = (v_1, \cdots, v_n)$에 대해 다음이 성립한다.

$$\begin{aligned} \|D_v g(x)\| &= \left\| \sum_{j=1}^{n} v_j \frac{\partial g}{\partial x_j}(x) \right\| \\ &\le \sum_{j=1}^{n} |v_j| \left\| \frac{\partial g}{\partial x_j}(x) \right\| \\ &\le \sum_{j=1}^{n} \|v\| \frac{1}{2n^2} \le \frac{1}{2n} \|v\| \end{aligned}$$

11 $\frac{1}{2n^2}$로 정한 특별한 이유는 없다. 단지 작고 좋은 수를 이용했을 뿐이다.

그러나 임의의 $x, y \in B(0,r)$에 대해 미분적분학의 기본정리를 적용하면 다음이 성립한다.

$$\begin{aligned} g(y) - g(x) &= \int_0^1 \frac{d}{dt} g(x + t(y-x))\, dt \\ &= \int_0^1 D_{y-x} g(x + t(y-x))\, dt \end{aligned}$$

이때 벡터값함수의 적분은 각 성분을 개별적으로 적분하는 것으로 정의한다. 앞의 계산 결과에 따르면 벡터 $D_{y-x}g(x+t(y-x))$는 최대 $\frac{1}{2n}\|y-x\|$의 크기를 갖는다. 그러므로 이 벡터의 각 성분의 크기는 최대 $\frac{1}{2n}\|y-x\|$이다. 따라서 $g(y)-g(x)$의 각 성분의 최대 크기도 $\frac{1}{2n}\|y-x\|$이므로 $g(y)-g(x)$ 자체도 최대 $\frac{1}{2}\|y-x\|$의 크기를 갖는다. 실제로는 이보다 훨씬 크기가 작지만 현재 크기도 증명을 위해서는 충분하다. 다시 말해 g는 축약사상이다. 보조정리 6.6.6에 의해 사상 $f = g + I$는 $B(0,r)$에서 일대일이고, 상 $f(B(0,r))$은 $B\left(0, \frac{r}{2}\right)$을 포함한다. 특히 역사상 $f^{-1} : B\left(0, \frac{r}{2}\right) \to B(0,r)$은 $B\left(0, \frac{r}{2}\right)$에서 정의된다.

$y = 0$을 위 부등식에 대입하면 모든 $x \in B(0,r)$에 대해 다음을 얻는다.

$$\|g(x)\| \le \frac{1}{2}\|x\|$$

또한 삼각부등식에 의해 모든 $x \in B(0,r)$에 대해 다음이 성립한다.

$$\frac{1}{2}\|x\| \le \|f(x)\| \le \frac{3}{2}\|x\|$$

$V := B\left(0, \frac{r}{2}\right)$과 $U := f^{-1}(V) \cap B(0,r)$을 생각하자. 지금까지의 f와 U, V의 정의에 따라 f는 U에서 V로 가는 전단사이다. V가 분명히 열린집합이고 f가 연속이므로 U도 여전히 열린집합이다 (집합이 $B(0,r)$에 대해 열린집합이면 $\mathbb{R}^n$에서도 열린집합임에 유의한다). 이제 $f^{-1} : V \to U$가 0에서 미분가능하며 도함수로 $I^{-1} = I$를 가짐을 보이자. 다시 말해 다음이 성립함을 보여야 한다.

$$\lim_{x \to 0; x \in V \setminus \{0\}} \frac{\|f^{-1}(x) - f^{-1}(0) - I(x-0)\|}{\|x\|} = 0$$

$f(0) = 0$이므로 $f^{-1}(0) = 0$이고, 위 식을 간단히 정리하면 다음과 같다.

$$\lim_{x \to 0; x \in V \setminus \{0\}} \frac{\|f^{-1}(x) - x\|}{\|x\|} = 0$$

0으로 수렴하는 $V \setminus \{0\}$의 임의의 수열 $(x_n)_{n=1}^{\infty}$을 생각하자. 명제 3.1.5(b)에 의해 다음이 성립함을 보이면 충분하다.

$$\lim_{n \to \infty} \frac{\|f^{-1}(x_n) - x_n\|}{\|x_n\|} = 0$$

$y_n := f^{-1}(x_n)$으로 표기하면 $y_n \in B(0,r)$이고 $x_n = f(y_n)$이다. 특히

$$\frac{1}{2}\|y_n\| \le \|x_n\| \le \frac{3}{2}\|y_n\|$$

이 성립하고 $\|x_n\|$이 0으로 수렴하므로 $\|y_n\|$도 0으로 수렴하고 $\|x_n\|$과 $\|y_n\|$의 비도 유계이다. 따라서 다음이 성립함을 보이면 충분하다.

$$\lim_{n\to\infty} \frac{\|y_n - f(y_n)\|}{\|y_n\|} = 0$$

그러나 y_n이 0으로 수렴하고 f가 0에서 미분가능하므로 다음과 같다.

$$\lim_{n\to\infty} \frac{\|f(y_n) - f(0) - f'(0)(y_n - 0)\|}{\|y_n\|} = 0$$

이때 $f(0) = 0$이고 $f'(0) = I$이므로 주어진 명제가 성립한다. ■

역함수 정리는 함수가 점 x_0에서 (국소) 가역적일 때 유용한 판단 기준을 제공한다. 이때 도함수 $f'(x_0)$가 가역적이라는 사실이 필요하다(그다음 더 많은 정보를 얻을 수 있다. 예를 들어 $f(x_0)$에서 도함수 f^{-1}를 계산할 수 있다). 물론 선형변환 $f'(x_0)$가 가역적인지 아닌지를 어떻게 알 수 있는지에 대해 질문할 수 있다. $f'(x_0) = L_{Df(x_0)}$임을 기억하면 보조정리 6.1.13과 보조정리 6.1.16에 의해 선형변환 $f'(x_0)$가 가역적일 필요충분조건이 행렬 $Df(x_0)$가 가역적인 것임을 알 수 있다. $Df(x_0)$와 같은 행렬이 가역적인지 확인하는 방법은 많이 존재한다. 예를 들어 행렬식(determinant)을 사용하거나, 가우스 소거법(Gaussian elimination method)을 사용할 수 있다. 이 내용을 여기서 다루지는 않지만 필요한 경우 선형대수학 책을 살펴보면 확인할 수 있다.

만약 $f'(x_0)$가 존재하지만 가역적이지 않으면 역함수 정리를 적용할 수 없다. 이와 같은 상황에서는 f^{-1}가 존재하며 $f(x_0)$에서 미분가능한 것이 불가능하기 때문이다. 이에 관한 내용은 정리 6.7.2의 증명에서 언급하였다. 그러나 f가 여전히 역함수를 가질 수는 있다. 예를 들어 $f(x) = x^3$으로 정의한 일변수함수 $f : \mathbb{R} \to \mathbb{R}$은 $f'(0)$에서 가역적이지 않음에도 불구하고 역함수를 갖는다.

6.7 연습문제

1. $x \neq 0$일 때 $f(x) := x + x^2 \sin\left(\frac{1}{x^4}\right)$이고 $f(0) := 0$인 함수 $f : \mathbb{R} \to \mathbb{R}$을 생각하자. f가 미분가능하고 $f'(0) = 1$이지만 0을 포함한 모든 열린집합에서 f가 증가하지 않음을 보여라.

힌트 f의 도함수가 임의로 0에 가까운 음수로 변할 수 있음을 보인다. f의 그래프를 그려보면 직관적으로 이해하는 데 많은 도움이 될 것이다.

2. 보조정리 6.7.1을 증명하라.

3. 연속 미분가능한 함수 $f : \mathbb{R}^n \to \mathbb{R}^n$에 대해 $f'(x)$가 모든 $x \in \mathbb{R}^n$에 대해 가역적인 선형변환이라고 하자. V가 $\mathbb{R}^n$의 열린집합일 때마다 $f(V)$도 열린집합임을 보여라.

힌트 역함수 정리를 사용한다.

4. 정리 6.7.2의 기호와 가정을 사용하자. 필요에 따라 열린집합 U, V를 여전히 x_0가 U에 속하고 $f(x_0)$가 V에 속하도록 축소한 후, 모든 $x \in U$에 대해 미분사상 $f'(x)$가 가역적이고 V의 모든 점에서 역사상 f^{-1}가 미분가능하며 모든 $x \in U$에 대해 $(f^{-1})'(f(x)) = (f'(x))^{-1}$임을 보여라. 끝으로 f^{-1}가 V에서 연속 미분가능함을 보여라.

6.8 음함수 정리

『TAO 해석학 I』의 3.5절 연습문제 10에서 함수 $f : \mathbb{R} \to \mathbb{R}$은 일반적으로 곡선 모양으로 보이는 $\mathbb{R}^2$의 부분집합인 다음 **그래프**를 만든다는 사실을 살펴보았다.

$$\{(x, f(x)) : x \in \mathbb{R}\}$$

그러나 모든 곡선이 그래프는 아니다. 그래프가 되려면 모든 x에 대해 (x, y)가 곡선과 만나게 하는 y가 정확히 하나 존재한다는 **수직선 판정법**(vertical line test)을 만족해야 한다. 예를 들어 원 $\{(x, y) \in \mathbb{R}^2 : x^2 + y^2 = 1\}$은 그래프가 아니다. 그러나 $\{(x, y) \in \mathbb{R}^2 : x^2 + y^2 = 1, y > 0\}$과 같은 반원은 그래프이다. 따라서 전체 원은 그래프가 아니지만 원의 특정한 일부분은 그래프가 된다.[12]

비슷하게 임의의 함수 $g : \mathbb{R}^n \to \mathbb{R}$은 $\mathbb{R}^{n+1}$에서 그래프 $\{(x, g(x)) : x \in \mathbb{R}^n\}$을 만든다. 이 그래프는 일반적으로 $\mathbb{R}^{n+1}$에서 n차원 곡면의 모양을 갖는다. 이 곡면을 **초곡면**(hypersurface)이라고 표현한다. 역으로 초곡면이 실제로 함수의 그래프를 만드는지, 그리고 그 함수가 연속인지 아니면 미분가능한지 질문할 수 있다.

초곡면이 기하학적으로 주어지면 그 곡면이 그래프인지 아닌지 판별하기 위한 수직선 판정법을 다시 생각할 수 있다. 그러나 초곡면이 대수적으로 주어지면 어떻게 해야 할까? 예를 들어 곡면 $\{(x, y, z) \in \mathbb{R}^3 : xy + yz + zx = -1\}$은 그래프일까? 또는 좀 더 일반적으로 $g : \mathbb{R}^n \to \mathbb{R}$이 어떤 함수일 때 $\{x \in \mathbb{R}^n : g(x) = 0\}$ 형태의 초곡면이 그래프일까? 이 경우 **음함수 정리**를 통해 적어도 국소적으로 초곡면이 그래프인지 아닌지를 여전히 판별할 수 있다.

12 참고로 $(1, 0)$과 $(-1, 0)$의 주변에서 원의 일부는 변수 x에 대한 그래프가 아니라 변수 y에 대한 그래프이다.

정리 6.8.1 음함수 정리(implicit function theorem)

$\mathbb{R}^n$의 열린 부분집합 E에 대해 연속 미분가능한 함수 $f : E \to \mathbb{R}$을 생각하자. 또한 $f(y) = 0$과 $\frac{\partial f}{\partial x_n}(y) \neq 0$을 만족하는 E의 점 $y = (y_1, \cdots, y_n)$을 생각하자. 그러면 $(y_1, \cdots, y_{n-1})$을 포함하는 $\mathbb{R}^{n-1}$의 열린 부분집합 U와 y를 포함하는 E의 열린 부분집합 V, 그리고 $g(y_1, \cdots, y_{n-1}) = y_n$을 만족하는 함수 $g : U \to \mathbb{R}$이 존재하고 다음이 성립한다.

$$\begin{aligned}&\{(x_1, \cdots, x_n) \in V : f(x_1, \cdots, x_n) = 0\}\\ &= \{(x_1, \cdots, x_{n-1}, g(x_1, \cdots, x_{n-1})) : (x_1, \cdots, x_{n-1}) \in U\}\end{aligned}$$

다시 말해 집합 $\{x \in V : f(x) = 0\}$은 U 위의 함수의 그래프이다. 또한 g는 $(y_1, \cdots, y_{n-1})$에서 미분가능하고 모든 $1 \leq j \leq n-1$에 대해 다음을 만족한다.

$$\frac{\partial g}{\partial x_j}(y_1, \cdots, y_{n-1}) = -\frac{\partial f}{\partial x_j}(y) / \frac{\partial f}{\partial x_n}(y) \tag{6.1}$$

참고 6.8.2 식 (6.1)은 종종 **음함수 미분**(implicit differentiation)에 의해 유도된다. $f(x_1, \cdots, x_n) = 0$이라는 사실을 기본적으로 알면 $\frac{\partial f}{\partial x_n} \neq 0$일 때 변수 x_n은 다른 $n-1$개의 변수로 '암시적으로' 정의되고 위 항등식을 미분할 수 있다. 예를 들어 연쇄법칙을 사용하여 x_j 방향으로 위 항등식을 미분하면 식 (6.1)을 변형한 다음 식을 얻을 수 있다.

$$\frac{\partial f}{\partial x_j} + \frac{\partial f}{\partial x_n}\frac{\partial x_n}{\partial x_j} = 0$$

g를 이용하여 $x_1, \cdots, x_n$의 항으로 x_n을 정의하는 음함수를 나타낸다. 따라서 음함수 정리는 $x_n = g(x_1, \cdots, x_{n-1})$ 형태의 직접적인 공식이 아닌 제약조건을 이용해 암시적으로 종속성을 정의할 수 있다.

증명

이 정리는 다소 어려워 보이지만 실제로는 역함수 정리의 직접적인 결과이다. 함수 $F : E \to \mathbb{R}^n$을 다음과 같이 정의하자.

$$F(x_1, \cdots, x_n) := (x_1, \cdots, x_{n-1}, f(x_1, \cdots, x_n))$$

이 함수는 연속 미분가능하다. 또한 $F(y) = (y_1, \cdots, y_{n-1}, 0)$이고 다음이 성립한다.

$$\begin{aligned}DF(y) &= \left(\frac{\partial F}{\partial x_1}(y)^T, \frac{\partial F}{\partial x_2}(y)^T, \cdots, \frac{\partial F}{\partial x_n}(y)^T\right)\\ &= \begin{pmatrix} 1 & 0 & \dots & 0 & 0 \\ 0 & 1 & \dots & 0 & 0 \\ \vdots & \vdots & \ddots & \vdots & \vdots \\ 0 & 0 & \dots & 1 & 0 \\ \frac{\partial f}{\partial x_1}(y) & \frac{\partial f}{\partial x_2}(y) & \dots & \frac{\partial f}{\partial x_{n-1}}(y) & \frac{\partial f}{\partial x_n}(y) \end{pmatrix}\end{aligned}$$

$\frac{\partial f}{\partial x_n}(y)$는 0이 아니라고 가정했으므로 이 행렬은 가역행렬이다. 이 결과는 행렬식을 계산하거나 행

축소(row reduction)를 사용하거나 혹은 다음과 같은 역행렬을 직접 계산함으로써 확인할 수 있다.

$$DF(y)^{-1} = \begin{pmatrix} 1 & 0 & \cdots & 0 & 0 \\ 0 & 1 & \cdots & 0 & 0 \\ \vdots & \vdots & \ddots & \vdots & \vdots \\ 0 & 0 & \cdots & 1 & 0 \\ -\frac{\partial f}{\partial x_1}(y)/a & -\frac{\partial f}{\partial x_2}(y)/a & \cdots & -\frac{\partial f}{\partial x_{n-1}}(y)/a & 1/a \end{pmatrix}$$

위 행렬에서 $a = \dfrac{\partial f}{\partial x_n}(y)$이다. 따라서 역함수 정리를 적용하면 F가 V에서 W로 가는 전단사함수가 되도록 하는, y를 포함하는 E의 열린집합 V와 $F(y) = (y_1, \cdots, y_{n-1}, 0)$을 포함하는 $\mathbb{R}^n$의 열린집합 W를 찾을 수 있다. 그리고 F^{-1}는 $(y_1, \cdots, y_{n-1}, 0)$에서 미분가능하다. $x \in W$에 대해 F^{-1}를 다음과 같은 좌표로 표현하자.

$$F^{-1}(x) = (h_1(x), h_2(x), \dots, h_n(x))$$

$F(F^{-1}(x)) = x$이므로 모든 $1 \leq j \leq n-1$과 $x \in W$에 대해 $h_j(x_1, \cdots, x_n) = x_j$이고 다음이 성립한다.

$$f(x_1, \cdots, x_{n-1}, h_n(x_1, \cdots, x_n)) = x_n$$

또한 F^{-1}가 미분가능하므로 h_n도 $(y_1, \cdots, y_{n-1}, 0)$에서 미분가능하다.

$U := \{(x_1, \cdots, x_{n-1}) \in \mathbb{R}^{n-1} : (x_1, \cdots, x_{n-1}, 0) \in W\}$라고 설정하자. U는 열린집합이고 $(y_1, \cdots, y_{n-1})$을 포함한다. 또한 $g(x_1, \cdots, x_{n-1}) := h_n(x_1, \cdots, x_{n-1}, 0)$으로 $g : U \to \mathbb{R}$을 정의하자. 그러면 g는 $(y_1, \cdots, y_{n-1})$에서 미분가능하다. 이제 다음을 증명해보자.

$$\begin{aligned} &\{(x_1, \cdots, x_n) \in V : f(x_1, \cdots, x_n) = 0\} \\ &= \{(x_1, \cdots, x_{n-1}, g(x_1, \cdots, x_{n-1})) : (x_1, \cdots, x_{n-1}) \in U\} \end{aligned} \tag{6.2}$$

먼저 $(x_1, \cdots, x_n) \in V$이고 $f(x_1, \cdots, x_n) = 0$이라고 가정하자. 그러면 $F(x_1, \cdots, x_n) = (x_1, \cdots, x_{n-1}, 0)$이며 W 안에 포함된다. 따라서 $(x_1, \cdots, x_{n-1})$은 U에 포함된다. 위 식에 F^{-1}를 적용하면 $(x_1, \cdots, x_n) = F^{-1}(x_1, \cdots, x_{n-1}, 0)$이다. 특히 $x_n = h_n(x_1, \cdots, x_{n-1}, 0)$이고 따라서 $x_n = g(x_1, \cdots, x_{n-1})$이다. 그러므로 식 (6.2)에서 좌변에 있는 집합의 모든 원소는 우변에 있는 집합에 포함된다. 역방향의 포함관계는 앞서 살펴본 모든 단계를 역순으로 진행하면 된다.

끝으로 g의 편도함수에 관한 공식을 보이자. 앞서 살펴본 논의에 따라 모든 $(x_1, \cdots, x_{n-1}) \in U$에 대해 다음이 성립한다.

$$f(x_1, \cdots, x_{n-1}, g(x_1, \cdots, x_{n-1})) = 0$$

g가 $(y_1, \cdots, y_{n-1})$에서 미분가능하고 f가 $(y_1, \cdots, y_{n-1}, g(y_1, \cdots, y_{n-1})) = y$에서 미분가능하므로, 연쇄법칙을 이용해 x_j에 대해 미분하면 다음을 얻는다.

$$\frac{\partial f}{\partial x_j}(y) + \frac{\partial f}{\partial x_n}(y)\frac{\partial g}{\partial x_j}(y_1, \cdots, y_{n-1}) = 0$$

따라서 간단한 대수 연산을 통해 주어진 명제를 증명할 수 있다. ■

EX 6.8.3 곡면 $S := \{(x, y, z) \in \mathbb{R}^3 : xy + yz + zx = -1\}$을 생각하자. $f : \mathbb{R}^3 \to \mathbb{R}$이 $f(x, y, z) := xy + yz + zx + 1$로 정의된 함수일 때, 곡면 S는 $\{(x, y, z) \in \mathbb{R}^3 : f(x, y, z) = 0\}$으로 다시 표현할 수 있다. 명백히 f는 연속 미분가능하고 $\frac{\partial f}{\partial z} = y + x$이다. 따라서 $y_0 + x_0 \neq 0$을 만족하는 S의 임의의 (x_0, y_0, z_0)에 대하여, (x_0, y_0)를 포함하는 적당한 열린집합 U와 (x_0, y_0)에서 미분가능한 적당한 함수 g를 이용해 이 곡면을 (x_0, y_0, z_0) 근방에서 $\{(x, y, g(x, y)) : (x, y) \in U\}$ 형태의 그래프로 나타낼 수 있다. 실제로 음함수 미분을 통해 다음을 얻을 수 있다.

$$\frac{\partial g}{\partial x}(x_0, y_0) = -\frac{y_0 + z_0}{y_0 + x_0}, \quad \frac{\partial g}{\partial y}(x_0, y_0) = -\frac{x_0 + z_0}{y_0 + x_0}$$

음함수 정리에 의해 도함수 $\frac{\partial f}{\partial x_n}$가 어떤 점에서 0이면 그 점 근방에서 집합 $\{x \in \mathbb{R}^n : f(x) = 0\}$은 다른 $n-1$개의 변수를 이용해 변수 x_n에 관한 그래프로 표현되어야 한다. 그러나 다른 도함수 $\frac{\partial f}{\partial x_j}$가 0이 아니면 음함수 정리의 변형에 의해 변수 x_j를 다른 $n-1$개의 변수로 표현할 수 있다. 따라서 기울기 ∇f가 완전히 0이 아니면 집합 $\{x \in \mathbb{R}^n : f(x) = 0\}$은 다른 $n-1$개의 변수를 이용해 **어떤** 변수 x_j에 대한 그래프로 표현할 수 있다.[13] 그러나 ∇f가 어떤 점 x_0에서 0이면 f는 x_0에서 **임계점**(critical point)을 갖는다고 하고 그 점에서의 형태는 더 복잡해진다. 예를 들어 집합 $\{(x, y) \in \mathbb{R}^2 : x^2 - y^2 = 0\}$은 $(0, 0)$에서 특이점을 갖고 그 점에서 이 집합은 어떤 종류의 그래프로도 보이지 않는다. 이 집합은 두 선의 합집합이다.

참고 6.8.4 모든 점에서 연속함수의 그래프처럼 보이는 집합을 **다양체**(manifold)라고 한다. 따라서 집합 $\{x \in \mathbb{R}^n : f(x) = 0\}$이 f의 임계점을 포함하지 않으면 이 집합은 다양체이다. 그러므로 다양체 이론은 미분기하학이나 대수기하학과 같은 현대 기하학에서 매우 중요한 역할을 하지만 대학원 과정의 주제이므로 여기서는 다루지 않는다.

6.8 연습문제

1. 정리 6.8.1의 기호와 가정을 사용하자. 필요에 따라 열린집합 U, V를 축소한 후, 함수 g가 U의 모든 점에서 연속 미분가능하고 식 (6.1)이 U의 모든 점에서 성립함을 보여라.

13 원 $\{(x, y) \in \mathbb{R}^2 : x^2 + y^2 - 1 = 0\}$이 좋은 예이다. 원은 x에 대한 y의 그래프도 아니고 y에 대한 x의 그래프도 아니지만 거의 모든 점에서 둘 중 하나는 성립한다. 왜냐하면 원에서 $x^2 + y^2 - 1$의 기울기가 0이 될 수 없기 때문이다.

7

르베그 측도
Lebesgue measure

6장에서 다변수 미분적분학에서의 도함수를 살펴보았다. 그렇다면 다변수 미분적분학에서의 적분에 대해서도 자연스럽게 궁금할 수 있다. 일반적으로 질문할 수 있는 내용은 다음과 같다. $\mathbb{R}^n$의 주어진 부분집합 Ω와 실숫값함수 $f : \Omega \to \mathbb{R}$에 대해 f가 Ω에서 적분가능하며 어떤 수 $\int_\Omega f$를 얻을 수 있을까? 복소숫값함수 또는 벡터값함수와 같은 다른 유형의 함수도 생각할 수 있지만, 실숫값함수를 적분하는 방법을 먼저 이해하면 나머지는 어려운 문제가 아니다. 왜냐하면 복소숫값함수나 벡터값함수의 적분은 각 함수의 성분인 실숫값함수를 적분하여 구하기 때문이다.

일변수인 경우에는 『TAO 해석학 I』의 11장에서 Ω가 구간 $\Omega = [a, b]$이고 함수 f가 **리만 적분가능**할 때 **리만 적분** $\int_{[a,b]} f$의 개념을 배웠다. 지금 정확히 어떤 함수가 리만 적분가능한지는 크게 중요하지 않다. 단지 모든 조각마다 연속인 함수가 리만 적분가능하고, 모든 조각마다 상수인 함수도 리만 적분가능하다는 사실이 필요하다. 그러나 모든 함수가 리만 적분가능하지는 않다. 리만 적분의 개념을 더 높은 차원으로 확장하는 것도 가능하지만 꽤 큰 노력이 필요하고 여전히 리만 적분가능한 함수에만 적용할 수 있다는 한계를 갖는다.[1] 특히 리만 적분가능한 함수의 공간이 우리에게 필요한 여러 극한에 대해 닫혀있지 않다는 점은 큰 한계점이다.

이러한 이유로 불연속함수에서도 성립할 정도로 만족스러운 적분 개념을 얻기 위해 리만 적분을 넘어선 개념을 만들었다. 이 개념이 바로 이번 장과 다음 장에서 살펴볼 **르베그 적분**이다. 르베그 적분은 리만 적분가능한 함수를 포함한 넓은 영역의 다른 여러 함수에서 다룰 수 있다. 사실 유클리드공간에서 실제로 필요로 하는 거의 모든 함수를 적분할 수 있다고 할 수 있다.[2]

자세한 내용을 살펴보기 전에 간단한 이야기로 시작해보자. 적분 $\int_\Omega f$의 계산 방법을 이해하기 위해 먼저 더 기본적이고 근원적인 질문에 답할 수 있어야 한다. Ω의 **길이**, **면적**, **부피**는 어떻게 계산할까? 이 질문이 적분과 연결되는 이유를 확인하기 위해 함수 1을 집합 Ω에서 적분하는 경우를 관찰해보자. 이 적분의 값은 Ω가 1차원이면 Ω의 길이이고, Ω가 2차원이면 Ω의 면적이며, Ω가 3차원이면 Ω의 부피이다. 차원에 따라 유형별로 구분하는 것을 피하기 위해 어떤 유클리드공간 $\mathbb{R}^n$에서 작업하는지에 따라 Ω의 길이, 면적, 부피(심지어 초부피(hypervolume))를 Ω의 **측도**라고 한다.

이상적으로 $\mathbb{R}^n$의 모든 부분집합 Ω는 음이 아닌 수 $m(\Omega)$를 Ω의 측도(길이, 넓이, 부피 등)로 갖는다. 예를 들어 Ω가 한 점 집합이나 공집합인 경우에는 $m(\Omega)$가 0일 수도 있고, Ω가 전체집합 $\mathbb{R}^n$인 경우에는 $m(\Omega)$가 무한일 수 있다. 또한 측도는 몇 가지 합리적인 성질도 만족한다. 예를 들어 단위 큐브(unit cube) $(0, 1)^n := \{(x_1, \cdots, x_n) : 0 < x_i < 1\}$의 측도는 1이다. 또한 A와 B가

1 예를 들어 리만 적분가능한 함수의 균등극한이 리만 적분가능함을 증명했지만, 리만 적분가능한 함수의 점별극한과 L^2 극한이 리만 적분가능할 필요는 없다.

2 실제로는 절댓값의 적분이 유한한 경우를 다룰 수 있다. 또한 선택공리를 통해 르베그 적분으로 적분할 수 없는 매우 비정상적인 함수를 찾을 수 있다.

서로소일 때 $m(A \cup B) = m(A) + m(B)$ 이고,[3] $A \subseteq B$ 이면 $m(A) \leq m(B)$ 이며, 임의의 $x \in \mathbb{R}^n$ 에 대해 $m(x + A) = m(A)$ 이다. 즉 A 를 벡터 x 만큼 이동해도 같은 측도를 갖는다.

놀랍게도 $\mathbb{R}^n$ 의 **모든** 부분집합에서 위와 같은 성질이 성립하도록 하는 음이 아닌 측도는 존재하지 **않는** 것으로 알려져 있다. 이 결과는 일반적으로 생각하는 부피에 관한 직관적인 개념에 반하는 매우 놀라운 사실로 이후에 증명할 예정이다. 이러한 직관이 성립하지 않는 더 극단적인 예로 $\mathbb{R}^3$ 의 단위구(unit ball)가 5개의 조각으로 분해되고 이 조각이 변환과 회전을 통해 완전하고 서로소인 두 단위구를 형성한다는 **바나흐-타르스키 역설**(Banach–Tarski paradox)[4]이 존재하지만 이 책에서는 다루지 않는다.

이러한 역설은 (부피라고 부르고 싶은) $\mathbb{R}^n$ 의 모든 부분집합의 '크기'를 측정하는 방법을 찾는 것이 불가능함을 의미한다. 그러나 $\mathbb{R}^n$ 의 특정한 부분집합에 대해서는 이 문제를 해결할 수 있는데, 이러한 집합을 '**측도가능 집합**(measurable set)'이라고 한다. 따라서 측도가능 집합 Ω 에 대해 측도 $m(\Omega)$ 를 정의할 수 있으며, 측도가능 집합으로만 논의를 제한한다면 앞서 제시한 모든 성질을 만족할 수 있을 것이다. 또한 실생활에서 마주치는 대부분의 집합[5]은 측도가능 집합이고 이 집합들은 해석학에서 다루기 충분히 좋은 집합이라는 것이 판명되었다.

7.1 목적 : 르베그 측도

유클리드공간 $\mathbb{R}^n$ 을 생각하자. 이번 장의 목표는 $\mathbb{R}^n$ 의 특별한 부분집합 중 하나인 **측도가능 집합**의 개념을 정의하고, 모든 측도가능 집합 $\Omega \subseteq \mathbb{R}^n$ 에 대해 특정한 수 $[0, \infty]$ 를 배당하는 **르베그 측도**(Lebesgue measure) $m(\Omega)$ 를 정의하는 것이다. 측도가능 집합은 다음 성질을 만족한다.

(i) **보렐 성질**(Borel property) : $\mathbb{R}^n$ 의 모든 열린집합과 닫힌집합은 측도가능 집합이다.

(ii) **상보성** : Ω 가 측도가능 집합이면 $\mathbb{R}^n \setminus \Omega$ 도 측도가능 집합이다.

(iii) **불 대수**(Boolean algebra) : $(\Omega_j)_{j \in J}$ 가 측도가능 집합의 임의의 유한모임(즉 J 가 유한집합)이면 합집합 $\bigcup_{j \in J} \Omega_j$ 와 교집합 $\bigcap_{j \in J} \Omega_j$ 도 측도가능 집합이다.

---

3 비슷하게 A_n 이 서로소일 때 $m\left(\bigcup_{n=1}^{\infty} A_n\right) = \sum_{n=1}^{\infty} m(A_n)$ 이다.

4 이 결과는 부피를 보존하는 개념을 위반한다.

5 예를 들어 모든 열린집합과 닫힌집합은 측도가능 집합이다.

(iv) **σ-대수**(σ-algebra) : $(\Omega_j)_{j\in J}$가 측도가능 집합의 임의의 가산모임(즉 J가 가산집합)이면 합집합 $\bigcup_{j\in J}\Omega_j$와 교집합 $\bigcap_{j\in J}\Omega_j$도 측도가능 집합이다.

위 성질 중 일부는 중복된다. 예를 들어 (iv)는 (iii)를 의미하고, 모든 열린집합이 측도가능 집합임을 알면 (ii)에 의해 모든 닫힌집합도 측도가능 집합이다. 앞에서 이미 말했듯이 비측도가능 집합도 존재하지만, 성질 (i)~(iv)는 거의 모든 집합이 측도가능 집합임을 보여준다.

모든 측도가능 집합 Ω에 대해 다음 성질을 만족하는 Ω의 르베그 측도 $m(\Omega)$를 배당하자.

(v) **공집합** : 공집합 $\varnothing$의 측도는 $m(\varnothing)=0$이다.

(vi) **양의 성질** : 임의의 측도가능 집합 Ω에 대해 $0\le m(\Omega)\le +\infty$이다.

(vii) **단조성** : $A\subseteq B$이고 A와 B가 동시에 측도가능 집합이면 $m(A)\le m(B)$이다.

(viii) **유한 부분 가법성** : $(A_j)_{j\in J}$가 측도가능 집합의 유한모임이면 다음과 같다.

$$m\left(\bigcup_{j\in J}A_j\right)\le\sum_{j\in J}m(A_j)$$

(ix) **유한 가법성** : $(A_j)_{j\in J}$가 **서로소인** 측도가능 집합의 유한모임이면 다음과 같다.

$$m\left(\bigcup_{j\in J}A_j\right)=\sum_{j\in J}m(A_j)$$

(x) **가산 부분 가법성** : $(A_j)_{j\in J}$가 측도가능 집합의 가산모임이면 다음과 같다.

$$m\left(\bigcup_{j\in J}A_j\right)\le\sum_{j\in J}m(A_j)$$

(xi) **가산 가법성** : $(A_j)_{j\in J}$가 **서로소인** 측도가능 집합의 가산모임이면 다음과 같다.

$$m\left(\bigcup_{j\in J}A_j\right)=\sum_{j\in J}m(A_j)$$

(xii) **정규화** : 단위 큐브 $[0,1]^n=\{(x_1,\cdots,x_n)\in\mathbb{R}^n:$ 모든 $1\le j\le n$에 대해 $0\le x_j\le 1\}$의 측도는 $m([0,1]^n)=1$이다.

(xiii) **이동 불변성** : Ω가 측도가능 집합이고 $x\in\mathbb{R}^n$이면 $x+\Omega:=\{x+y:y\in\Omega\}$도 측도가능 집합이고 $m(x+\Omega)=m(\Omega)$이다.

앞의 성질 역시 일부는 중복된다. 예를 들어 가산 가법성은 유한 가법성을 만족하고, 이 두 성질을 양의 성질과 조합하면 단조성을 유도할 수 있다. 또한 가법성을 통해 부분 가법성을 얻을 수 있다. $m(\Omega)$는 $+\infty$일 수 있으므로 위 성질의 합 중 일부는 $+\infty$일 수 있다. 이번 장에서는 합이 절대수렴하지 않으면 음이 아닌 수 a_j의 무한합 $\sum_{j \in J} a_j$가 $+\infty$와 같다는 관습을 받아들일 것이다. 참고로 모든 수가 음이 아니므로 $-\infty + +\infty$와 같은 부정형(indeterminate form) 형태는 다루지 않는다.

이번 장의 목표는 다음 정리를 얻는 것이다.

정리 7.1.1 르베그 측도의 존재성

앞에서 살펴본 모든 성질 (i)~(xiii)를 만족하는 측도가능 집합과, 모든 측도가능 집합 $\Omega \subseteq \mathbb{R}^n$에 할당된 수 $m(\Omega)$가 존재한다.

르베그 측도는 매우 특별하다. 성질 (i)~(xiii)를 따르는 다른 측도가능 집합과 측도의 개념은 여기서 살펴본 것과 같은 방법으로 구성할 수 있다. 그러나 위 성질 중 일부만 만족하는 다른 측도가 존재하며, 유클리드공간 $\mathbb{R}^n$이 아닌 다른 영역을 측정하는 개념에 관심을 둘 수도 있다. 이 사실은 그 자체로 하나의 큰 주제인 **측도론**(measure theory)으로 이어진다. 이 책에서는 측도론을 자세히 다루지 않겠지만, 측도 개념은 현대 확률론과 해석학의 여러 분야[6]에서 매우 중요하다.

7.2 첫 번째 시도 : 외측도

르베그 측도를 구성하기에 앞서 집합의 측도를 찾기 위한 다소 단순한 접근법(집합을 상자로 덮고 각 상자의 부피를 더하는 방법)을 먼저 논의해보자. 이 접근법은 대부분 잘 작동하여 **외측도**(outer measure)라고 하는 개념을 형성한다. 외측도는 모든 집합에 적용되는 개념이며, 가법성인 (ix)와 (xi)를 제외한 모든 성질 (v)~(xiii)를 만족한다. 이후에 가법성도 함께 다루기 위해 외측도의 개념을 약간 수정할 필요가 있다.

6 예를 들어 분포 이론(theory of distribution) 등이 존재한다.

먼저 열린상자의 개념부터 알아보자.

정의 7.2.1 열린상자(open box)

$\mathbb{R}^n$의 **열린상자**[7] B는 $b_i \geq a_i$가 실수일 때 다음과 같은 형태의 임의의 집합을 의미한다.

$$B = \prod_{i=1}^{n}(a_i, b_i) := \{(x_1, \cdots, x_n) \in \mathbb{R}^n : \text{모든 } 1 \leq i \leq n\text{에 대해 } x_i \in (a_i, b_i)\}$$

이 상자의 **부피(volume)** $vol(B)$는 다음과 같은 수로 정의한다.

$$vol(B) := \prod_{i=1}^{n}(b_i - a_i) = (b_1 - a_1)(b_2 - a_2)\cdots(b_n - a_n)$$

예를 들어 단위 큐브 $(0,1)^n$은 상자이고 부피가 1이다. 1차원인 $n = 1$인 경우 상자는 유계인 열린구간과 같다. 일반적인 차원에서 열린상자가 실제로 열린집합인지 쉽게 확인할 수 있다. 특정한 i에 대해 $b_i = a_i$이면 상자는 공집합이므로 부피가 0이고 이 역시 여전히 상자로 취급한다.

간혹 n차원의 부피임을 강조하기 위해 $vol(B)$ 대신 기호 $vol_n(B)$를 사용하기도 한다. 예를 들어 $vol_1(B)$는 1차원 상자 B의 길이를 의미하고, $vol_2(B)$는 2차원 상자 B의 넓이를 의미한다.

참고 7.2.2 당연히 상자의 측도 $m(B)$가 해당 상자의 부피인 $vol(B)$와 같을 것이라 기대한다. 이 결과는 사실 공리 (i)~(xiii)로부터 얻을 수 있다(연습문제 5 참고).

정의 7.2.3 상자의 덮개

$\mathbb{R}^n$의 부분집합 $\Omega \subseteq \mathbb{R}^n$을 생각하자. 박스 $(B_j)_{j \in J}$가 Ω의 **덮개(cover)**일 필요충분조건은 $\Omega \subseteq \bigcup_{j \in J} B_j$이다.

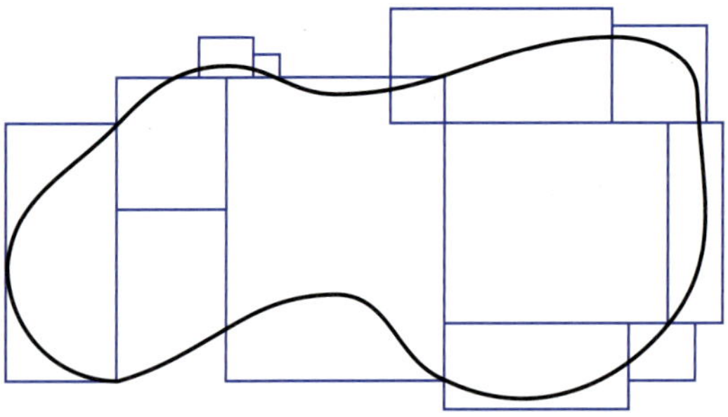

[그림 7.1] 상자의 덮개

7 간단히 **상자**(box)라고도 한다.

가산개 혹은 유한개의 상자 $(B_j)_{j\in J}$의 모임이 $\Omega \subseteq \mathbb{R}^n$의 덮개라고 가정하자. Ω가 측도가능 집합이길 원하고, 단조성과 부분 가법성에 대한 성질 (vii), (viii), (x)와 모든 상자 B_j에 대해 $m(B_j) = vol(B_j)$가 성립하길 원한다면 다음을 만족해야 한다.

$$m(\Omega) \le m\left(\bigcup_{j\in J} B_j\right) \le \sum_{j\in J} m(B_j) = \sum_{j\in J} vol(B_j)$$

따라서 다음과 같다.

$$m(\Omega) \le \inf\left\{\sum_{j\in J} vol(B_j) : (B_j)_{j\in J}\text{는 } \Omega\text{의 덮개이다. 또한 } J\text{의 원소는 가산개 이하이다.}\right\}$$

이 결과에 영감을 받아 다음 개념을 정의한다.

정의 7.2.4 외측도(outer measure)

집합 Ω의 **외측도** $m^*(\Omega)$는 다음과 같이 정의한다.

$$m^*(\Omega) := \inf\left\{\sum_{j\in J} vol(B_j) : (B_j)_{j\in J}\text{는 } \Omega\text{의 덮개이다. 또한 } J\text{의 원소는 가산개 이하이다.}\right\}$$

$\sum_{j=1}^{\infty} vol(B_j)$가 음이 아니므로 모든 Ω에 대해 $m^*(\Omega) \ge 0$이 성립한다. 그러나 $m^*(\Omega)$가 $+\infty$일 수도 있다. 가산개의 상자를 사용할 수 있으므로, $\mathbb{R}^n$의 모든 부분집합은 가산개의 상자의 덮개를 적어도 하나 갖는다는 사실에 주목한다. 사실 $\mathbb{R}^n$ 자체도 가산개의 단위 큐브 $(0,1)^n$을 이동한 것을 덮개로 갖는다(그 이유는?). n차원의 외측도임을 강조하기 위해 $m^*(\Omega)$ 대신 기호 $m_n^*(\Omega)$를 사용할 수 있다.

임의의 공집합이 아닌 집합은 하한을 설정할 수 있으므로, (측도가능 집합뿐 아니라) 모든 단일 집합에서 외측도를 정의할 수 있음에 주목한다. 측도는 다음과 같은 여러 성질을 만족한다.

보조정리 7.2.5 외측도의 성질

외측도는 다음과 같은 6가지 성질을 만족한다.

(v) **공집합** : 공집합 $\varnothing$의 외측도는 $m^*(\varnothing) = 0$이다.

(vi) **양의 성질** : 모든 측도가능 집합 Ω에 대해 $0 \le m^*(\Omega) \le +\infty$이다.

(vii) **단조성** : $A \subseteq B \subseteq \mathbb{R}^n$이면, $m^*(A) \le m^*(B)$이다.

(viii) **유한 부분 가법성** : $(A_j)_{j\in J}$가 $\mathbb{R}^n$의 부분집합의 유한모임이면 다음과 같다.

$$m^*\left(\bigcup_{j\in J} A_j\right) \le \sum_{j\in J} m^*(A_j)$$

(x) **가산 부분 가법성** : $(A_j)_{j\in J}$가 $\mathbb{R}^n$의 부분집합의 가산모임이면 다음과 같다.

$$m^*\left(\bigcup_{j\in J} A_j\right) \le \sum_{j\in J} m^*(A_j)$$

(xiii) **이동 불변성** : Ω가 $\mathbb{R}^n$의 부분집합이고 $x\in\mathbb{R}^n$이면 $m^*(x+\Omega)=m^*(\Omega)$이다.

보조정리 7.2.5의 증명은 연습문제 1로 남긴다.

이제 닫힌상자의 외측도를 정의하자.

명제 7.2.6 닫힌상자의 외측도

임의의 닫힌상자

$$B=\prod_{i=1}^{n}[a_i,b_i] := \{(x_1,\cdots,x_n)\in\mathbb{R}^n : \text{모든 } 1\le i\le n \text{에 대해 } x_i\in[a_i,b_i]\}$$

에 대해 다음이 성립한다.

$$m^*(B)=\prod_{i=1}^{n}(b_i-a_i)$$

증명

분명히 모든 $\varepsilon>0$에 대해 열린상자 $\prod_{i=1}^{n}(a_i-\varepsilon, b_i+\varepsilon)$은 닫힌상자 $B=\prod_{i=1}^{n}[a_i,b_i]$의 덮개이다. 따라서 모든 $\varepsilon>0$에 대해 다음이 성립한다.

$$m^*(B)\le vol\left(\prod_{i=1}^{n}(a_i-\varepsilon,b_i+\varepsilon)\right)=\prod_{i=1}^{n}(b_i-a_i+2\varepsilon)$$

극한 $\varepsilon\to 0$을 취하면 다음을 얻는다.

$$m^*(B)\le\prod_{i=1}^{n}(b_i-a_i)$$

증명을 마무리하기 위해 다음이 성립함을 보여야 한다.

$$m^*(B)\ge\prod_{i=1}^{n}(b_i-a_i)$$

$m^*(B)$의 정의에 따라 $(B_j)_{j\in J}$가 B의 유한개 혹은 가산개로 구성된 덮개일 때마다 다음이 성립함을 보이면 충분하다.

$$\sum_{j\in J} vol(B_j) \geq \prod_{i=1}^{n}(b_i - a_i)$$

B가 유계인 닫힌집합이므로 정리 1.5.7인 하이네–보렐 정리에 의해 콤팩트하고, 정리 1.5.8에 의해 집합 B의 모든 열린덮개는 유한 부분덮개를 갖는다. 따라서 가산개의 덮개에 대해 앞의 부등식이 성립함을 증명하기 위해 ($(B_j)_{j\in J'}$가 $(B_j)_{j\in J}$의 유한 부분덮개이면 $\sum_{j\in J} vol(B_j)$가 $\sum_{j\in J'} vol(B_j)$보다 크거나 같으므로) 유한 덮개에 대해 증명하기만 하면 충분하다.

요약하면 $(B^{(j)})_{j\in J}$가 $\prod_{i=1}^{n}[a_i, b_i]$의 유한 덮개일 때마다 다음이 성립함을 증명한다.

$$\sum_{j\in J} vol(B^{(j)}) \geq \prod_{i=1}^{n}(b_i - a_i) \tag{7.1}$$

구성 요소를 나타낼 때 아래첨자를 사용해야 하므로 B_j를 $B^{(j)}$로 바꿔 표현할 필요가 있다.

부등식 (7.1)을 증명하기 위해 차원 n에 대해 귀납법을 사용한다. 먼저 $n = 1$인 경우를 생각하자. 여기서 B는 단순히 닫힌구간 $B = [a, b]$이고, 각 상자 $B^{(j)}$는 열린구간 $B^{(j)} = (a_j, b_j)$이다. 이제 다음이 성립함을 보여야 한다.

$$\sum_{j\in J}(b_j - a_j) \geq (b - a)$$

이 사실을 보이기 위해 리만 적분을 사용하자. 각 $j \in J$에 대해 $x \in (a_j, b_j)$이면 $f^{(j)}(x) = 1$이고 그 외에는 $f^{(j)}(x) = 0$인 함수 $f^{(j)}\colon \mathbb{R} \to \mathbb{R}$을 생각하자. 그러면 $f^{(j)}$는 조각마다 상수이고 콤팩트 지지함수이므로 리만 적분가능하며 다음을 만족한다.

$$\int_{-\infty}^{\infty} f^{(j)} = b_j - a_j$$

위 식을 모든 $j \in J$에 대해 더하고, 적분과 유한합의 순서를 바꾸면 다음이 성립한다.

$$\int_{-\infty}^{\infty} \sum_{j\in J} f^{(j)} = \sum_{j\in J}(b_j - a_j)$$

그러나 구간 (a_j, b_j)가 $[a, b]$를 덮으므로, 모든 $x \in [a, b]$에 대해 $\sum_{j\in J} f^{(j)}(x) \geq 1$이 성립한다(그 이유는?). 다른 모든 x에 대해 $\sum_{j\in J} f^{(j)}(x) \geq 0$이다. 따라서 다음이 성립한다.

$$\int_{-\infty}^{\infty} \sum_{j\in J} f^{(j)} \geq \int_{[a,b]} 1 = b - a$$

바로 앞의 등식과 이 부등식을 조합하면 증명하고자 하는 결과를 얻을 수 있다. 즉 $n = 1$인 경우의 (7.1)을 증명하였다.

귀납적으로 $n > 1$에 대해 $n-1$차원에서 부등식 (7.1)을 이미 증명했다고 가정하자. $n = 1$인 경우와 유사한 논증을 사용한다. 각 상자 $B^{(j)}$가 다음과 같은 형태라고 하자.

$$B^{(j)} = \prod_{i=1}^{n}(a_i^{(j)}, b_i^{(j)})$$

$A^{(j)}$가 $A^{(j)} := \prod_{i=1}^{n-1}(a_i^{(j)}, b_i^{(j)})$의 형태인 $n-1$차원 상자일 때 다음과 같이 표기할 수 있다.

$$B^{(j)} = A^{(j)} \times (a_n^{(j)}, b_n^{(j)})$$

여기서 사용되는 부피가 $n-1$차원임을 강조하기 위해 $n-1$이라는 아래첨자 vol_{n-1}을 사용하면 다음이 성립함에 주목한다.

$$vol(B^{(j)}) = vol_{n-1}(A^{(j)})(b_n^{(j)} - a_n^{(j)})$$

비슷하게 $A := \prod_{i=1}^{n-1}[a_i, b_i]$일 때 다음과 같이 나타낼 수 있다.

$$B = A \times [a_n, b_n]$$

이때 다음이 성립한다.

$$vol(B) = vol_{n-1}(A)(b_n - a_n)$$

각 $j \in J$에 대해 $x_n \in (a_n^{(j)}, b_n^{(j)})$일 때 $f^{(j)}(x_n) = vol_{n-1}(A^{(j)})$이고 다른 x_n에 대해 $f^{(j)}(x_n) = 0$인 함수 $f^{(j)}$를 생각하자. 그러면 함수 $f^{(j)}$는 리만 적분가능하고 다음을 만족한다.

$$\int_{-\infty}^{\infty} f^{(j)} = vol_{n-1}(A^{(j)})(b_n^{(j)} - a_n^{(j)}) = vol(B^{(j)})$$

따라서 다음이 성립한다.

$$\sum_{j \in J} vol(B^{(j)}) = \int_{-\infty}^{\infty} \sum_{j \in J} f^{(j)}$$

$x_n \in [a_n, b_n]$과 $(x_1, \cdots, x_{n-1}) \in A$를 생각하자. 그러면 $(x_1, \cdots, x_n)$은 B에 속하므로 $B^{(j)}$ 중 하나이다. 명백히 $x_n \in (a_n^{(j)}, b_n^{(j)})$이고 $(x_1, \cdots, x_{n-1}) \in A^{(j)}$이다. 특히 각 $x_n \in [a_n, b_n]$에 대해 다음 집합은 A의 $n-1$차원의 덮개이다.

$$\{A^{(j)} : j \in J, x_n \in (a_n^{(j)}, b_n^{(j)})\}$$

$n-1$차원에서 귀납가정 (7.1)을 적용하면 다음을 얻는다.

$$\sum_{j \in J; x_n \in (a_n^{(j)}, b_n^{(j)})} vol_{n-1}(A^{(j)}) \geq vol_{n-1}(A)$$

다시 말해 다음이 성립한다.

$$\sum_{j\in J} f^{(j)}(x_n) \geq vol_{n-1}(A)$$

앞의 식을 $[a_n, b_n]$에서 적분하면 다음이 성립한다.

$$\int_{[a_n,b_n]} \sum_{j\in J} f^{(j)} \geq vol_{n-1}(A)(b_n - a_n) = vol(B)$$

특히 $\sum_{j\in J} f^{(j)}$는 항상 음이 아니므로 다음이 성립한다.

$$\int_{-\infty}^{\infty} \sum_{j\in J} f^{(j)} \geq vol_{n-1}(A)(b_n - a_n) = vol(B)$$

이 결과를 $\int_{-\infty}^{\infty} \sum_{j\in J} f^{(j)}$에 대한 앞의 항등식과 조합하면 (7.1)을 얻을 수 있다. 따라서 귀납법에 의해 증명을 마친다. ■

일단 닫힌상자에 관한 측도를 얻으면 열린상자에 대응하는 결과를 얻는 일은 간단하다.

따름정리 7.2.7 임의의 열린상자

$$B = \prod_{i=1}^{n}(a_i, b_i) := \{(x_1, \cdots, x_n) \in \mathbb{R}^n : \text{모든 } 1 \leq i \leq n\text{에 대해 } x_i \in (a_i, b_i)\}$$

에 대해 다음이 성립한다.

$$m^*(B) = \prod_{i=1}^{n}(b_i - a_i)$$

특히 외측도는 정규화 성질 (xii)를 만족한다.

증명

만약 $b_i = a_i$이면 보조정리 7.2.5(v)에 의해 이 따름정리가 성립하므로, 모든 i에 대해 $b_i > a_i$라고 가정하자. 모든 i에 대해 $b_i - \varepsilon > a_i + \varepsilon$을 만족할 정도로 충분히 작은 ε에 대해 다음이 성립함을 확인할 수 있다.

$$\prod_{i=1}^{n}[a_i + \varepsilon, b_i - \varepsilon] \subseteq \prod_{i=1}^{n}(a_i, b_i) \subseteq \prod_{i=1}^{n}[a_i, b_i]$$

명제 7.2.6과 보조정리 7.2.5(vii)를 적용하면 다음을 얻는다.

$$\prod_{i=1}^{n}(b_i - a_i - 2\varepsilon) \leq m^*\left(\prod_{i=1}^{n}(a_i, b_i)\right) \leq \prod_{i=1}^{n}(b_i - a_i)$$

$\varepsilon \to 0$으로 보내고 조임정리(『TAO 해석학 I』의 따름정리 6.4.14)를 사용하면 원하는 결과를 얻을 수 있다. ■

이제 실선 $\mathbb{R}$에서의 몇 가지 외측도를 계산할 수 있다.

EX 7.2.8 $\mathbb{R}$의 1차원 측도를 계산해보자. 모든 $R > 0$에 대해 $(-R, R) \subseteq \mathbb{R}$이므로 따름정리 7.2.7에 의해 다음이 성립한다.

$$m^*(\mathbb{R}) \geq m^*((-R, R)) = 2R$$

$R \to +\infty$이라 하면 $m^*(\mathbb{R}) = +\infty$이다.

EX 7.2.9 $\mathbb{Q}$의 1차원 측도를 계산해보자. 명제 7.2.6에 의해 각 유리수 q에 대해 점 $\{q\}$의 외측도는 $m^*(\{q\}) = 0$이다. 모든 유리수 q에 대해 $\mathbb{Q} = \bigcup_{q \in \mathbb{Q}} \{q\}$가 성립하고 $\mathbb{Q}$가 가산집합이므로 다음이 성립한다.

$$m^*(\mathbb{Q}) \leq \sum_{q \in \mathbb{Q}} m^*(\{q\}) = \sum_{q \in \mathbb{Q}} 0 = 0$$

따라서 $m^*(\mathbb{Q})$는 0일 것이다. 사실 같은 논증에 의해 모든 가산집합은 측도값으로 0을 갖는다. 이 결과는 실수 집합이 비가산(『TAO 해석학 I』의 따름정리 8.3.4)이라는 사실의 또 다른 증명 방법이라고 할 수 있다.

참고 7.2.10 $m^*(\mathbb{Q}) = 0$이라는 사실의 한 가지 결과는 임의의 $\varepsilon > 0$에 대해 총 길이가 ε보다 작은 가산개의 구간들로 유리수 $\mathbb{Q}$를 덮을 수 있다는 것이다. 이 사실은 다소 비직관적이다. 짧은 구간으로 구성된 $\mathbb{Q}$의 가산개의 덮개를 구성하는 더 명확한 방법을 찾을 수 있을까?

EX 7.2.11 무리수 $\mathbb{R} \setminus \mathbb{Q}$의 1차원 측도를 계산해보자. 부분 가법성에 의해 다음이 성립한다.

$$m^*(\mathbb{R}) \leq m^*(\mathbb{R} \backslash \mathbb{Q}) + m^*(\mathbb{Q})$$

$\mathbb{Q}$의 외측도가 0이고 $\mathbb{R}$의 외측도가 $+\infty$이므로, 무리수 $\mathbb{R} \setminus \mathbb{Q}$의 외측도는 $+\infty$이다. 비슷한 논증에 의해 $[0, 1]$의 무리수 집합 $[0, 1] \setminus \mathbb{Q}$의 외측도가 1임을 보일 수 있다(그 이유는?).

EX 7.2.12 명제 7.2.6에 따르면 $\mathbb{R}$의 단위구간 $[0, 1]$의 1차원 외측도는 1이다. 그러나 $\mathbb{R}^2$에서의 단위구간 $\{(x, 0) : 0 \leq x \leq 1\}$의 2차원 외측도는 0이다. 따라서 1차원 외측도와 2차원 외측도는 다름을 알 수 있다. 이 결과와 가산 부분 가법성에 의해 $\mathbb{R}$의 1차원 외측도는 $+\infty$이지만, $\mathbb{R}^2$의 x축 전체의 2차원 외측도는 0임을 알 수 있다.

7.2 연습문제

1. 보조정리 7.2.5를 증명하라.

힌트 하한의 정의를 사용할 수 있고 ε이라는 매개변수를 소개해야 할 수도 있다. 또한 외측도가 $+\infty$인 경우를 분리해서 다루어야 할 수도 있다. (viii)는 (x)와 (v)에 의해 유도될 수 있다. (x)를 증명하기 위해 첨자 집합 J를 $J = \{j_1, j_2, j_3, \cdots\}$로 설정한 후 각 A_{j_i}에 대해 전체 부피가 $m^*(A_{j_i}) + \dfrac{\varepsilon}{2^i}$보다 크지 않은 상자들로 A_{j_i}의 덮개를 선택한다.

2. $\mathbb{R}^n$의 부분집합 A와 $\mathbb{R}^m$의 부분집합 B를 생각하자. 데카르트 곱 $\{(a,b) : a \in A, b \in B\}$가 $\mathbb{R}^{n+m}$의 부분집합임에 유의한다. $m^*_{n+m}(A \times B) \leq m^*_n(A)m^*_m(B)$임을 보여라. 여기서 임의의 $0 < c \leq +\infty$에 대해 $c \times +\infty = +\infty \times c$가 $+\infty$이고 $c = 0$일 때 0이 되는 관습을 받아들인다. $m^*_{n+m}(A \times B) = m^*_n(A)m^*_m(B)$도 참이지만 증명하기 매우 어렵다.

연습문제 3~5에서 $\mathbb{R}^n$을 유클리드공간으로 가정하고, $\mathbb{R}^n$의 측도가능 집합 개념[8]과 성질 (i)~(xiii)를 따르는 측도 개념[9]을 갖고 있다고 하자.

3. 다음 물음에 답하라.

(a) $A_1 \subseteq A_2 \subseteq A_3 \subseteq \cdots$가 측도가능 집합의 증가하는 수열(즉 모든 양의 정수 j에 대해 $A_j \subseteq A_{j+1}$)이면 $m\left(\bigcup_{j=1}^{\infty} A_j\right) = \lim_{j\to\infty} m(A_j)$가 성립함을 보여라.

(b) $A_1 \supseteq A_2 \supseteq A_3 \supseteq \cdots$가 측도가능 집합의 감소하는 수열(즉 모든 양의 정수 j에 대해 $A_j \supseteq A_{j+1}$)이고 $m(A_1) < +\infty$이면 $m\left(\bigcap_{j=1}^{\infty} A_j\right) = \lim_{j\to\infty} m(A_j)$가 성립함을 보여라.

8 르베그 측도가능 집합의 개념과 일치할 수도 있고 그렇지 않을 수도 있다.

9 르베그 측도의 개념과 일치할 수도 있고 그렇지 않을 수도 있다.

4. 임의의 양의 정수 $q > 1$에 대해 다음과 같은 열린상자 $\left(0, \frac{1}{q}\right)^n$ 과 닫힌상자 $\left[0, \frac{1}{q}\right]^n$ 의 측도가 모두 q^{-n} 임을 보여라.

$$\left(0, \frac{1}{q}\right)^n := \left\{(x_1, \ldots, x_n) \in \mathbb{R}^n : \text{모든 } 1 \le j \le n\text{에 대해 } 0 < x_j < \frac{1}{q}\right\}$$

$$\left[0, \frac{1}{q}\right]^n := \left\{(x_1, \ldots, x_n) \in \mathbb{R}^n : \text{모든 } 1 \le j \le n\text{에 대해 } 0 \le x_j \le \frac{1}{q}\right\}$$

힌트 모든 $q \ge 1$에 대해 $m\left(\left(0, \frac{1}{q}\right)^n\right) \le q^{-n}$이 성립함을 보인다. 이를 보이기 위해 $(0,1)^n$의 덮개를 $\left(0, \frac{1}{q}\right)^n$의 이동으로 둘 수 있다. 비슷한 논증을 이용해 $m\left(\left[0, \frac{1}{q}\right]^n\right) \ge q^{-n}$임을 보인다. 그리고 $\left[0, \frac{1}{q}\right]^n$의 경계를 매우 작은 상자로 덮음을 이용하여 모든 $\varepsilon > 0$에 대해 $m\left(\left[0, \frac{1}{q}\right]^n \Big\backslash \left(0, \frac{1}{q}\right)^n\right) \le \varepsilon$이 성립함을 보인다.

5. 임의의 상자 B에 대해 $m(B) = vol(B)$임을 보여라.

힌트 좌표 a_j, b_j가 유리수인 경우를 먼저 증명하고 연습문제 4를 사용한다. 그다음 좌표가 실수인 일반적인 경우를 보이기 위해 극한을 취한다. 이때 보조정리 7.2.5를 사용할 수 있다.

6. 보조정리 7.2.5와 명제 7.2.6을 이용하여 실수 집합이 비가산집합이라는 결과의 또 다른 증명법을 제시하라. 즉 『TAO 해석학 I』의 따름정리 8.3.4를 다시 증명하라.

7.3 외측도는 가법성을 갖지 않는다

외측도에 대하여 보조정리 7.2.5에 의해 가법성 (ix)와 (xi)만 확인하면 유용한 측도의 성질을 모두 만족하는 것으로 보인다. 그러나 외측도는 1차원에서조차 가법성 (ix)와 (xi)을 만족하지 않는다.

명제 7.3.1 가산 가법성의 실패

가법성을 만족하지 않는 $\mathbb{R}$의 서로소인 부분집합들의 가산개의 모임 $(A_j)_{j\in J}$가 존재한다. 즉 $m^*\left(\bigcup_{j\in J} A_j\right) \ne \sum_{j\in J} m^*(A_j)$이다.

증명

어떤 실수 x에 대해 $A = x + \mathbb{Q} \subseteq \mathbb{R}$ 형태의 집합을 $\mathbb{Q}$의 **잉여류**(coset)라고 한다. 예를 들어 $\sqrt{2} + \mathbb{Q}$는 $\mathbb{Q}$의 잉여류이고 $\mathbb{Q} = 0 + \mathbb{Q}$이므로 $\mathbb{Q}$도 $\mathbb{Q}$의 잉여류이다. 잉여류 A는 여러 x에 의해 만들어질 수 있음에 유의한다. 예를 들어 $2 + \mathbb{Q}$는 $0 + \mathbb{Q}$로 만들어진 잉여류와 똑같다. 또한 두 잉여류가 부분적으로만 겹칠 수는 없음을 관찰할 수 있다. 만약 $x + \mathbb{Q}$와 $y + \mathbb{Q}$가 공통원소 z를 갖는다면 $x - y$는 유리수여야 한다(이 사실은 항등식 $x - y = (x - z) - (y - z)$를 이용하여 보인다). 따라서 $x + \mathbb{Q}$와 $y + \mathbb{Q}$는 같다(그 이유는?). 그러므로 임의의 두 잉여류는 서로소이거나 같아야 한다.

유리수 $\mathbb{Q}$의 모든 잉여류 A는 $[0, 1]$과 공집합이 아닌 교집합을 갖는다. 실제로 A가 잉여류이면 적당한 실수 x에 대해 $A = x + \mathbb{Q}$가 성립한다. 만약 $[-x, 1 - x]$에서 유리수 q를 선택한다면 $x + q \in [0, 1]$이므로 $A \cap [0, 1]$은 $x + q$를 포함한다.

$\mathbb{R} \setminus \mathbb{Q}$를 $\mathbb{Q}$의 모든 잉여류의 집합이라고 하자. 이 집합의 원소들이 (실수) 집합임에 유의한다. $\mathbb{R} \setminus \mathbb{Q}$의 각 잉여류 A에 대해 $A \cap [0, 1]$의 원소 x_A를 선택한다.[10] E를 모든 x_A의 집합이라고 하자. 즉 $E := \{x_A : A \in \mathbb{R}/\mathbb{Q}\}$이다. E의 구성에 의해 $E \subseteq [0, 1]$이 성립함에 주목한다. 다음 집합을 생각해보자.

$$X = \bigcup_{q \in \mathbb{Q} \cap [-1,1]} (q + E)$$

$q \in [-1, 1]$이고 $x \in E \subseteq [0, 1]$일 때마다 $q + x \in [-1.2]$이므로, 이 집합은 명확하게 $[-1, 2]$에 포함된다. 이제 이 집합이 구간 $[0, 1]$을 포함함을 보이자. 실제로 임의의 $y \in [0, 1]$에 대해 y는 어떤 잉여류 A의 원소임을 알고 있다. 예를 들어 y는 잉여류 $y + \mathbb{Q}$에 속한다. 그러나 x_A가 동일한 잉여류에 속한다는 사실을 알고 있으므로 $y - x_A$는 어떤 유리수 q와 같다. y와 x_A가 동시에 $[0, 1]$에 있으므로 q도 $[-1, 1]$에 있다. $y = q + x_A$이므로 $y \in q + E$이고 $y \in X$이다.

$q \in \mathbb{Q}$에 대한 이동 $q + E$는 모두 서로소이다. $q + E$가 $q' + E$인 서로 다른 두 $q, q' \in \mathbb{Q}$가 존재하면 $q + x_A = q' + x_{A'}$을 만족하는 $A, A' \in \mathbb{R} \setminus \mathbb{Q}$가 존재한다. 그러나 $A = x_A + \mathbb{Q} = x_{A'} + \mathbb{Q} = A'$이므로 $x_A = x_{A'}$이고 $q = q'$이 성립하여 가정에 모순이다.

이제 주어진 명제를 증명하기 위해 다음이 성립함을 보일 것이다.

$$m^*(X) \neq \sum_{q \in \mathbb{Q} \cap [-1,1]} m^*(q + E)$$

---

10 이 과정에서 무한 번의 선택이 필요하고 『TAO 해석학 I』의 8.4절에서 살펴본 선택공리가 필요하다.

$[0,1] \subseteq X \subseteq [-1,2]$이므로 위 사실이 성립함을 확인하기 위해 단조성과 명제 7.2.6에 의해 $1 \leq m^*(X) \leq 3$임을 관찰한다. 우변에서 이동 불변량에 의해 다음이 성립한다.

$$\sum_{q \in \mathbb{Q} \cap [-1,1]} m^*(q+E) = \sum_{q \in \mathbb{Q} \cap [-1,1]} m^*(E)$$

집합 $\mathbb{Q} \cap [-1,1]$은 가산 무한집합이다(그 이유는?). 따라서 우변은 $m^*(E) = 0$인 경우 0이거나, $m^*(E) > 0$인 경우 $+\infty$이다. 각 경우 모두 1과 3 사이일 수 없으므로 증명을 마친다. ■

참고 7.3.2 위 증명에서 선택공리를 사용하였다. 선택공리의 사용은 필수적인 것으로 판명되었다. 선택공리를 가정하지 않는다면 외측도가 가산 가법성을 만족하는 수학적 모델을 가질 수 있음을 수리논리학의 몇몇 발전된 기술을 이용해 증명할 수 있다.

위의 논증을 수정하여 m^*가 유한 가법성을 갖지 못한다는 사실을 증명할 수 있다.

명제 7.3.3 유한 가법성의 실패

다음을 만족하는 $\mathbb{R}$의 서로소인 부분집합의 유한개의 모임 $(A_j)_{j \in J}$가 존재한다.

$$m^*\left(\bigcup_{j \in J} A_j\right) \neq \sum_{j \in J} m^*(A_j)$$

증명

간접증명법으로 이 명제를 증명할 수 있다. 귀류법을 이용해 m^*가 유한 가법성을 만족한다고 가정하자. E와 X를 명제 7.3.1에서 소개한 집합이라고 하면 가산 부분 가법성과 이동 불변량에 의해 다음이 성립한다.

$$m^*(X) \leq \sum_{q \in \mathbb{Q} \cap [-1,1]} m^*(q+E) = \sum_{q \in \mathbb{Q} \cap [-1,1]} m^*(E)$$

$1 \leq m^*(X) \leq 3$이므로 $m^*(E) \neq 0$이 성립한다. 만약 주어진 명제가 성립하지 않는다면 $m^*(X) \leq 0$이 되어 모순이다.

$m^*(E) \neq 0$이므로 $m^*(E) > \dfrac{1}{n}$을 만족하는 양의 정수 n이 존재한다. J를 크기가 $3n$인 $\mathbb{Q} \cap [-1,1]$의 유한 부분집합이라고 하자. 만약 m^*가 유한 가법성을 갖는다면 다음을 만족해야 한다.

$$m^*\left(\bigcup_{q \in J} q+E\right) = \sum_{q \in J} m^*(q+E) = \sum_{q \in J} m^*(E) > 3n\frac{1}{n} = 3$$

그러나 $\bigcup_{q \in J} q+E$가 X의 부분집합이므로 외측도는 3보다 작아야 한다. 이 결과는 단조성에 모순이다. 따라서 m^*는 유한 가법성을 만족하지 못한다. ■

참고 7.3.4 여기서 제시한 예는 **바나흐–타르스키 역설**과 관련이 있다. 이 역설은 선택공리를 이용해 $\mathbb{R}^3$의 단위구를 유한개의 조각으로 분리할 수 있고, 분리한 조각이 회전과 이동을 통해 두 개의 완전한 단위구로 재조립될 수 있음을 보여준다. 물론 이 분할에는 비측도가능 집합이 포함된다. 바나흐–타르스키 역설에는 해석학의 범위를 넘어선 군론(group theory)이 필요하므로 여기서 다루지 않는다.

7.4 측도가능 집합

이전 절에서 특정 집합이 외측도와 관련해 유한 가법성 혹은 가산 가법성에 모순임을 확인하였다. 그러나 이러한 집합은 선택공리를 이용해 구성하며 다소 인위적이다. 따라서 이러한 집합들을 제외하면 어떻게든 유한 가법성 혹은 가산 가법성이 성립하길 기대할 수 있다. 운이 좋게도 콘스탄티노스 카라테오도리(Constantin Carath´eodory, 1873-1950)의 명료한 정의 덕분에 가능하다.

정의 7.4.1 르베그 측도가능 집합(Lebesgue measurable set)

$\mathbb{R}^n$의 부분집합 E를 생각하자. E가 **르베그 측도가능 집합**[11]일 필요충분조건은 $\mathbb{R}^n$의 모든 부분집합 A에 대해 다음 항등식이 성립하는 것이다.

$$m^*(A) = m^*(A \cap E) + m^*(A \backslash E)$$

만약 E가 측도가능 집합이면 E의 **르베그 측도(Lebesgue measure)**를 $m(E) = m^*(E)$로 정의한다. E가 측도가능 집합이 아니면 $m(E)$는 정의하지 않는다.

다시 말해 E가 측도가능 집합이라는 의미는 집합 E를 이용해 임의의 집합 A를 두 부분으로 나누었을 때 가법성이 유지된다는 것이다. 물론 m^*가 유한 가법성을 갖는다면 모든 집합 E는 측도가능 집합이다. 그러나 명제 7.3.3에 따르면 모든 집합이 유한 가법성을 갖지는 않는다. 유한 가법성이 성립하는 집합으로 측도가능 집합을 생각할 수도 있다. 또한 n차원의 르베그 측도를 사용한다는 사실을 강조하기 위해 $m(E)$ 대신 첨자를 이용하여 $m_n(E)$로 표현할 수도 있다.

정의 7.4.1로 작업하기는 다소 어렵기 때문에 실제로 정의를 직접 이용해 어떤 집합이 측도가능 집합인지 판단하지는 않는다. 대신 이 정의를 이용해 측도가능 집합의 다양하고 유용한 명제(보조정리 7.4.2~보조정리 7.4.11)를 증명한 후, 보조정리들을 통해 어떤 집합이 측도가능 집합인지 아닌지 판단할 것이다.

11 간단하게 측도가능 집합이라고도 한다.

먼저 많은 종류의 집합이 실제로 측도가능 집합임을 보이자. 공집합 $E = \varnothing$과 전체 공간 $E = \mathbb{R}^n$은 명확히 측도가능 집합이다(그 이유는?). 다음으로 측도가능 집합의 또 다른 예를 살펴보자.

보조정리 7.4.2 절반 공간은 측도가능 집합이다

다음과 같은 절반 공간은 측도가능 집합이다.

$$\{(x_1, \cdots, x_n) \in \mathbb{R}^n : x_n > 0\}$$

보조정리 7.4.2의 증명은 연습문제 3으로 남긴다.

참고 7.4.3 비슷한 논증 과정으로 특정한 $1 \le j \le n$에 대해 $\{(x_1, \cdots, x_n) \in \mathbb{R}^n : x_j > 0\}$ 또는 $\{(x_1, \cdots, x_n) \in \mathbb{R}^n : x_j < 0\}$ 형태의 임의의 절반 공간도 측도가능 집합임을 보일 수 있다.

다음과 같은 측도가능 집합의 몇 가지 성질을 살펴보자.

보조정리 7.4.4 측도가능 집합의 성질

(a) E가 측도가능 집합이면 $\mathbb{R}^n \setminus E$도 측도가능 집합이다.

(b) **이동 불변성** : E가 측도가능 집합이고 $x \in \mathbb{R}^n$이면 $x+E$도 측도가능 집합이고 $m(x+E) = m(E)$이다.

(c) E_1과 E_2가 측도가능 집합이면 $E_1 \cap E_2$와 $E_1 \cup E_2$도 측도가능 집합이다.

(d) **불 대수** : $E_1, E_2, \cdots, E_N$이 측도가능 집합이면 $\bigcup_{j=1}^{N} E_j$와 $\bigcap_{j=1}^{N} E_j$도 측도가능 집합이다.

(e) 모든 열린상자와 닫힌상자는 측도가능 집합이다.

(f) 외측도가 0인 모든 집합 E는 측도가능 집합이다. 즉 $m^*(E) = 0$이면 E는 측도가능 집합이다.

보조정리 7.4.4의 증명은 연습문제 4로 남긴다.

보조정리 7.4.4에 의해 측도가능 집합이 갖길 원하던 성질 중 (ii), (iii), (xiii)를 증명하였고 (i)를 향해 나아가고 있다. 또한 다음과 같은 유한 가법성[12]을 갖는다.

12 원하던 성질 중 (ix)에 해당한다.

보조정리 7.4.5 유한 가법성

$(E_j)_{j\in J}$가 **서로소**인 측도가능 집합의 유한모임이라고 하면 (측도가능 집합일 필요는 없는) 임의의 집합 A에 대해 다음이 성립한다.

$$m^*\left(A\cap\bigcup_{j\in J}E_j\right)=\sum_{j\in J}m^*(A\cap E_j)$$

또한 $m\left(\bigcup_{j\in J}E_j\right)=\sum_{j\in J}m(E_j)$가 성립한다.

보조정리 7.4.5의 증명은 연습문제 6으로 남긴다.

참고 7.4.6 보조정리 7.4.5와 명제 7.3.3을 조합하면 비측도가능 집합의 예가 존재함을 보일 수 있다. 연습문제 5를 참고한다.

따름정리 7.4.7 두 집합 $A\subseteq B$가 측도가능 집합이면 $B\setminus A$도 측도가능 집합이고 다음이 성립한다.

$$m(B\backslash A)+m(A)=m(B)$$

따름정리 7.4.7의 증명은 연습문제 7로 남긴다.

이제 가산 가법성을 보이자.

보조정리 7.4.8 가산 가법성

$(E_j)_{j\in J}$가 **서로소**인 측도가능 집합의 가산모임이라고 하면 $\bigcup_{j\in J}E_j$는 측도가능 집합이고 다음이 성립한다.

$$m\left(\bigcup_{j\in J}E_j\right)=\sum_{j\in J}m(E_j)$$

증명

$E:=\bigcup_{j\in J}E_j$를 생각하자. 첫 번째 과제는 E가 측도가능 집합임을 보이는 것이다. A를 (측도가능 집합일 필요는 없는) 임의의 집합이라고 하면 다음이 성립함을 보여야 한다.

$$m^*(A)=m^*(A\cap E)+m^*(A\backslash E)$$

J가 가산집합이므로 $J = \{j_1, j_2, j_3, \cdots\}$로 나타낼 수 있다. 이때 다음이 성립한다(그 이유는?).

$$A \cap E = \bigcup_{k=1}^{\infty} (A \cap E_{j_k})$$

가산 부분 가법성에 의해 다음이 성립한다.

$$m^*(A \cap E) \le \sum_{k=1}^{\infty} m^*(A \cap E_{j_k})$$

위 식을 다시 다음과 같이 나타낼 수 있다.

$$m^*(A \cap E) \le \sup_{N \ge 1} \sum_{k=1}^{N} m^*(A \cap E_{j_k})$$

집합 $F_N := \bigcup_{k=1}^{N} E_{j_k}$를 생각하자. $A \cap E_{j_k}$가 모두 서로소이므로 이들의 합집합은 $A \cap F_N$이다. 보조정리 7.4.5에 의해 다음이 성립한다.

$$\sum_{k=1}^{N} m^*(A \cap E_{j_k}) = m^*(A \cap F_N)$$

따라서 다음과 같다.

$$m^*(A \cap E) \le \sup_{N \ge 1} m^*(A \cap F_N)$$

이제 $A \setminus E$를 살펴보자. $F_N \subseteq E$이므로(그 이유는?) $A \backslash E \subseteq A \backslash F_N$이다(그 이유는?). 단조성에 의해 모든 N에 대하여 다음이 성립한다.

$$m^*(A \backslash E) \le m^*(A \backslash F_N)$$

특히 다음이 성립한다.

$$\begin{aligned} m^*(A \cap E) + m^*(A \backslash E) &\le \sup_{N \ge 1} (m^*(A \cap F_N) + m^*(A \backslash E)) \\ &\le \sup_{N \ge 1} (m^*(A \cap F_N) + m^*(A \backslash F_N)) \end{aligned}$$

보조정리 7.4.4(d)에 따르면 F_N은 측도가능 집합이다. 따라서 다음과 같다.

$$m^*(A \cap F_N) + m^*(A \backslash F_N) = m^*(A)$$

따라서 다음을 얻는다.

$$m^*(A \cap E) + m^*(A \backslash E) \le m^*(A)$$

그러나 유한 부분 가법성에 의해 다음이 성립하므로 주어진 명제를 얻는다.

$$m^*(A \cap E) + m^*(A \backslash E) \ge m^*(A)$$

따라서 E가 측도가능 집합임을 확인하였다.

보조정리의 증명을 마치기 위해 $m(E)$가 $\sum_{j\in J} m(E_j)$와 같음을 보여야 한다. 먼저 가산 부분 가법성에 의해 다음이 성립한다.

$$m(E) \le \sum_{j\in J} m(E_j) = \sum_{k=1}^{\infty} m(E_{j_k})$$

반면에 유한 가법성과 단조성에 의해 다음과 같다.

$$m(E) \ge m(F_N) = \sum_{k=1}^{N} m(E_{j_k})$$

여기에 극한 $N \to \infty$를 취하면 다음을 얻는다.

$$m(E) \ge \sum_{k=1}^{\infty} m(E_{j_k})$$

따라서 다음이 성립하므로 증명을 마친다.

$$m(E) = \sum_{k=1}^{\infty} m(E_{j_k}) = \sum_{j\in J} m(E_j)$$ ■

이제 원하던 성질 중 (xi)를 증명하였다. 다음으로 가산 합집합과 가산 교집합을 살펴보자.

보조정리 7.4.9 σ–대수 성질
$(\Omega_j)_{j\in J}$가 측도가능 집합의 임의의 가산모임이면(즉 J는 가산집합), 합집합 $\bigcup_{j\in J}\Omega_j$와 교집합 $\bigcap_{j\in J}\Omega_j$도 측도가능 집합이다.

보조정리 7.4.9의 증명은 연습문제 8로 남긴다.

이제 (i)의 보렐 성질만 증명하면 된다. 먼저 필요한 보조정리를 살펴보자.

보조정리 7.4.10 모든 열린집합은 열린상자의 가산개 혹은 유한개의 합집합으로 표현할 수 있다.

증명

먼저 몇 가지 기호가 필요하다. 상자 $B = \prod_{i=1}^{n}(a_i, b_i)$에서 모든 성분 a_i, b_i가 유리수인 경우 상자를 **유리수**(rational)라고 한다. 유리수 상자는 가산개 존재함을 확인할 수 있다. 왜냐하면 유리수 상자가 $2n$개의 유리수만큼 존재할 수 있으므로 크기 $\mathbb{Q}^{2n}$을 갖기 때문이다. 한편 $\mathbb{Q}$는 가산집합이고, 가산집합의 임의의 유한개의 데카르트 곱은 가산집합이다. 『TAO 해석학 I』의 따름정리 8.1.14와 따름정리 8.1.15를 참고한다.

'임의의 열린 구 $B(x,r)$에 대해 $B(x,r)$에 포함되며 x를 포함하는 유리수 상자 B가 존재한다'는 주장을 생각해보자. 이 주장을 증명하기 위해 $x = (x_1, \cdots, x_n)$을 생각하자. 각 $1 \le i \le n$에 대해 a_i와 b_i는 다음을 만족하는 유리수라고 하자.

$$x_i - \frac{r}{n} < a_i < x_i < b_i < x_i + \frac{r}{n}$$

그러면 상자 $\prod_{i=1}^{n}(a_i, b_i)$는 유리수이고 분명히 x를 포함한다. 피타고라스 정리(혹은 삼각부등식)를 이용한 간단한 연산에 의해 이 상자가 $B(x,r)$에 포함됨을 보일 수 있는데 이 과정은 과제로 남긴다.

열린집합 E와 E의 부분집합인 모든 유리수 상자 B의 집합 Σ, 그리고 이러한 상자들의 합집합 $\bigcup_{B\in\Sigma} B$를 생각하자. 명백히 이 합집합은 E에 포함된다. 왜냐하면 Σ의 모든 상자는 구성에 의해 E에 포함되기 때문이다. 반면에 E가 열린집합이므로 모든 $x \in E$에 대해 E에 포함되는 구 $B(x,r)$이 존재하고, 앞에서 살펴본 주장에 의해 이 구는 x를 포함하는 유리수 상자를 포함한다. 특히 x는 $\bigcup_{B\in\Sigma} B$에 포함되므로 원하는 다음 결과를 얻는다.

$$E = \bigcup_{B\in\Sigma} B$$

한편 Σ는 모든 유리수 상자의 집합의 부분집합이므로, Σ가 가산집합이거나 유한집합이어서 E는 가산집합이다. ■

보조정리 7.4.11 보렐 성질

모든 열린집합과 닫힌집합은 르베그 측도가능 집합이다.

증명

열린집합에 대해 증명하면 닫힌집합에 대한 성질은 보조정리 7.4.4(a)(즉 성질 (ii))에 의해 증명할 수 있으므로 열린집합만 증명한다. 열린집합 E를 생각하자. 보조정리 7.4.10에 의해 E는 상자의 가산 합집합이다. 각 상자는 측도가능 집합이고 측도가능 집합의 가산 합집합도 측도가능 집합이므로, 주어진 명제가 성립함을 확인할 수 있다. ■

르베그 측도의 구성과 기본 성질을 확인하는 작업을 모두 마쳤다. 다음 단계는 적분할 수 있는 함수의 종류를 설명한 르베그 적분을 구성하는 것이다.

7.4 연습문제

1. $\mathbb{R}$의 열린구간 A에 대해 $m^*(A) = m^*(A \cap (0, \infty)) + m^*(A \backslash (0, \infty))$임을 보여라.

2. $\mathbb{R}^n$의 열린상자 A와 절반 공간 $E := \{(x_1, \cdots, x_n) \in \mathbb{R}^n : x_n > 0\}$을 생각하자. $m^*(A) = m^*(A \cap E) + m^*(A \backslash E)$임을 보여라.

힌트 연습문제 1을 사용한다.

3. 보조정리 7.4.2를 증명하라.

힌트 연습문제 2를 사용한다.

4. 보조정리 7.4.4를 증명하라.

힌트 (c)를 증명하기 위해 먼저 다음을 증명한다.

$$m^*(A) = m^*(A \cap E_1 \cap E_2) + m^*(A \cap E_1 \backslash E_2) + m^*(A \cap E_2 \backslash E_1) + m^*(A \backslash (E_1 \cup E_2))$$

이때 벤 다이어그램이 도움될 것이다. 또한 유한 부분 가법성도 필요하다. (c)를 이용해 (d)를 증명하고, (b), (d)와 보조정리 7.4.2의 다양한 버전을 이용해 (e)를 증명한다.

5. 명제 7.3.1과 명제 7.3.3의 증명에서 사용한 집합 E가 비측도가능 집합임을 보여라.

6. 보조정리 7.4.5를 증명하라.

7. 보조정리 7.4.5를 이용해 따름정리 7.4.7을 증명하라.

8. 보조정리 7.4.9를 증명하라.

힌트 가산 합집합 문제를 해결하기 위해 $J = \{j_1, j_2, \cdots\}$로 나타내고, $F_N := \bigcup_{k=1}^{N} \Omega_{j_k}$라고 한 다음, F_0를 공집합으로 이해한 상태에서 $E_N := F_N \backslash F_{N-1}$로 표기한다. 다음으로 보조정리 7.4.8을 적용한다. 가산 교집합 문제를 해결하기 위해 방금 적용한 방법과 보조정리 7.4.4(a)를 사용한다.

9. $A := [0,1]^2 \backslash \mathbb{Q}^2$으로 정의한 집합 $A \subseteq \mathbb{R}^2$을 생각하자. 즉 A는 $[0,1]^2$에서 x와 y가 동시에 유리수가 아닌 모든 점 (x, y)를 포함한다. A가 측도가능 집합이고 $m(A) = 1$이지만 A는 내부점을 갖지 않음을 보여라.

힌트 측도가능 집합의 정의를 바로 사용해 이 문제를 해결하기 보다는, 앞의 문제들을 포함해 외측도와 측도의 성질을 이용한다.

10. $A \subseteq B \subseteq \mathbb{R}^n$을 생각하자. B가 측도 0인 르베그 측도가능 집합일 때, A도 측도 0인 르베그 측도가능 집합임을 보여라.

7.5 측도가능 함수

리만 적분 이론에서는 특정한 형태의 함수(리만 적분가능한 함수)만 적분 가능했다. 이제 더 넓은 종류의 함수(측도가능 함수)에서 적분가능하게 하려고 한다. 좀 더 정확히 말하면 절대적분가능한 측도가능 함수에서만 적분을 할 수 있다. 자세한 내용은 나중에 설명한다.

정의 7.5.1 측도가능 함수(measurable function)
$\mathbb{R}^n$의 측도가능 부분집합 Ω와 함수 $f : \Omega \to \mathbb{R}^m$을 생각하자. 함수 f가 **측도가능 함수**일 필요충분조건은 모든 열린집합 $V \subseteq \mathbb{R}^m$에 대해 $f^{-1}(V)$가 측도가능 집합인 것이다.

앞서 이야기한 대로 실생활에서 다루는 대부분의 집합은 측도가능 집합이므로 실생활에서 다루는 대부분의 함수 또한 자연스럽게 측도가능 함수이다. 예를 들어 연속함수는 자동으로 측도가능 함수이다.

보조정리 7.5.2 연속함수는 측도가능 함수이다
$\mathbb{R}^n$의 측도가능 부분집합 Ω와 연속함수 $f : \Omega \to \mathbb{R}^m$을 생각하자. 그러면 f는 측도가능 함수이다.

증명
V를 $\mathbb{R}^m$의 임의의 열린 부분집합이라고 하자. f가 연속이므로 $f^{-1}(V)$도 Ω에서 상대적으로 열린 집합이다(정리 2.1.5(c) 참고). 즉 적당한 열린집합 $W \subseteq \mathbb{R}^n$에 대해 $f^{-1}(V) = W \cap \Omega$이다(명제 1.3.4(a) 참고). W는 열린집합이므로 측도가능 집합이다. 또한 Ω가 측도가능 집합이므로 $W \cap \Omega$도 측도가능 집합이다. ■

보조정리 7.4.10에 의해 주어진 함수가 측도가능 함수인지 아닌지 판단할 수 있는 쉬운 방법이 있다.

보조정리 7.5.3 $\mathbb{R}^n$의 측도가능 부분집합 Ω와 함수 $f : \Omega \to \mathbb{R}^m$을 생각하자. f가 측도가능 함수일 필요충분조건은 모든 열린상자 B에 대해 $f^{-1}(B)$도 측도가능 집합인 것이다.

보조정리 7.5.3의 증명은 연습문제 1로 남긴다.

따름정리 7.5.4 $\mathbb{R}^n$의 측도가능 부분집합 Ω와 함수 $f : \Omega \to \mathbb{R}^m$을 생각하자. $f_j : \Omega \to \mathbb{R}$을 f의 j번째 좌표라고 할 때 $f = (f_1, \cdots, f_m)$이라고 가정하자. 그러면 f가 측도가능 함수일 필요충분조건은 모든 f_j가 각각 측도가능 함수인 것이다.

따름정리 7.5.4의 증명은 연습문제 2로 남긴다.

불행하게도 두 측도가능 함수의 합성이 자동으로 측도가능 함수가 되지는 않는다. 그러나 차선책으로 측도가능 함수에 연속함수를 합성한 함수는 측도가능 함수이다.

보조정리 7.5.5 $\mathbb{R}^n$의 측도가능 부분집합 Ω와 $\mathbb{R}^m$의 열린 부분집합 W를 생각하자. $f : \Omega \to W$가 측도가능 함수이고 $g : W \to \mathbb{R}^p$이 연속함수이면 $g \circ f : \Omega \to \mathbb{R}^p$은 측도가능 함수이다.

보조정리 7.5.5의 증명은 연습문제 3으로 남긴다.

이 결과로부터 다음과 같은 따름정리를 즉각적으로 얻는다.

따름정리 7.5.6 $\mathbb{R}^n$의 측도가능 부분집합 Ω를 생각하자. $f : \Omega \to \mathbb{R}$이 측도가능 함수이면 세 함수 $|f|$, $\max(f, 0)$, $\min(f, 0)$도 측도가능 함수이다.

증명

$g(x) := |x|$, $g(x) := \max(x, 0)$, $g(x) := \min(x, 0)$에 보조정리 7.5.5를 적용한다. ■

비교적 덜 즉각적인 따름정리는 다음과 같다.

따름정리 7.5.7 $\mathbb{R}^n$의 측도가능 부분집합 Ω를 생각하자. $f : \Omega \to \mathbb{R}$과 $g : \Omega \to \mathbb{R}$이 측도가능 함수이면 $f + g$, $f - g$, fg, $\max(f, g)$, $\min(f, g)$도 측도가능 함수이다. 만약 모든 $x \in \Omega$에 대해 $g(x) \neq 0$이면 $\dfrac{f}{g}$도 측도가능 함수이다.

증명

$f+g$를 생각하자. $h:\Omega\to\mathbb{R}^2$을 함수 $h(x)=(f(x),g(x))$라 하고, $k:\mathbb{R}^2\to\mathbb{R}$을 함수 $k(a,b):=a+b$라고 하면 $f+g$를 $k\circ h$로 쓸 수 있다. f와 g가 측도가능 함수이므로 따름정리 7.5.4에 의해 h도 측도가능 함수이다. k가 연속이므로 보조정리 7.5.5에 의해 $k\circ h$도 측도가능 함수이므로 증명을 마칠 수 있다. 비슷한 논법으로 다른 모든 경우를 증명할 수 있다. 유일하게 $\frac{f}{g}$인 경우만 사상 $(a,b)\mapsto\frac{a}{b}$를 연속이며 잘 정의되도록 만들기 위해 $\mathbb{R}^2$ 공간을 반드시 $\{(a,b)\in\mathbb{R}^2:b\neq 0\}$으로 대체할 필요가 있다. ■

측도가능 함수의 또 다른 특징은 다음과 같다.

보조정리 7.5.8 $\mathbb{R}^n$의 측도가능 부분집합 Ω와 측도가능 함수 $f:\Omega\to\mathbb{R}$을 생각하자. 그러면 f가 측도가능 함수일 필요충분조건은 모든 실수 a에 대해 $f^{-1}((a,\infty))$가 측도가능 집합인 것이다.

보조정리 7.5.8의 증명은 연습문제 4로 남긴다.

이 보조정리에 영감을 받아 측도가능 함수의 개념을 확장된 실수 체계인 $\mathbb{R}^*:=\mathbb{R}\cup\{+\infty\}\cup\{-\infty\}$로 확장할 수 있다.

정의 7.5.9 확장된 실수 체계에서의 측도가능 함수

$\mathbb{R}^n$의 측도가능 부분집합 Ω를 생각하자. $f:\Omega\to\mathbb{R}^*$가 **측도가능 함수**일 필요충분조건은 모든 실수 a에 대해 $f^{-1}((a,+\infty])$가 측도가능 집합인 것이다.

보조정리 7.5.8은 실수 $\mathbb{R}$에서와 같은 값을 갖는 확장된 실수 $\mathbb{R}^*$에서의 함수의 측도가능성 개념을 보장함에 유의한다.

측도가능성은 극한과 관련해서도 잘 작동한다.

보조정리 7.5.10 측도가능 함수의 극한은 측도가능 함수이다

$\mathbb{R}^n$의 측도가능 부분집합 Ω와 각 자연수 n에 대한 측도가능 함수 $f_n:\Omega\to\mathbb{R}^*$를 생각하자. 그러면 함수 $\sup_{n\geq 1}f_n$, $\inf_{n\geq 1}f_n$, $\limsup_{n\to\infty}f_n$, $\liminf_{n\to\infty}f_n$도 측도가능 함수이다. 특히 f_n이 다른 함수 $f:\Omega\to\mathbb{R}^*$로 점별수렴하면 f도 측도가능 함수이다.

증명

먼저 $\sup_{n\geq 1} f_n$에 대해 증명한다. 이 함수를 g라고 하자. 모든 a에 대해 $g^{-1}((a,+\infty])$가 측도가능 집합임을 보여야 한다. 상한의 정의에 의해 다음이 성립한다(그 이유는?).

$$g^{-1}((a,+\infty]) = \bigcup_{n\geq 1} f_n^{-1}((a,+\infty])$$

그리고 측도가능 집합의 가산 합집합이 측도가능 집합이라는 사실에 의해 주어진 명제는 성립한다.

비슷한 논증은 $\inf_{n\geq 1} f_n$에 대해서도 성립한다. 또한 상극한과 하극한의 경우에는 다음 두 항등식에 의해 성립한다(『TAO 해석학 I』의 정의 6.4.6 참고).

$$\limsup_{n\to\infty} f_n = \inf_{N\geq 1}\sup_{n\geq N} f_n$$

$$\liminf_{n\to\infty} f_n = \sup_{N\geq 1}\inf_{n\geq N} f_n$$

■

보다시피 측도가능 함수에 적용할 수 있는 모든 작업은 다른 측도가능 함수를 만든다. 이에 따라 수학에서 기본적으로 다루는 대부분의 함수가 측도가능 함수이다. 실제로 측도가능 함수가 아닌 함수를 구성하는 유일한 방법은 선택공리를 사용하듯이 인위적인 수단을 사용하는 것이다.

7.5 연습문제

1. 보조정리 7.5.3을 증명하라.

힌트 보조정리 7.4.10을 이용하고 σ−대수 성질을 이용한다.

2. 보조정리 7.5.3을 이용하여 따름정리 7.5.4를 유도하라.

3. 보조정리 7.5.5를 증명하라.

4. 보조정리 7.5.8을 증명하라.

힌트 보조정리 7.5.3을 사용한다. 앞 단계에서 모든 a에 대해 $f^{-1}((a,\infty))$가 측도가능 집합이면 모든 a에 대해 $f^{-1}([a,\infty))$도 측도가능 집합임을 보인다.

5. 르베그 측도가능 함수 $f : \mathbb{R}^n \to \mathbb{R}$과 측도가 0인 부분을 제외하고는 f와 같은 함숫값을 갖는 함수 $g : \mathbb{R}^n \to \mathbb{R}$을 생각하자. 그러면 모든 $x \in \mathbb{R}^n \setminus A$에 대해 $f(x) = g(x)$를 만족하며 측도가 0인 집합 $A \subseteq \mathbb{R}^n$이 존재한다. 이때 g도 르베그 측도가능 함수임을 보여라.

힌트 7.4절 연습문제 10을 사용한다.

8

르베그 적분

Lebesgue integration

『TAO 해석학 I』의 11장에서 **조각마다 상수인** 함수라는 간단한 형태의 함수로부터 리만 적분에 접근하였다. 무엇보다 조각마다 상수인 함수는 (무한한 값을 가질 수 있는 실생활의 대부분 함수와 달리) 유한개의 함숫값만 갖는다. 또한 조각마다 상수인 함수의 적분 방법을 알면 비슷한 과정으로 다른 리만 적분가능한 함수도 적분할 수 있었다.

르베그 적분 개념을 구축할 때도 비슷한 방식을 사용한다. 먼저 측도가능 함수의 특별한 하위 형태 중 하나인 **단순**함수로 시작한다. 그다음 단순함수를 적분하는 방법을 보이고 모든 측도가능 함수에 대해 적분할 것이다(혹은 적어도 절대적분가능하도록 만들 것이다).

8.1 단순함수

정의 8.1.1 단순함수(simple function)
$\mathbb{R}^n$의 측도가능 부분집합 Ω와 측도가능 함수 $f : \Omega \to \mathbb{R}$을 생각하자. 만약 상 $f(\Omega)$가 유한하면 f를 **단순함수**라고 한다. 다시 말해 모든 $x \in \Omega$와 적당한 $1 \leq j \leq N$에 대해 유한개의 실수 $c_1, c_2, \cdots, c_N$이 존재하여 $f(x) = c_j$를 만족하면 f는 단순함수이다.

EX 8.1.2 $\mathbb{R}^n$의 측도가능 부분집합 Ω와 Ω의 측도가능 부분집합 E를 생각하자. **특성함수**(characteristic function) $\chi_E : \Omega \to \mathbb{R}$을 $x \in E$이면 $\chi_E(x) := 1$이고 $x \notin E$이면 $\chi_E(x) := 0$인 함수로 정의한다.[1] χ_E는 측도가능 함수이고(그 이유는?) 상 $\chi_E(\Omega)$는 $\{0, 1\}$이므로[2] χ_E는 단순함수이다.

이제 단순함수의 세 가지 기본 성질을 알아보자. 단순함수는 벡터공간을 형성하고, 특성함수의 선형 결합이며, 측도가능 함수를 근사화한다. 좀 더 정확히 말하면 다음 세 가지 보조정리를 만족한다.

보조정리 8.1.3 $\mathbb{R}^n$의 측도가능 부분집합 Ω와 두 단순함수 $f : \Omega \to \mathbb{R}$, $g : \Omega \to \mathbb{R}$을 생각하자. 그러면 $f + g$도 단순함수이다. 또한 임의의 스칼라 $c \in \mathbb{R}$에 대해 cf도 단순함수이다.

보조정리 8.1.3의 증명은 연습문제 1로 남긴다.

1 다른 책에서 χ_E를 1_E로 표기하며 **지시함수**(indicator function)라고도 한다.

2 만약 E가 공집합이면 상은 $\{0\}$이고 $E = \Omega$이면 상은 $\{1\}$이다.

보조정리 8.1.4 $\mathbb{R}^n$의 측도가능 부분집합 Ω와 단순함수 $f : \Omega \to \mathbb{R}$을 생각하자. 그러면 유한개의 실수 $c_1, \cdots, c_N$과 Ω 안의 유한개의 서로소인 측도가능 집합 $E_1, E_2, \cdots, E_N$이 존재하여 $f = \sum_{i=1}^{N} c_i \chi_{E_i}$를 만족한다.

보조정리 8.1.4의 증명은 연습문제 2로 남긴다.

보조정리 8.1.5 $\mathbb{R}^n$의 측도가능 부분집합 Ω와 단순함수 $f : \Omega \to [0, +\infty]$를 생각하자. 그러면 단순함수의 수열 $f_1, f_2, f_3, \cdots$ (단, $f_n : \Omega \to \mathbb{R}$)이 존재하여 f_n은 음이 아닌 증가함수이다. 즉 다음이 성립한다.

$$\text{모든 } x \in \Omega \text{에 대해 } 0 \le f_1(x) \le f_2(x) \le f_3(x) \le \cdots$$

그리고 다음과 같이 함수열 f_n은 f로 점별수렴한다.

$$\text{모든 } x \in \Omega \text{에 대해 } \lim_{n\to\infty} f_n(x) = f(x)$$

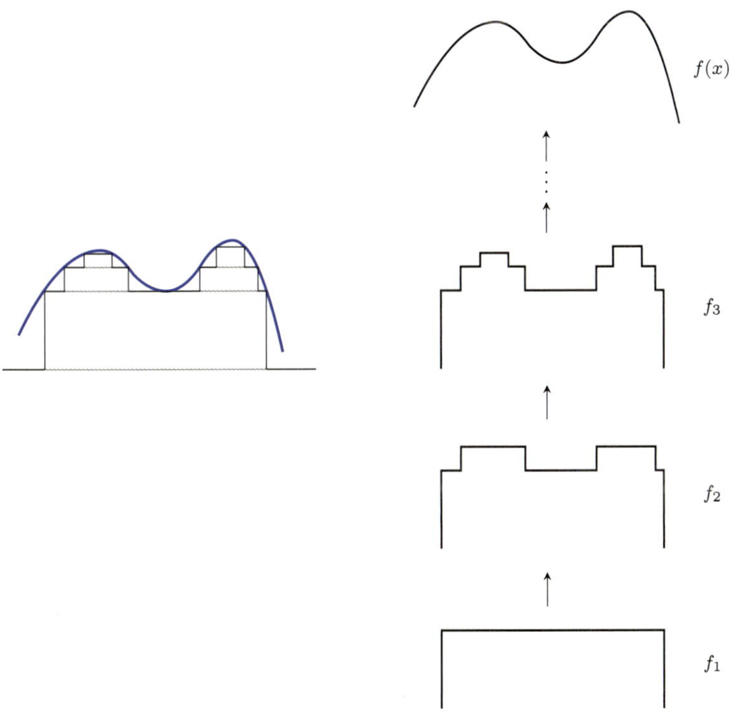

[그림 8.1] 보조정리 8.1.5에 관한 그림

보조정리 8.1.5의 증명은 연습문제 3으로 남긴다.

이제 단순함수의 적분을 계산하는 방법을 살펴보자.

정의 8.1.6 단순함수의 르베그 적분

$\mathbb{R}^n$의 측도가능 부분집합 Ω와 음이 아닌 단순함수 $f:\Omega\to\mathbb{R}$을 생각하자. 그러면 f는 측도가능 함수이고 상 $f(\Omega)$는 유한집합이며 $[0,\infty)$에 포함된다. 이때 Ω에서 f의 **르베그 적분(Lebesgue integral)** $\int_\Omega f$를 다음과 같이 정의한다.

$$\int_\Omega f := \sum_{\lambda\in f(\Omega);\lambda>0} \lambda m(\{x\in\Omega : f(x)=\lambda\})$$

종종 르베그 측도 m의 역할을 강조하기 위해 $\int_\Omega f$를 $\int_\Omega f\,dm$으로 표기하기도 하고, $\int_\Omega f(x)\,dx$ 처럼 x와 같은 임시변수를 사용하여 표기하기도 한다.

EX 8.1.7 구간 $[1,2]$에서 값이 3이고 구간 $(2,4)$에서 값이 4이며 그 외에는 값이 모두 0인 함수 $f:\mathbb{R}\to\mathbb{R}$에 대해 다음이 성립한다.

$$\int_\Omega f := 3\times m([1,2]) + 4\times m((2,4)) = 3\times 1 + 4\times 2 = 11$$

또한 $[0,\infty)$에서 값이 1이고 그 외에는 값이 모두 0인 함수 $g:\mathbb{R}\to\mathbb{R}$에 대해 다음이 성립한다.

$$\int_\Omega g = 1\times m([0,\infty)) = 1\times +\infty = +\infty$$

따라서 단순함수의 르베그 적분값은 $+\infty$일 수 있다. 음이 아닌 함수의 적분으로 제한한 이유는 $+\infty+(-\infty)$와 같은 부정형 식을 마주치는 상황을 피하기 위함이다.

참고 8.1.8 르베그 적분의 정의는 (적어도 음이 아닌) 함수의 그래프 아래 영역의 면적[3]으로서 적분의 직관적 개념에 대응할 수 있다.

음이 아닌 단순함수의 적분의 또 다른 형태는 다음과 같다.

보조정리 8.1.9 $\mathbb{R}^n$의 측도가능 부분집합 Ω와 Ω의 유한개의 서로소인 측도가능 부분집합 $E_1,\cdots,E_N$을 생각하자. 또한 (서로 다를 필요는 없는) 음이 아닌 수 $c_1,\cdots,c_N$을 생각하자. 그러면 다음이 성립한다.

$$\int_\Omega \sum_{j=1}^N c_j\chi_{E_j} = \sum_{j=1}^N c_j m(E_j)$$

3 더 높은 차원에서는 부피에 해당한다.

증명

주어진 방정식의 양변의 합에서 0인 것은 제거할 수 있으므로, 어떠한 c_j도 0이 아니라고 가정하자. $f := \sum_{j=1}^{N} c_j \chi_{E_j}$라고 하면 $f(x)$는 $x \in E_j$일 때 c_j 중 하나와 같거나, $x \notin \bigcup_{j=1}^{N} E_j$일 때 0과 같다. 따라서 f는 단순함수이고 $f(\Omega) \subseteq \{0\} \cup \{c_j : 1 \le j \le N\}$이다. 정의 8.1.6에 의해 다음이 성립한다.

$$\begin{aligned}\int_\Omega f &= \sum_{\lambda \in \{c_j : 1 \le j \le N\}} \lambda m(\{x \in \Omega : f(x) = \lambda\}) \\ &= \sum_{\lambda \in \{c_j : 1 \le j \le N\}} \lambda m\left(\bigcup_{1 \le j \le N : c_j = \lambda} E_j \right)\end{aligned}$$

그러나 르베그 측도의 유한 가법성에 의해 위 식은 다음과 같이 바뀐다.

$$\sum_{\lambda \in \{c_j : 1 \le j \le N\}} \lambda \sum_{1 \le j \le N : c_j = \lambda} m(E_j) = \sum_{\lambda \in \{c_j : 1 \le j \le N\}} \sum_{1 \le j \le N : c_j = \lambda} c_j m(E_j)$$

각 j는 이 합에서 정확히 한 번 나타난다. 왜냐하면 c_j가 λ의 정확히 하나의 값과 같기 때문이다. 따라서 위 식은 $\sum_{1 \le j \le N} c_j m(E_j)$와 같다. 이로써 증명을 마친다. ■

음이 아닌 단순함수의 르베그 적분에 대한 기본 성질은 다음과 같다.

> **명제 8.1.10** 측도가능 집합 Ω와 음이 아닌 단순함수 $f : \Omega \to \mathbb{R}$, $g : \Omega \to \mathbb{R}$을 생각하자.
>
> **(a)** $0 \le \int_\Omega f \le \infty$이다. 또한 $\int_\Omega f = 0$일 필요충분조건은 $m(\{x \in \Omega : f(x) \neq 0\}) = 0$이다.
>
> **(b)** $\int_\Omega (f + g) = \int_\Omega f + \int_\Omega g$이다.
>
> **(c)** 임의의 양수 c에 대해 $\int_\Omega cf = c \int_\Omega f$이다.
>
> **(d)** 모든 $x \in \Omega$에 대해 $f(x) \le g(x)$이면 $\int_\Omega f \le \int_\Omega g$이다.

만약 Ω의 측도가 0인 집합을 제외한 모든 점에서 성질 $P(x)$가 성립한다면, P는 Ω의 **거의 모든 점에서** 성립한다고 한다. 따라서 명제 8.1.10(a)는 $\int_\Omega f = 0$일 필요충분조건이 f가 Ω의 거의 모든 점에서 0인 것임을 의미한다.

증명

보조정리 8.1.4 또는 공식

$$f = \sum_{\lambda \in f(\Omega) \setminus \{0\}} \lambda \chi_{\{x \in \Omega : f(x) = \lambda\}}$$

에 의해 $E_1, \cdots, E_N$이 Ω의 서로소인 부분집합이고 c_j가 양수이면, f를 다음과 같이 특성함수의 결합으로 나타낼 수 있다.

$$f = \sum_{j=1}^{N} c_j \chi_{E_j}$$

비슷하게 $F_1, \cdots, F_M$이 Ω의 서로소인 부분집합이고 d_k가 양수이면 다음과 같이 나타낼 수 있다.

$$g = \sum_{k=1}^{M} d_k \chi_{F_k}$$

(a) $\int_\Omega f = \sum_{j=1}^{N} c_j m(E_j)$이므로 적분값은 0과 ∞ 사이이다. f가 거의 모든 점에서 0이면 모든 E_j의 측도가 0이어야 한다(그 이유는?). 따라서 $\int_\Omega f = 0$이다. 역으로 $\int_\Omega f = 0$이면 모든 c_j가 양수이므로, 모든 $m(E_j)$가 0일 때만 $\sum_{j=1}^{N} c_j m(E_j) = 0$이다. 그러나 $\bigcup_{j=1}^{N} E_j$의 측도가 0이므로 f는 Ω의 거의 모든 점에서 0이다.

(b) $E_0 := \Omega \backslash \bigcup_{j=1}^{N} E_j$이고 $c_0 := 0$이라고 하면 $\Omega = E_0 \cup E_1 \cup \cdots \cup E_N$이고 다음이 성립한다.

$$f = \sum_{j=0}^{N} c_j \chi_{E_j}$$

비슷하게 $F_0 := \Omega \backslash \bigcup_{k=1}^{M} F_k$이고 $d_0 := 0$이라고 하면 다음이 성립한다.

$$g = \sum_{k=0}^{M} d_k \chi_{F_k}$$

$\Omega = E_0 \cup \cdots \cup E_N = F_0 \cup \cdots \cup F_M$이므로 다음 두 가지 식이 성립한다.

$$f = \sum_{j=0}^{N} \sum_{k=0}^{M} c_j \chi_{E_j \cap F_k}$$

$$g = \sum_{k=0}^{M} \sum_{j=0}^{N} d_k \chi_{E_j \cap F_k}$$

따라서 다음과 같이 계산할 수 있다.

$$f + g = \sum_{0 \le j \le N; 0 \le k \le M} (c_j + d_k) \chi_{E_j \cap F_k}$$

보조정리 8.1.9에 의해 다음이 성립한다.

$$\int_\Omega (f+g) = \sum_{0 \le j \le N; 0 \le k \le M} (c_j + d_k) m(E_j \cap F_k)$$

이때 다음 두 식이 성립한다.

$$\int_\Omega f = \sum_{0\le j\le N} c_j m(E_j) = \sum_{0\le j\le N;0\le k\le M} c_j m(E_j\cap F_k)$$

$$\int_\Omega g = \sum_{0\le k\le M} d_k m(F_k) = \sum_{0\le j\le N;0\le k\le M} d_k m(E_j\cap F_k)$$

따라서 (b)도 성립한다.

(c) $cf = \sum_{j=1}^N cc_j \chi_{E_j}$ 이므로 $\int_\Omega cf = \sum_{j=1}^N cc_j m(E_j)$이다. 따라서 $\int_\Omega f = \sum_{j=1}^N c_j m(E_j)$이므로 증명을 마친다.

(d) 만약 $h : g - f$라고 하면 h는 음이 아닌 단순함수이며 $g = f + h$이다. 또한 (b)에 의하여 $\int_\Omega g = \int_\Omega f + \int_\Omega h$이다. 그러나 (a)에 의해 $\int_\Omega h \ge 0$이므로 증명을 마친다. ■

8.1 연습문제

1. 보조정리 8.1.3을 증명하라.

2. 보조정리 8.1.4를 증명하라.

3. 보조정리 8.1.5를 증명하라.

힌트 다음과 같은 집합을 생각한다.

$$f_n(x) := \sup\{\frac{j}{2^n} : j\in\mathbb{Z}, \frac{j}{2^n} \le \min(f(x), 2^n)\}$$

즉 $f_n(x)$는 $f(x)$ 또는 2^n을 초과하지 않는 2^{-n}의 최대 정수 배수이다. f_1, f_2, f_3 등이 어떻게 작동하는지 보기 위해 그림을 그릴 수 있다. 그다음 f_n이 필요한 모든 명제를 만족함을 증명한다.

8.2 음이 아닌 측도가능 함수의 적분

이제 음이 아닌 단순함수의 적분에서 음이 아닌 측도가능 함수의 적분으로 넘어가보자. 측도가능 함수는 종종 $+\infty$ 값을 갖도록 허용한다.

정의 8.2.1 최대화(majorize)와 최소화(minorize)

함수 $f : \Omega \to \mathbb{R}$과 $g : \Omega \to \mathbb{R}$을 생각하자. f가 g를 **최대화**[4] 또는 g가 f를 **최소화**할 필요충분조건은 모든 $x \in \Omega$에 대해 $f(x) \geq g(x)$인 것이다.

정의 8.2.2 음이 아닌 함수의 르베그 적분

$\mathbb{R}^n$의 측도가능 부분집합 Ω와 음이 아닌 측도가능 함수 $f : \Omega \to [0, \infty]$를 생각하자. 그러면 Ω에서 f의 **르베그 적분(Lebesgue integral)** $\int_\Omega f$는 다음과 같이 정의한다.

$$\int_\Omega f := \sup\left\{\int_\Omega s : s\text{는 음이 아닌 단순함수이며 } f\text{를 최소화한다.}\right\}$$

참고 8.2.3 르베그 적분 개념은 『TAO 해석학 I』의 정의 11.3.2에서 학습한 리만 하적분 개념과 비교할 수 있다. 흥미롭게도 이 하적분을 상적분과 같게 만들 필요는 없다.

참고 8.2.4 만약 Ω'이 Ω의 임의의 측도가능 부분집합이면 $\int_{\Omega'} f$는 f를 Ω'으로 제한하여 정의한다. 즉 $\int_{\Omega'} f := \int_{\Omega'} f|_{\Omega'}$이다.

정의 8.2.2가 앞에서 살펴본 음이 아닌 단순함수의 르베그 적분의 정의와 일치하는지 확인할 필요가 있다. 다시 말해 $f : \Omega \to \mathbb{R}$이 음이 아닌 단순함수이면 정의 8.2.2로부터 구한 적분값 $\int_\Omega f$가 음이 아닌 단순함수의 르베그 적분으로부터 구한 적분값과 같은지 확인해야 한다. f가 자기 자신을 최소화함은 당연하므로 이 사실은 명확히 성립하고, 명제 8.1.10(d)에 의해 f를 최소화하는 임의의 다른 음이 아닌 단순함수 s에 대해 $\int_\Omega s$는 $\int_\Omega f$보다 작거나 같다.

참고 8.2.5 0은 음이 아닌 단순함수이며 f를 최소화하므로 $\int_\Omega f$는 항상 0보다 크거나 같다. 당연히 $\int_\Omega f$도 $+\infty$일 수 있다.

4 이 표현 대신 'f가 g **위에 있다**(dominate)'는 표현을 사용하기도 한다.

(명제 8.1.10을 대신할 수 있는) 음이 아닌 측도가능 집합의 르베그 적분에 관한 기본 성질을 알아보자.

명제 8.2.6 측도가능 집합 Ω와 음이 아닌 측도가능 함수 $f : \Omega \to [0, \infty]$, $g : \Omega \to [0, \infty]$를 생각하자.

(a) $0 \le \int_\Omega f \le \infty$이다. 또한 $\int_\Omega f = 0$일 필요충분조건은 거의 모든 점 $x \in \Omega$에 대해 $f(x) = 0$인 것이다.

(b) 임의의 양수 c에 대해 $\int_\Omega cf = c\int_\Omega f$이다.

(c) 모든 $x \in \Omega$에 대해 $f(x) \le g(x)$이면 $\int_\Omega f \le \int_\Omega g$이다.

(d) 거의 모든 $x \in \Omega$에 대해 $f(x) = g(x)$이면 $\int_\Omega f = \int_\Omega g$이다.

(e) $\Omega' \subseteq \Omega$가 측도가능 집합이면 $\int_{\Omega'} f = \int_\Omega f\chi_{\Omega'} \le \int_\Omega f$이다.

명제 8.2.6의 증명은 연습문제 1로 남긴다.

참고 8.2.7 명제 8.2.6(d)는 매우 흥미롭다. 측도 0인 집합의 함숫값을 바꾼다고 해도 적분값에는 영향을 주지 않는다.[5] 이 말은 개별적인 점이나 측도가 0인 집합은 함수의 적분값에 '영향력'이 없고, 오로지 유의미한 크기의 집합, 즉 측도가 양인 집합만이 적분값에 영향을 끼칠 수 있다는 의미이다.

참고 8.2.8 아직은 합과 적분을 교환하지 않는다. 정의 8.2.2로부터 $\int_\Omega (f+g) \ge \int_\Omega f + \int_\Omega g$를 쉽게 증명할 수 있지만(연습문제 2 참고), 위 식에 대한 등식을 증명하기 위해서는 많은 노력이 필요하므로 나중에 확인한다.

이전 장에서 보았듯이 항상 극한(또는 상한처럼 극한과 유사한 개념)과 적분을 교환할 수 있는 것은 아니다. 그러나 함수가 증가함수일 경우 르베그 적분을 사용하면 극한과 적분을 교환할 수 있다.

정리 8.2.9 르베그 단조수렴정리(Lebesgue monotone convergence theorem)

$\mathbb{R}^n$의 측도가능 부분집합 Ω와 Ω에서 $[0, +\infty]$로 가는 음이 아닌 측도가능 함수의 수열 $(f_n)_{n=1}^\infty$을 생각하자. 이 함수열은 다음과 같이 증가한다고 하자.[6]

$$\text{모든 } x \in \Omega\text{에 대해 } 0 \le f_1(x) \le f_2(x) \le f_3(x) \le \cdots$$

그러면 다음 두 식이 성립한다.

$$0 \le \int_\Omega f_1 \le \int_\Omega f_2 \le \int_\Omega f_3 \le \cdots$$

$$\int_\Omega \sup_n f_n = \sup_n \int_\Omega f_n$$

5 예를 들어 모든 유리수에 대해 함숫값을 수정할 수 있다.

6 이 경우 n에 대해 $f_n(x)$가 증가한다고 가정한다. 즉 이 개념은 x에 대해 $f_n(x)$가 증가하는 개념과 다르다.

증명

첫 번째 결론은 명제 8.2.6(c)에 의해 명백히 성립하므로, 여기서는 두 번째 결론을 증명한다. 명제 8.2.6(c)를 다시 사용하면 모든 n에 대해 다음이 성립한다.

$$\int_\Omega \sup_m f_m \geq \int_\Omega f_n$$

n에 대한 상한을 취하면 다음 식을 얻을 수 있으므로 증명의 절반을 끝낼 수 있다.

$$\int_\Omega \sup_m f_m \geq \sup_n \int_\Omega f_n$$

증명을 마무리하려면 다음을 보여야 한다.

$$\int_\Omega \sup_m f_m \leq \sup_n \int_\Omega f_n$$

$\int_\Omega \sup_m f_m$의 정의에 따라 $\sup_m f_m$을 최소화하며 음이 아닌 모든 단순함수에 대해 다음 식이 성립함을 보이면 충분하다.

$$\int_\Omega s \leq \sup_n \int_\Omega f_n$$

s를 고정하고 모든 $0 < \varepsilon < 1$에 대해 다음이 성립함을 보이자.

$$(1-\varepsilon)\int_\Omega s \leq \sup_n \int_\Omega f_n$$

$\varepsilon \to 0$에 대한 극한을 취하면 증명을 끝낼 수 있다. ε을 고정하자. s의 구성에 의해 모든 $x \in \Omega$에 대해 다음이 성립한다.

$$s(x) \leq \sup_n f_n(x)$$

따라서 모든 $x \in \Omega$에 대해 (x에 의존하는) N이 존재하여 다음을 만족한다.

$$f_N(x) \geq (1-\varepsilon)s(x)$$

f_n이 증가하므로 모든 $n \geq N$에 대해 $f_n(x) \geq (1-\varepsilon)s(x)$가 성립한다. 따라서 다음과 같이 집합 E_n을 정의하면 $E_1 \subseteq E_2 \subseteq E_3 \subseteq \cdots$이고 $\bigcup_{n=1}^{\infty} E_n = \Omega$가 성립한다.

$$E_n := \{x \in \Omega : f_n(x) \geq (1-\varepsilon)s(x)\}$$

모든 E_n이 측도가능 집합임을 확인하는 것은 어렵지 않다. 명제 8.2.6(b), (c), (e)에 의하면 다음과 같다.

$$(1-\varepsilon)\int_{E_n} s = \int_{E_n} (1-\varepsilon)s \leq \int_{E_n} f_n \leq \int_\Omega f_n$$

논증을 마치려면 다음을 보이는 것으로 충분하다.

$$\sup_n \int_{E_n} s = \int_\Omega s$$

s가 단순함수이므로 적당한 측도가능 집합 F_j와 양수 c_j에 대해 $s = \sum_{j=1}^{N} c_j \chi_{F_j}$로 나타낼 수 있다. 또한 다음 두 식이 성립한다.

$$\int_\Omega s = \sum_{j=1}^{N} c_j m(F_j)$$

$$\int_{E_n} s = \int_{E_n} \sum_{j=1}^{N} c_j \chi_{F_j \cap E_n} = \sum_{j=1}^{N} c_j m(F_j \cap E_n)$$

따라서 각 j에 대해 다음이 성립함을 보이면 된다.

$$\sup_n m(F_j \cap E_n) = m(F_j)$$

위 항등식은 7.2절 연습문제 3(a)를 이용해 보일 수 있다. ■

단조수렴정리는 매우 유용하다. 예를 들어 덧셈과 적분을 교환할 수 있다.

> **보조정리 8.2.10 덧셈과 적분의 교환**
> $\mathbb{R}^n$의 측도가능 부분집합 Ω와 측도가능 함수 $f : \Omega \to [0, \infty]$, $g : \Omega \to [0, \infty]$를 생각하자. 그러면 $\int_\Omega (f+g) = \int_\Omega f + \int_\Omega g$가 성립한다.

증명

보조정리 8.1.5에 의해 단순함수열 $0 \le s_1 \le s_2 \le \cdots \le f$가 존재하여 $\sup_n s_n = f$를 만족하고, 단순함수열 $0 \le t_1 \le t_2 \le \cdots \le g$가 존재하여 $\sup_n t_n = g$를 만족한다. s_n과 t_n이 모두 증가함수이므로 $s_n + t_n$도 증가함수이고, $\sup_n (s_n + t_n) = f + g$가 성립한다(그 이유는?). 단조수렴정리(정리 8.2.9)에 의해 다음 세 가지 식이 성립한다.

$$\int_\Omega f = \sup_n \int_\Omega s_n$$

$$\int_\Omega g = \sup_n \int_\Omega t_n$$

$$\int_\Omega (f+g) = \sup_n \int_\Omega (s_n + t_n)$$

그러나 명제 8.1.10(b)와 (d)에 의해 $\int_\Omega (s_n + t_n) = \int_\Omega s_n + \int_\Omega t_n$이 성립한다. 명제 8.1.10(d)에 의해 $\int_\Omega s_n$과 $\int_\Omega t_n$은 동시에 n에 대해 증가하고 다음이 성립한다.

$$\sup_n \left(\int_\Omega s_n + \int_\Omega t_n \right) = \left(\sup_n \int_\Omega s_n \right) + \left(\sup_n \int_\Omega t_n \right) \qquad \blacksquare$$

두 함수의 합과 적분을 바꾼다면 당연히 귀납법으로 적분과 임의의 유한개의 함수의 합도 바꿀 수 있다. 더 놀라운 사실은 **음이 아닌** 함수라면 무한합도 적분과 바꿀 수 있다는 것이다.

따름정리 8.2.11 $\mathbb{R}^n$의 측도가능 부분집합 Ω와 Ω에서 $[0, \infty]$로 가는 음이 아닌 측도가능 함수열 $g_1, g_2, \cdots$에 대해 다음이 성립한다.

$$\int_\Omega \sum_{n=1}^{\infty} g_n = \sum_{n=1}^{\infty} \int_\Omega g_n$$

따름정리 8.2.11의 증명은 연습문제 3으로 남긴다.

참고 8.2.12 따름정리 8.2.11에 합의 수렴에 대한 가정이 전혀 없다는 사실에 주목한다. 심지어 양변이 동시에 $+\infty$여도 따름정리가 잘 성립한다. 그러나 함수열이 음이 아님을 가정할 필요는 **있다**. 8.3절 연습문제 4를 참고한다.

이제 적분과 극한의 교환가능성에 대해 질문할 수 있다. 다시 말해 다음이 참인지 궁금할 수 있다.

$$\int_\Omega \lim_{n\to\infty} f_n = \lim_{n\to\infty} \int_\Omega f_n$$

불행하게도 이 결과는 다음에 제시하는 '이동하는 범프'[7]라는 반례가 존재하기 때문에 참이 아니다. 각 $n = 1, 2, 3, \cdots$에 대해 $f_n = \chi_{[n,n+1)}$로 정의한 함수 $f_n : \mathbb{R} \to \mathbb{R}$을 생각하자. 그러면 모든 x에 대해 $\lim_{n\to\infty} f_n(x) = 0$이지만, 모든 n에 대해 $\int_\mathbb{R} f_n = 1$이다. 따라서 $\lim_{n\to\infty} \int_\mathbb{R} f_n = 1 \neq 0$이다. 즉 극한함수 $\lim_{n\to\infty} f_n$은 원래 적분값보다 상당히 작은 적분값을 가질 수 있다. 그러나 매우 유용한 파투 보조정리는 그 역이 성립할 수 없음을 보여준다. 즉 극한함수가 원래 함수(의 극한)보다 더 큰 적분을 가질 수 없다.

보조정리 8.2.13 파투 보조정리(Fatou's lemma)

$\mathbb{R}^n$의 측도가능 부분집합 Ω와 Ω에서 $[0, \infty]$로 가는 음이 아닌 함수열 $f_1, f_2, \cdots$에 대해 다음이 성립한다.

$$\int_\Omega \liminf_{n\to\infty} f_n \le \liminf_{n\to\infty} \int_\Omega f_n$$

7 (감수자) 그래프가 범프(과속방지턱)같이 생긴, 즉 그래프가 벨 모양인 함수를 의미한다.

증명

앞서 확인했던 다음 결과를 떠올려보자.

$$\lim_{n\to\infty}\inf f_n = \sup_n\left(\inf_{m\geq n} f_m\right)$$

따라서 단조수렴정리에 의해 다음이 성립한다.

$$\int_\Omega \lim_{n\to\infty}\inf f_n = \sup_n \int_\Omega \left(\inf_{m\geq n} f_m\right)$$

명제 8.2.6(c)에 의해 모든 $j \geq n$에 대해 다음이 성립한다.

$$\int_\Omega\left(\inf_{m\geq n} f_m\right) \leq \int_\Omega f_j$$

j에 대한 하한을 취하면 다음을 얻는다.

$$\int_\Omega\left(\inf_{m\geq n} f_m\right) \leq \inf_{j\geq n}\int_\Omega f_j$$

따라서 다음이 성립한다.

$$\int_\Omega \lim_{n\to\infty}\inf f_n \leq \sup_n \inf_{j\geq n}\int_\Omega f_j = \liminf_{n\to\infty}\int_\Omega f_n$$

이로써 증명을 마친다. ■

파투 보조정리에서는 어떠한 점에서라도 함수가 $+\infty$ 값을 갖는 것이 허용된다는 사실에 주목한다. 또한 함수가 $+\infty$ 값을 갖더라도 유한한 적분값을 가질 수 있다. 예를 들어 집합 E가 측도 0인 집합이고 함수 $f:\Omega\to\mathbb{R}$이 E에서 $+\infty$ 값을 갖지만 거의 모든 점에서 0이면 명제 8.2.6(a)에 의해 $\int_\Omega f = 0$이다. 그러나 적분값이 유한하면 함수는 거의 모든 점에서 유한한 값을 가져야 한다.

> **보조정리 8.2.14** $\mathbb{R}^n$의 측도가능 부분집합 Ω에 대해 $f:\Omega\to[0,\infty]$가 $\int_\Omega f$가 유한한 값을 갖는 음이 아닌 측도가능 함수라고 하자. 그러면 f는 거의 모든 점에서 유한한 값을 갖는다. 즉 집합 $\{x\in\Omega : f(x) = +\infty\}$는 측도가 0인 집합이다.

보조정리 8.2.14의 증명은 연습문제 4로 남긴다.

따름정리 8.2.11과 보조정리 8.2.14에 의해 유용하게 사용되는 보렐–칸텔리 보조정리가 성립한다.

보조정리 8.2.15 보렐–칸텔리 보조정리(Borel–Cantelli lemma)

$\sum_{n=1}^{\infty} m(\Omega_n)$ 이 유한하도록 하는 $\mathbb{R}^n$ 의 측도가능 부분집합 $\Omega_1, \Omega_2, \cdots$ 를 생각하자. 그러면 다음 집합은 측도 0인 집합이다.

$$\{x \in \mathbb{R}^n : \text{무한히 많은 } n\text{에 대해 } x \in \Omega_n\}$$

다시 말해 거의 모든 점은 유한개의 Ω_n 에만 속한다.

보조정리 8.2.15의 증명은 연습문제 5로 남긴다.

8.2 연습문제

1. 명제 8.2.6을 증명하라.

힌트 명제 8.1.10의 증명을 따라하려고 시도하지 않는다. 대신 명제 8.1.10과 정의 8.2.2를 사용한다. (a)의 정방향 증명을 위해 $\int_{\Omega} f = 0$에서 시작하여 모든 $n = 1, 2, 3, \cdots$ 에 대해 $m\left(\left\{x \in \Omega : f(x) > \frac{1}{n}\right\}\right) = 0$ 임을 결론짓고 가산 부분 가법성을 사용한다. 또한 (e)를 증명하기 위해 단순함수에 대해 먼저 증명한다.

2. $\mathbb{R}^n$ 의 측도가능 부분집합 Ω와 두 측도가능 함수 $f : \Omega \to [0, +\infty]$, $g : \Omega \to [0, +\infty]$를 생각하자. 정리 8.2.9나 보조정리 8.2.10을 사용하지 않고 $\int_{\Omega}(f+g) \geq \int_{\Omega} f + \int_{\Omega} g$ 임을 증명하라.

3. 따름정리 8.2.11을 증명하라.

힌트 $f_N := \sum_{n=1}^{N} g_n$ 에 대해 단조수렴정리를 사용한다.

4. 보조정리 8.2.14를 증명하라.

5. 따름정리 8.2.11과 보조정리 8.2.14를 사용하여 보조정리 8.2.15를 증명하라.

힌트 지시함수 χ_{Ω_n} 을 사용한다.

6. $p > 2$와 $c > 0$에 대해 보렐–칸텔리 보조정리를 사용하여 다음 집합이 측도 0인 집합임을 보여라.

$$\left\{x \in [0,1] : \text{무한히 많은 양의 정수 } a,\ q\text{에 대해 } \left|x - \frac{a}{q}\right| \le \frac{c}{q^p}\right\}$$

힌트 $0 \le a \le q$인 정수 a에 대해서만 고려하면 된다(그 이유는?). 『TAO 해석학 I』의 따름정리 11.6.5를 사용하여 합 $\sum_{q=1}^{\infty} \frac{c(q+1)}{q^p}$이 유한함을 보인다.

7. 모든 정수 a와 영이 아닌 모든 정수 q에 대해 어떤 실수 $p, C > 0$이 존재하여 $\left|x - \frac{a}{q}\right| > \frac{C}{|q|^p}$를 만족하는 실수 $x \in \mathbb{R}$을 **디오판토스**(diophantine)라고 한다. 연습문제 6을 사용하여 거의 모든 실수가 디오판토스임을 보여라.

힌트 먼저 구간 $[0,1]$에서 작업한다. 유리수 p와 C를 선택한 후 $p > 2$도 선택할 수 있음을 보인다. 그다음 측도 0인 집합의 가산 합집합도 측도 0이라는 사실을 이용한다.

8. 임의의 양의 정수 n에 대해 다음을 만족하는 음이 아닌 측도가능 함수 $f_n : \mathbb{R} \to [0,\infty)$를 생각하자.

$$\int_{\mathbb{R}} f_n \le \frac{1}{4^n}$$

임의의 $\varepsilon > 0$에 대해 어떤 집합 E가 존재하여 $f_n(x)$는 모든 $x \in \mathbb{R} \setminus E$에서 0으로 점별수렴하고 르베그 측도 $m(E) \le \varepsilon$을 가짐을 보여라.

힌트 먼저 모든 $n = 1, 2, 3, \cdots$에 대해 $m\left(\left\{x \in \mathbb{R} : f_n(x) > \frac{1}{\varepsilon 2^n}\right\}\right) \le \frac{\varepsilon}{2^n}$이 성립함을 증명하고, 모든 집합 $\left\{x \in \mathbb{R} : f_n(x) > \frac{1}{\varepsilon 2^n}\right\}$의 합집합을 고려한다.

9. 모든 양의 정수 n에 대해 음이 아닌 측도가능 함수 $f_n : [0,1] \to [0,\infty)$가 0으로 점별수렴한다고 하자. 모든 $\varepsilon > 0$에 대해 어떤 집합 E가 존재하여 $f_n(x)$가 모든 $x \in [0,1] \setminus E$에서 0으로 **균등**수렴하고 르베그 측도 $m(E) \le \varepsilon$을 가짐을 보여라(이 결과는 **예고로프 정리**(Egorov's theorem)의 특별한 경우이다. 이를 증명하기 위해 먼저 임의의 양의 정수 m에 대해 $m\left(\left\{x \in [0,1] : \text{모든 } n \ge N\text{에 대해 } f_n(x) > \frac{1}{m}\right\}\right) \le \frac{\varepsilon}{2^m}$을 만족하는 N을 찾을 수 있음을 보여라). $[0,1]$을 $\mathbb{R}$로 대체해도 이 주장은 여전히 성립하는가?

10. 모든 n에 대해 $\sum_{m=1}^{\infty} f(n,m)$이 수렴하고 모든 m에 대해 $\lim_{n\to\infty} f(n,m)$이 존재하지만, 다음을 만족하는 유계이고 음이 아닌 함수 $f : \mathbb{N} \times \mathbb{N} \to \mathbb{R}^+$의 예를 제시하라.

$$\lim_{n\to\infty} \sum_{m=1}^{\infty} f(n,m) \neq \sum_{m=1}^{\infty} \lim_{n\to\infty} f(n,m)$$

힌트 앞서 이동하는 범프를 가졌던 예를 수정한다. 0과 1의 값만 갖는 함수 f를 사용해도 된다.

위 결과를 통해 극한과 무한합의 교환을 사용할 때는 유의해야 함을 알 수 있다.

8.3 절대적분가능한 함수의 적분

음이 아닌 함수에 대한 르베그 적분 이론을 완성하였다. 이제 양수와 음수를 모두 갖는 함수를 적분하는 방법에 대해 알아보자. 그러나 부정형 $+\infty + (-\infty)$가 나타나는 것을 피하기 위해 측도가능 함수의 일부분인 **절대적분가능한 함수**로 관심을 제한한다.

정의 8.3.1 절대적분가능(absolutely integrable)
$\mathbb{R}^n$의 측도가능 부분집합 Ω를 생각하자. 측도가능 함수 $f : \Omega \to \mathbb{R}^*$에 대해 적분 $\int_\Omega |f|$가 유한하면, f는 **절대적분가능**하다고 한다.

당연히 $|f|$는 항상 음이 아니므로 f의 부호가 바뀌더라도 이 정의는 유용하다. 절대적분가능한 함수는 다음과 같은 $L^1(\Omega)$ 함수로 알려져 있기도 하다.

함수 $f : \Omega \to \mathbb{R}^*$에 대해 다음 공식에 따라 **양수 부분**(positive part) $f^+ : \Omega \to [0,\infty]$와 **음수 부분**(negative part) $f^- : \Omega \to [0,\infty]$를 정의할 수 있다.

$$f^+ := \max(f,0), \quad f^- := -\min(f,0)$$

따름정리 7.5.6[8]에 의해 f^+와 f^-가 측도가능 함수임을 알 수 있다. 또한 f^+와 f^-가 음이 아니고 $f = f^+ - f^-$이며 $|f| = f^+ + f^-$임을 관찰할 수 있다(그 이유는?).

8 이 따름정리는 큰 어려움 없이 $\mathbb{R}^*$의 값을 갖는 함수로 확장할 수 있다.

정의 8.3.2 르베그 적분(Lebesgue integral)

절대적분가능한 함수 $f : \Omega \to \mathbb{R}^*$를 생각하자. f의 **르베그 적분** $\int_\Omega f$는 다음과 같이 정의한다.

$$\int_\Omega f := \int_\Omega f^+ - \int_\Omega f^-$$

f가 절대적분가능하므로 $\int_\Omega f^+$와 $\int_\Omega f^-$는 $\int_\Omega |f|$보다 작거나 같아서 유한한 값을 가짐을 확인할 수 있다. 따라서 $\int_\Omega f$는 항상 유한하다. 그러므로 이 적분은 절대로 부정형 $+\infty - (+\infty)$가 될 수 없다.

f가 음이 아닌 경우 $f^+ = f$이고 $f^- = 0$이므로, 앞에서 살펴본 음이 아닌 함수의 르베그 적분에 대한 정의와 이 정의가 일치함을 확인할 수 있다. 또한 다음과 같이 유용한 공식인 **삼각부등식**이 성립함을 확인할 수 있다(연습문제 1 참고).

$$\left|\int_\Omega f\right| \leq \int_\Omega f^+ + \int_\Omega f^- = \int_\Omega |f| \tag{8.1}$$

르베그 적분은 다음 성질을 만족한다.

명제 8.3.3 측도가능 집합 Ω와 절대적분가능한 함수 $f : \Omega \to \mathbb{R}$, $g : \Omega \to \mathbb{R}$을 생각하자.

(a) 임의의 실수 c[9]에 대해 cf는 절대적분가능하고 $\int_\Omega cf = c\int_\Omega f$이다.

(b) 함수 $f + g$는 절대적분가능하고 $\int_\Omega (f+g) = \int_\Omega f + \int_\Omega g$이다.

(c) 모든 $x \in \Omega$에 대해 $f(x) \leq g(x)$이면 $\int_\Omega f \leq \int_\Omega g$이다.

(d) 거의 모든 $x \in \Omega$에 대해 $f(x) = g(x)$이면 $\int_\Omega f = \int_\Omega g$이다.

명제 8.3.3의 증명은 연습문제 2로 남긴다.

이전 절에서 언급했듯이 적분과 극한의 교환 $\lim \int f_n = \int \lim f_n$이 항상 성립하지는 않는다. 그 이유는 '이동하는 범프'에 관한 반례를 통해 확인할 수 있다. 그러나 절대적분가능한 한 함수가 함수 f_n을 최대화한다면 '이동하는 범프'에 관한 반례를 제외하여 적분과 극한을 성공적으로 교환할 수 있다. 이 사실은 매우 유용하며 **르베그 지배수렴정리**라고 한다.

9 c는 양수든 음수든 0이든 상관없다.

정리 8.3.4 르베그 지배수렴정리(Lebesgue dominated convergence theorem)

$\mathbb{R}^n$의 측도가능 부분집합 Ω와 Ω에서 $\mathbb{R}^*$로 가며 점별수렴하는 측도가능 함수열 $f_1, f_2, \cdots$를 생각하자. 모든 $x \in \Omega$와 $n = 1, 2, 3, \cdots$에 대해 절대적분가능한 함수 $F : \Omega \to [0, \infty]$가 존재하여 $|f_n(x)| \leq F(x)$를 만족한다고 가정하면 다음이 성립한다.

$$\int_\Omega \lim_{n\to\infty} f_n = \lim_{n\to\infty} \int_\Omega f_n$$

증명

F가 양의 측도를 갖는 집합에서 무한하다면 F는 절대적분가능할 수 없다. 따라서 F가 ∞인 집합은 측도가 0이다. 적분에 아무런 영향도 끼치지 않으므로 이 집합을 Ω에서 제거한 다음, 일반성을 잃지 않고 모든 $x \in \Omega$에 대해 $F(x)$가 유한하다고 가정하자. 이 가정은 $f_n(x)$에서도 동일하게 유지할 수 있다.

$f(x) := \lim_{n\to\infty} f_n(x)$로 정의한 함수 $f : \Omega \to \mathbb{R}^*$를 생각하자. 가정에 의해 이 함수는 존재한다. 보조정리 7.5.10에 의해 f는 측도가능 함수이다. 또한 모든 n과 $x \in \Omega$에 대해 $|f_n(x)| \leq F(x)$이므로 각 f_n은 절대적분가능하고, 극한을 취하면 모든 $x \in \Omega$에 대해 $|f(x)| \leq F(x)$가 성립한다는 결론을 얻을 수 있다. 따라서 함수 f도 절대적분가능하다. 다음 목표는 $\lim_{n\to\infty} \int_\Omega f_n = \int_\Omega f$가 성립함을 보이는 것이다.

함수 $F + f_n$은 음이 아니며 $F + f$로 점별수렴한다. 따라서 파투 보조정리(보조정리 8.2.13)에 의해 다음 두 식이 성립한다.

$$\int_\Omega F + f \leq \liminf_{n\to\infty} \int_\Omega F + f_n$$

$$\int_\Omega f \leq \liminf_{n\to\infty} \int_\Omega f_n$$

그러나 함수 $F - f_n$도 음이 아니며 $F - f$로 점별수렴한다. 다시 파투 보조정리를 적용하면 다음이 성립한다.

$$\int_\Omega F - f \leq \liminf_{n\to\infty} \int_\Omega F - f_n$$

위 식의 우변이 $\int_\Omega F - \limsup_{n\to\infty} \int_\Omega f_n$이므로(왜 하극한이 상극한으로 바뀔까?) 다음이 성립한다.

$$\int_\Omega f \geq \limsup_{n\to\infty} \int_\Omega f_n$$

따라서 $\int_\Omega f_n$의 상극한과 하극한이 모두 $\int_\Omega f$와 같으므로 증명을 마친다. ■

끝으로 특별히 흥미롭지는 않지만 나중에 몇 가지 유용한 결과를 가져올 보조정리를 살펴본다. 그 전에 르베그 상적분과 하적분의 정의를 알아보자.

정의 8.3.5 르베그 상적분과 하적분

$\mathbb{R}^n$의 측도가능 부분집합 Ω와 (측도가능 함수일 필요는 없는) 함수 $f : \Omega \to \mathbb{R}$을 생각하자. **르베그 상적분(upper Lebesgue integral)** $\overline{\int}_\Omega f$를 다음과 같이 정의한다.

$$\overline{\int}_\Omega f := \inf\left\{\int_\Omega g : g\text{가 } f\text{를 최대화하며 } \Omega\text{에서 } \mathbb{R}\text{로 가는 절대적분가능한 함수}\right\}$$

그리고 **르베그 하적분(lower Lebesgue integral)** $\underline{\int}_\Omega f$를 다음과 같이 정의한다.

$$\underline{\int}_\Omega f := \sup\left\{\int_\Omega g : g\text{가 } f\text{를 최소화하며 } \Omega\text{에서 } \mathbb{R}\text{로 가는 절대적분가능한 함수}\right\}$$

$\underline{\int}_\Omega f \le \overline{\int}_\Omega f$임은 쉽게 보일 수 있다(그 이유는? 명제 8.3.3(c)를 참고한다). f가 절대적분가능하면 등식이 성립하고(그 이유는?) 그 역도 성립한다.

보조정리 8.3.6 $\mathbb{R}^n$의 측도가능 부분집합 Ω와 (측도가능 함수일 필요는 없는) 함수 $f : \Omega \to \mathbb{R}$을 생각하자. A는 실수이고 $\overline{\int}_\Omega f = \underline{\int}_\Omega f = A$라고 가정하자. 그러면 f는 절대적분가능하고 다음이 성립한다.

$$\int_\Omega f = \overline{\int}_\Omega f = \underline{\int}_\Omega f = A$$

증명

르베그 상적분의 정의에 따라 각 정수 $n \ge 1$에 대해 f를 최대화하며 다음을 만족하는 절대적분가능한 함수 $f_n^+ : \Omega \to \mathbb{R}$을 찾을 수 있다.

$$\int_\Omega f_n^+ \le A + \frac{1}{n}$$

비슷하게 f를 최소화하며 다음을 만족하는 절대적분가능한 함수 $f_n^- : \Omega \to \mathbb{R}$을 찾을 수 있다.

$$\int_\Omega f_n^- \ge A - \frac{1}{n}$$

$F^+ := \inf_n f_n^+$이고 $F^- := \sup_n f_n^-$라고 하자. 그러면 F^+와 F^-는 보조정리 7.5.10에 의해 측도가능 함수이고 절대적분가능하다.[10] 또한 F^+는 f를 최대화하고 F^-는 f를 최소화한다.

10 F^+와 F^-는 절대적분가능한 함수 f_1^+과 f_1^- 사이에 있으므로 절대적분가능하다.

끝으로 모든 n에 대해 다음이 성립한다.

$$\int_\Omega F^+ \le \int_\Omega f_n^+ \le A + \frac{1}{n}$$

따라서 다음이 성립한다.

$$\int_\Omega F^+ \le A$$

이와 비슷하게 다음 식을 얻을 수 있다.

$$\int_\Omega F^- \ge A$$

그러나 F^+가 F^-를 최대화하므로 $\int_\Omega F^+ \ge \int_\Omega F^-$이다. 따라서 다음 두 식이 성립한다.

$$\int_\Omega F^+ = \int_\Omega F^- = A$$

$$\int_\Omega F^+ - F^- = 0$$

명제 8.2.6(a)에 의해 거의 모든 x에서 $F^+(x) = F^-(x)$가 성립한다. 그러나 f가 F^-와 F^+ 사이에서 압축되므로, 거의 모든 x에서 $f(x) = F^+(x) = F^-(x)$도 성립한다. 특히 f는 절대적분가능한 함수 F^+와 측도 0인 집합에서만 값이 다르므로 측도가능 함수이고(7.5절 연습문제 5 참고) 절대적분가능하며 다음 식을 만족하므로 증명을 마친다.

$$\int_\Omega f = \int_\Omega F^+ = \int_\Omega F^- = A$$ ■

8.3 연습문제

1. Ω가 $\mathbb{R}^n$의 측도가능 부분집합이고 f가 절대적분가능한 함수일 때 식 (8.1)이 성립함을 증명하라.

2. 명제 8.3.3을 증명하라.

힌트 (b)를 증명하기 위해 $f, g, f+g$를 양수 부분과 음수 부분으로 나눈다. 그리고 음이 아닌 함수에 대해서만 적분하도록 구성하고 보조정리 8.2.10을 사용한다.

3. $f : \mathbb{R} \to \mathbb{R}$과 $g : \mathbb{R} \to \mathbb{R}$이 절대적분가능하고 모든 $x \in \mathbb{R}$에서 $f(x) \le g(x)$이며 $\int_{\mathbb{R}} f = \int_{\mathbb{R}} g$를 만족하는 측도가능 함수라고 하자. 그러면 거의 모든 $x \in \mathbb{R}$에서 $f(x) = g(x)$임을 보여라. 즉 측도 0인 집합을 제외한 모든 $x \in \mathbb{R}$에서 $f(x) = g(x)$임을 보여라.

4. 모든 $n = 1, 2, 3, \cdots$에 대해 함수 $f_n : \mathbb{R} \to \mathbb{R}$을 $f_n = \chi_{[n,n+1)} - \chi_{[n+1,n+2)}$로 정의하자. 즉 $f_n(x)$가 $x \in [n, n+1)$일 때는 $+1$이고 $x \in [n+1, n+2)$일 때는 -1이며 그 외의 다른 경우에는 0이다. 다음 식이 성립함을 보여라.

$$\int_{\mathbb{R}} \sum_{n=1}^{\infty} f_n \neq \sum_{n=1}^{\infty} \int_{\mathbb{R}} f_n$$

그리고 이 결과가 따름정리 8.2.11에 대해 모순이 아닌 이유를 설명하라.

8.4 리만 적분과의 비교

르베그 적분을 구성하는 데 많은 시간을 들였지만, 르베그 적분을 실제로 계산하는 방법은 아직 다루지 않았다. 그리고 르베그 적분이 리만 적분과 (예를 들어 1차원 적분에서라도) 다른지에 대해서도 언급하지 않았다. 이제 르베그 적분이 리만 적분의 일반화라는 사실을 보일 것이다. 이어지는 논의를 명확히 정리하기 위해 리만 적분 $\int_I f$를 $R.\int_I f$로 표기하여 르베그 적분과 리만 적분을 임시로 구별한다.

이번 절의 목적은 다음 명제를 증명하는 것이다.

명제 8.4.1 유계구간 $I \subseteq \mathbb{R}$과 리만 적분가능한 함수 $f : I \to \mathbb{R}$을 생각하자. 그러면 f는 절대적분가능하고 $\int_I f = R.\int_I f$가 성립한다.

증명

$A := R.\int_I f$로 나타내자. f가 리만 적분가능하므로 리만 적분의 상적분과 하적분은 A와 같다. 따라서 모든 $\varepsilon > 0$에 대해 구간 J보다 더 작은 I의 분할 $\mathbf{P}$가 존재하고 다음 식을 만족한다.

$$A - \varepsilon \le \sum_{J \in \mathbf{P}} |J| \inf_{x \in J} f(x) \le A \le \sum_{J \in \mathbf{P}} |J| \sup_{x \in J} f(x) \le A + \varepsilon$$

여기서 $|J|$는 구간 J의 길이를 나타낸다. 구간 J는 1차원 상자이므로 $|J|$는 $m(J)$와 동일하다.

$f_\varepsilon^- : I \to \mathbb{R}$과 $f_\varepsilon^+ : I \to \mathbb{R}$을 다음과 같은 함수로 정의하자.

$$f_\varepsilon^-(x) = \sum_{J \in \mathbf{P}} \inf_{x \in J} f(x)\chi_J(x)$$

$$f_\varepsilon^+(x) = \sum_{J \in \mathbf{P}} \sup_{x \in J} f(x)\chi_J(x)$$

두 함수는 단순함수이므로 절대적분가능한 측도가능 함수이다. 보조정리 8.1.9에 의해 다음 두 식이 성립한다.

$$\int_I f_\varepsilon^- = \sum_{J \in \mathbf{P}} |J| \inf_{x \in J} f(x)$$

$$\int_I f_\varepsilon^+ = \sum_{J \in \mathbf{P}} |J| \sup_{x \in J} f(x)$$

따라서 다음 부등식이 성립한다.

$$A - \varepsilon \le \int_I f_\varepsilon^- \le A \le \int_I f_\varepsilon^+ \le A + \varepsilon$$

f_ε^+가 f를 최대화하고 f_ε^-가 f를 최소화하므로, 모든 ε에 대해 다음이 성립한다.

$$A - \varepsilon \le \underline{\int}_I f \le \overline{\int}_I f \le A + \varepsilon$$

따라서 다음이 성립한다.

$$\underline{\int}_I f = \overline{\int}_I f = A$$

보조정리 8.3.6에 의해 f는 절대적분가능하고 $\int_I f = A$가 성립하므로 증명을 마친다. ■

따라서 적어도 유계구간에서는 모든 리만 적분가능 함수가 르베그 적분가능하므로 기호 $R.\int_I f$가 더 이상 필요하지 않다. 그러나 그 역은 성립하지 않는다. 반례로 x가 유리수일 때 $f(x) := 1$이고 x가 무리수일 때 $f(x) := 0$인 함수 $f : [0.1] \to \mathbb{R}$을 생각하자. 『TAO 해석학 I』의 명제 11.7.1에 의해 f는 리만 적분가능하지 않다. 반면에 f는 집합 $\mathbb{Q} \cap [0,1]$[11]에서의 지시함수이다. 따라서 f는 르베그 적분가능하고 $\int_{[0,1]} f = 0$이다. 그러므로 르베그 적분이 리만 적분보다 좀 더 많은 함수를 다룰 수 있다. 이와 같은 이유로 해석학에서는 르베그 적분을 사용한다. 르베그 적분을 사용하는 또 다른 이유는 르베그 적분이 극한과 잘 상호작용하기 때문이다. 이에 대한 예로 이미 살펴본 르베그 단조수렴정리, 파투 보조정리, 르베그 지배수렴정리가 있다. 리만 적분에서는 이와 비교가능한 정리가 없다.

11 이 집합은 가산집합이므로 측도가 0이다.

8.5 푸비니 정리

1차원에서 르베그 적분이 리만 적분과 연결된다는 사실을 보였다. 이제 더 높은 차원에서 두 적분 사이의 연관성을 이해해보자. 여기서 다루고자 하는 방법은 더 높은 차원으로 쉽게 확장할 수 있으므로, 간단히 논의하기 위해 2차원 적분으로 제한한다.

$\int_{\mathbb{R}^2} f$ 형태의 적분을 생각해보자. $\mathbb{R}^2$에서 적분하는 방법을 알면 $\mathbb{R}^2$의 측도가능 부분집합 Ω에서 적분할 수 있다. 왜냐하면 $\int_{\Omega} f$를 $\int_{\mathbb{R}^2} f\chi_{\Omega}$로 나타낼 수 있기 때문이다.

이변수함수 $f(x,y)$를 생각하자. 원칙적으로 f를 $\mathbb{R}^2$에서 적분하는 세 가지 방법이 존재한다. 첫 번째는 이변수 르베그 적분을 이용해 $\int_{\mathbb{R}^2} f$를 구하는 것이다. 두 번째는 x를 고정하고 y에 대한 일변수함수의 적분을 계산하고 그 결과를 x에 대해 적분하여 $\int_{\mathbb{R}}\left(\int_{\mathbb{R}} f(x,y)\ dy\right)\ dx$를 얻는 것이다. 세 번째는 y를 고정하고 x에 대해 적분하고 그 결과를 다시 y에 대해 적분하여 $\int_{\mathbb{R}}\left(\int_{\mathbb{R}} f(x,y)\ dx\right)\ dy$를 얻는 것이다.

운이 좋게도 함수 f가 $\mathbb{R}^2$에서 절대적분가능하면 위 세 가지 방법의 적분값이 동일하다.

정리 8.5.1 푸비니 정리(Fubini's theorem)

절대적분가능한 함수 $f : \mathbb{R}^2 \to \mathbb{R}$을 생각하자. 그러면 절대적분가능한 함수 $F : \mathbb{R} \to \mathbb{R}$과 $G : \mathbb{R} \to \mathbb{R}$이 존재하여 거의 모든 x에 대해 $f(x,y)$가 y에서 절대적분가능하며

$$F(x) = \int_{\mathbb{R}} f(x,y)\ dy$$

를 만족하고, 거의 모든 y에 대해 $f(x,y)$가 x에서 절대적분가능하며 다음을 만족한다.

$$G(y) = \int_{\mathbb{R}} f(x,y)\ dx$$

끝으로 다음 식이 성립한다.

$$\int_{\mathbb{R}} F(x)\ dx = \int_{\mathbb{R}^2} f = \int_{\mathbb{R}} G(y)\ dy$$

참고 8.5.2 아주 간략히 말하면 푸비니 정리는 다음 식이 성립함을 의미한다.

$$\int_{\mathbb{R}}\left(\int_{\mathbb{R}} f(x,y)\ dy\right) dx = \int_{\mathbb{R}^2} f = \int_{\mathbb{R}}\left(\int_{\mathbb{R}} f(x,y)\ dx\right) dy$$

이 식을 통해 2차원 적분을 두 1차원 적분으로 나누어 계산할 수 있다. 푸비니 정리를 굳이 이러한 형태로 쓰지 않는 이유는 적분 $\int_{\mathbb{R}} f(x,y)\ dy$가 모든 x에 대해 존재하지 않거나, 비슷하게 $\int_{\mathbb{R}} f(x,y)\ dx$가 모든 y에 대해 존재하지 않아도 푸비니 정리가 성립하기 때문이다.

푸비니 정리는 **거의 모든** x와 y에 대해 적분이 존재하더라도 성립한다. 예를 들어 $f(x,y)$가 $y>0$, $x=0$일 때 1이고, $y<0$, $x=0$일 때 -1이며 그 외의 경우에는 모두 0인 함수라고 하자. 그러면 f는 $\mathbb{R}^2$에서 절대적분가능하고, f가 $\mathbb{R}^2$의 거의 모든 점에서 0이므로 $\int_{\mathbb{R}^2} f = 0$이다. 그러나 다른 모든 x에서 절대적분가능하더라도 $x=0$일 때는 $\int_{\mathbb{R}} f(x,y)\ dy$가 절대적분가능하지 않다.

증명

푸비니 정리의 증명은 매우 복잡하므로 개요만 간략히 다룬다. 먼저 여러 단계를 거쳐 증명을 간단한 상황으로 환원하는 것에서 시작하자. (측도 0인 집합에 관한 이야기는 무시하고) 대략적으로 말하면 아래 식과 이 식의 x와 y를 바꾼 식이 성립하는지 보여야 한다.

$$\int_{\mathbb{R}}\left(\int_{\mathbb{R}} f(x,y)\ dy\right) dx = \int_{\mathbb{R}^2} f$$

그런데 두 식은 매우 유사하므로 여기서는 위 식만 증명한다.

일반적인 함수 f를 음이 아닌 두 함수의 차 $f^+ - f^-$로 보고, 푸비니 정리를 f^+와 f^-에 각각 적용하여 명제 8.3.3의 (a)와 (b)를 사용하면 되므로, 먼저 푸비니 정리를 음이 아닌 함수에 대해 증명하면 충분하다. 따라서 f를 음이 아닌 함수로 가정한다.

다음으로 적당한 양의 정수 N에 대해 $[-N,N]\times[-N,N]$과 같은 유계집합에서 지지되는(즉 $[-N,N]\times[-N,N]$에서만 0이 아닌 값을 가질 수 있는) 음이 아닌 함수 f에 대해 정리를 증명하면 충분하다. 실제로 위와 같은 함수에 대한 푸비니 정리를 얻으면, 다음과 같이 각 함수 $f\chi_{[-N,N]\times[-N,N]}$에 푸비니 정리를 적용한 후 단조수렴정리를 이용해 상한을 취한 콤팩트 지지함수의 상한으로서 일반적인 함수 f를 나타낼 수 있다.

$$f = \sup_{N>0} f\chi_{[-N,N]\times[-N,N]}$$

따라서 f가 $[-N,N]\times[-N,N]$에서의 지지함수라고 가정할 수 있다.

비슷한 방법으로 ($[-N,N]\times[-N,N]$에 지지되는) 음이 아닌 단순함수에 대해 이 정리를 증명하면 충분하다. 보조정리 8.1.5에 따라 f가 f를 최소화하는 단순함수들의 상한으로 쓰이므로, 단조수렴정리를 이용하여 상한을 취하면 단순함수에 관한 증명이 f에 관한 증명을 유도한다.

다음으로 $[-N,N]\times[-N,N]$에서의 지지함수인 특성함수에 대해 정리를 증명하는 것으로 환원할 수 있다. 왜냐하면 모든 단순함수가 특성함수의 선형결합으로 표현되기 때문이며, 특성함수에 대한 푸비니 정리로부터 단순함수에 대한 푸비니 정리를 추론할 수 있기 때문이다. 따라서 적당한 측도가능 집합 $E\subseteq[-N,N]\times[-N,N]$에 대해 $f=\chi_E$로 선택한다. 측도 0인 집합을 무시하고 다음을 보이면 된다.

$$\int_{[-N,N]}\left(\int_{[-N,N]}\chi_E(x,y)\,dy\right)dx=m(E)$$

르베그 상적분이 다음과 같은 추정식을 만족함을 보이면 충분하다.

$$\overline{\int}_{[-N,N]}\left(\overline{\int}_{[-N,N]}\chi_E(x,y)\,dy\right)dx\le m(E)\tag{8.2}$$

이 식은 나중에 증명한다. 모든 집합 E에 대해 이 사실이 성립함을 보이면 E를 $[-N,N]\times[-N,N]\backslash E$로 대체하고 다음을 얻는다.

$$\overline{\int}_{[-N,N]}\left(\overline{\int}_{[-N,N]}(1-\chi_E(x,y))\,dy\right)dx\le 4N^2-m(E)$$

위 식의 좌변은 다음과 같다.

$$\overline{\int}_{[-N,N]}\left(2N-\underline{\int}_{[-N,N]}\chi_E(x,y)\,dy\right)dx$$

또한 이 식은 아래 식과 같다.

$$4N^2-\underline{\int}_{[-N,N]}\left(\underline{\int}_{[-N,N]}\chi_E(x,y)\,dy\right)$$

따라서 다음이 성립한다.

$$\underline{\int}_{[-N,N]}\left(\underline{\int}_{[-N,N]}\chi_E(x,y)\,dy\right)dx\ge m(E)$$

또한 다음 식도 성립한다.

$$\underline{\int}_{[-N,N]}\left(\overline{\int}_{[-N,N]}\chi_E(x,y)\,dy\right)dx\ge m(E)$$

따라서 보조정리 8.3.6에 따르면 $\overline{\int}_{[-N,N]}\chi_E(x,y)\,dy$는 절대적분가능하며 다음을 만족한다.

$$\int_{[-N,N]}\left(\overline{\int}_{[-N,N]}\chi_E(x,y)\,dy\right)dx=m(E)$$

비슷한 논증으로 다음이 성립함을 보일 수 있다.

$$\int_{[-N,N]} \left(\underline{\int}_{[-N,N]} \chi_E(x,y)\ dy \right) dx = m(E)$$

따라서 다음 식도 성립한다.

$$\int_{[-N,N]} \left(\overline{\int}_{[-N,N]} \chi_E(x,y)\ dy - \underline{\int}_{[-N,N]} \chi_E(x,y) \right) dx = 0$$

그러므로 명제 8.2.6(a)에 의해 거의 모든 $x \in [-N,N]$에 대해 다음이 성립한다.

$$\underline{\int}_{[-N,N]} \chi_E(x,y)\ dy = \overline{\int}_{[-N,N]} \chi_E(x,y)\ dy$$

따라서 $\chi_E(x,y)$는 거의 모든 x에 대해 y에서 절대적분가능하고, $\int_{[-N,N]} \chi_E(x,y)$는 거의 모든 점에서 함수 $F(x)$와 같으며 다음을 만족한다.

$$\int_{[-N,N]} F(x)\ dx = m(E)$$

이제 부등식 (8.2)를 증명하는 일만 남았다. 임의의 $\varepsilon > 0$을 생각하자. $m(E)$가 외측도 $m^*(E)$와 같으므로 $E \subseteq \bigcup_{j\in J} B_j$이고, 임의의 $\varepsilon > 0$에 대해 기껏해야 가산개인 상자 $(B_j)_{j\in J}$의 모임이 존재하여 다음을 만족한다.

$$\sum_{j\in J} m(B_j) \le m(E) + \varepsilon$$

각 상자 B_j는 적당한 구간 I_j와 I'_j에 대해 $B_j = I_j \times I'_j$으로 나타낼 수 있다. 다음 식을 관찰해보자.

$$\begin{aligned} m(B_j) = |I_j||I'_j| &= \int_{I_j} |I'_j|\ dx = \int_{I_j} \left(\int_{I'_j} dy \right) dx \\ &= \int_{[-N,N]} \left(\int_{[-N,N]} \chi_{I_j \times I'_j}(x,y)\ dx \right) dy \\ &= \int_{[-N,N]} \left(\int_{[-N,N]} \chi_{B_j}(x,y)\ dx \right) dy \end{aligned}$$

따름정리 8.2.11을 이용하여 모든 $j \in J$에 대해 위 식들을 더하면 다음을 얻는다.

$$\sum_{j\in J} m(B_j) = \int_{[-N,N]} \left(\int_{[-N,N]} \sum_{j\in J} \chi_{B_j}(x,y)\ dx \right) dy$$

또한 다음이 성립한다.

$$\overline{\int}_{[-N,N]} \left(\overline{\int}_{[-N,N]} \sum_{j\in J} \chi_{B_j}(x,y)\ dx \right) dy \le m(E) + \varepsilon$$

그러나 $\sum_{j\in J}\chi_{B_j}$ 가 χ_E 를 최대화하므로(그 이유는?) 다음이 성립한다.

$$\overline{\int}_{[-N,N]}\left(\overline{\int}_{[-N,N]}\chi_E(x,y)\ dx\right)dy \le m(E)+\varepsilon$$

이때 ε 은 임의의 수이므로 식 (8.2)가 성립한다. 이로써 푸비니 정리의 증명을 마친다. ■

찾아보기

찾아보기

A

B

C

D

찾아보기

찾아보기